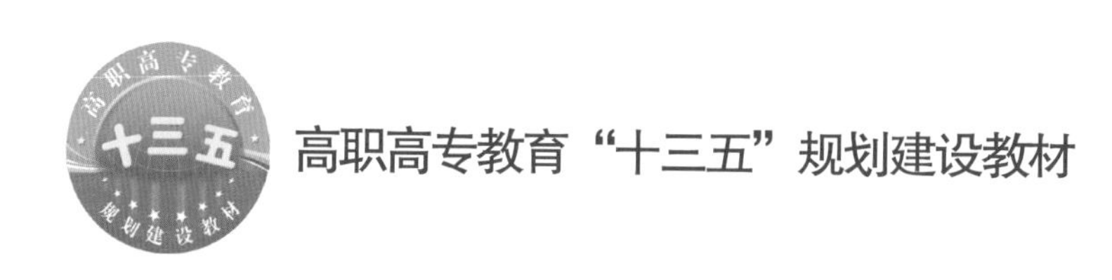

植物配置与造景

肖雍琴　孙耀清　主　编

中国农业大学出版社
· 北京 ·

内容简介

《植物配置与造景》共设计 3 个模块，分 10 个情境教学、28 个任务。从职业领域分析入手，进行职业能力分析，突出职业能力培养的实践教学标准，使学生在校内教学和校外真实场景中得到训练。学生通过学习植物造景的原则、原理和艺术手法等，在师法自然的基础上，能应用植物针对不同环境做出既有科学性又有艺术性的植物种植设计，让学生在完成设计和造景任务的同时能正确掌握植物造景的知识和技能，达到培养高技能人才的要求。

作为教材的补充与深化，本书在纸质版的基础上还附有数字教学资源，既丰富了教材内容，又增加了直观性和可操作性。不仅能帮助老师优化课程教学，而且有利于学生自主学习。读者可使用智能手机或平板电脑扫描对应二维码，上网观看。

本教材适合于高等职业教育园林技术专业、城市园林专业使用，也可供园林、林业部门的生产和科研工作者参考，还可以供园林绿化系统职工技能培训。

图书在版编目（CIP）数据

植物配置与造景 / 肖雍琴，孙耀清主编. —北京：中国农业大学出版社，2015.12
ISBN 978-7-5655-1378-7

Ⅰ. ①植… Ⅱ. ①肖… ②孙… Ⅲ. ①园林植物 – 景观设计 Ⅳ. ① TU986.2

中国版本图书馆 CIP 数据核字（2015）第 212161 号

书 名 植物配置与造景
作 者 肖雍琴 孙耀清 主编

策划编辑 姚慧敏 伍 斌　　责任编辑 姚慧敏 潘江琼
封面设计 郑 川　　责任校对 王晓凤
出版发行 中国农业大学出版社
社 址 北京市海淀区圆明园西路 2 号　　邮政编码 100193
电 话 发行部 010-62818525，8625　　读者服务部 010-62732336
编辑部 010-62732617，2618　　出 版 部 010-62733440
网 址 http://www.cau.edu.cn/caup　　**E-mail** cbsszs@cau.edu.cn
经 销 新华书店
印 刷 涿州市星河印刷有限公司
版 次 2016 年 1 月第 1 版　　2016 年 1 月第 1 次印刷
规 格 787 × 1 092　16 开本　　13.5 印张　337 千字
定 价 58.00 元

编写人员

主　编　肖雍琴（内江职业技术学院）

　　　　孙耀清（信阳农林学院）

副主编　赵杨迪（南充职业技术学院）

　　　　王　辉（信阳农林学院）

　　　　邓　洁（永州职业技术学院）

参　编　熊朝勇（内江职业技术学院）

　　　　段益莉（内江职业技术学院）

　　　　郭　嘉（内江职业技术学院）

　　　　门媛媛（广西民族大学艺术学院）

　　　　张淑琴（广安职业技术学院）

　　　　吴丽娜（黑龙江职业技术学院）

前言

植物配置与造景是园林技术、城市园林专业的一门重要的专业基础课程，从设计的科学性和艺术性两方面重点讲述利用园林设计要素——植物来创作园林景观。

该课程实践性强，内容广泛，涉及面宽，是从事园林岗位必备的基本知识与技能。教学中，理论授课采用多媒体教学，实践教学采用机房、现场教学和项目教学等方法，边做边学，学以致用，培养学生专业技能素养、实地测绘能力、动手设计能力。学生以团队形式，完成各种讨论、实践教学、课程设计等，以培养学生的团队精神和协作能力。

我们对本教材的内容及教学方法进行了大胆的取舍与改革，理论与实践紧密结合，着重体现以应用为目的，以必需、够用为度，以讲清楚概念和强化应用为重点，加强针对性和实用性操作技能的培养和训练，提高学生的感性认识，轻松掌握知识，培养出一大批让用人单位满意的新型应用型人才为目标。

本教材重点使学生在了解植物造景的基础上，掌握植物造景方法和技能。学生通过学习植物造景的原则、原理和艺术手法等，经过大量实践，在师法自然的基础上，能应用植物针对不同环境做出既有科学性又有艺术性的植物种植设计。让学生在完成设计和造景任务的同时能正确掌握植物造景的知识和技能，达到培养高技能人才的要求。

具体采用的编写方法是以能力为本位，以职业岗位为主线进行编写；与实地植物景观结合解读的实践教学体系的编写。从职业领域分析入手，进行职业能力分析，突出职业能力培养的实践教学标准，邀请企业相关人员进行讲解并确定实训项目，使学生在校内教学和校外真实场景中得到训练，既掌握了该门课程的基本技能，又增强了学生上岗就业的竞争能力。

本教材结合本专业职业活动，分解成若干典型的工作情境，按完成工作项目的需要组织教材内容。通过各时期园林的特点，造园四大要素在园林中的运用，中外、古典园林分析等项目，引入必需的理论知识，增加实践认知、分析、总结内容，强调理论在实践过程中的应用；本教材图文并茂，能提高学生的学习兴趣，加深学生对基本知识的认识和理解；内容体现先进性、通用性、实用性，将本专业新趋势、新水平、新代表及时地纳

入教材，使教材更贴近本专业的发展和实际需要。

作为教材的补充与深化，本书在纸质版的基础上还附有数字教学资源，既丰富了教材内容，又增加了直观性和可操作性。不仅能帮助老师优化课程教学，而且有利于学生自主学习。读者可使用智能手机或平板电脑扫描对应二维码，上网观看。

本教材适合大中专职业院校园林专业、城市园林专业以及园林类相关专业学生，本教材由11位老师共同完成，共设计3个模块，分10个情境教学，28个任务，具体任务是：信阳农林学院王辉编写情境教学1、2、4及1、2、4的学习拓展；广西民族大学艺术学院门媛媛编写情境教学3及学习拓展；内江职业技术学院段益莉编写情境教学5及案例分析和实训项目一；内江职业技术学院肖雍琴、熊朝勇编写情境教学6、8及案例分析及实训项目二、四；南充职业技术学院赵杨迪与内江职业技术学院郭嘉编写情境教学7及案例分析及实训项目三；广安职业技术学院张淑琴编写情境教学8；黑龙江职业技术学院吴丽娜编写情境教学9及案例分析与实训项目五；信阳农林学院孙耀清与永州职业技术学院邓洁共同编写情境教学10。本教材由肖雍琴统稿。编写过程中编者引用了一些网上的图片资料和一些园林设计单位的案例，有些没有标明出处，因而不能在参考文献中一一列出来，在此表示感谢与歉意。

由于编者水平有限，难免有不足之处，恳请各位专家、教授、老师和学生及时提出批评与宝贵意见，我们将及时修改补充。

编　者

2015年1月

目 录

模块1 植物配置与造景基础知识

模块 2 园林构成要素的植物配置与造景

模块1

植物配置与造景基础知识

情境教学1 导引

任务1 植物配置与造景的概念、功能和意义

知识目标

◆ 1. 熟悉植物配置与造景的基本知识。

◆ 2. 掌握植物配置与造景的功能。

◆ 3. 了解植物配置与造景内容及其意义。

能力要求

◆ 具备植物配置与造景赏析能力。

本任务导读

本任务主要介绍植物配置与造景的基本内涵；在城市绿地景观中所起的作用；植物配置和造景的主要内容；植物配置与造景的社会意义。

英国风景园林学家B.claustor认为：园林设计归根结底是植物材料的设计，目的就是改善人类的生态环境，其他的内容都只能在一个有植物的环境中发挥作用。由此可见，相对于其他环境要素而言，植物是人居空间中唯一具有生命力的构景要素，它以特有的姿态组成丰富的轮廓，以丰富的色彩构成美丽的景观，使枯燥的人工建筑更具有自然气息。人们向往自然，追求丰富多彩、变化无穷的植物美，于是，在植物造景中提倡自然美，创造自然的植物景观已成为景观营造的新潮流。

植物造景，不仅可以改善生活环境，为人们提供休息和进行文化娱乐活动的场所，而且还为人们创造游览、观赏的艺术空间。它给人以现实生活美的享受，是自然风景的再现和空间艺术的展示。

1 植物配置与造景的基本概念

植物配置就是按植物生态习性和绿地布局要求，合理配置绿地中各种植物（乔木、灌木、花卉、草皮和地被植物等），以发挥它们的园林功能和观赏特性。植物配置是园林规划设计的重要环节。包含有两个方面，即一方面是各种植物相互之间的配置，考虑植物种类的选择，树丛的组合，平面和立面的构图、色彩、季相以及园林意境；另一方面是园林植物与其他园林要素如山石、水体、建筑、园路等相互之间的配置。而植物造景是在满足植物生长发育要求的基础上，依照园林美学原理和栽培地环境特点恰当选择植物素材，进行合理配置，以创造优美景观及充分发挥园林植物功能为目的的创作过程。可见，植物配置不等同于植物造景，植物配置只是植物造景的主要手段，植物造景是植物配置的目的。那么植物配置与造景是什么呢？

植物配置与造景传统意义就是运用乔木、灌木、藤本及草本植物为素材，通过艺术手法，充分发挥植物的形体、线条、色彩等自然美来创作优美植物景观。主要就是依据传统的艺术手法，以突出植物自然美以及文化符号内涵美为目的，营造供人观赏的小型植物景观。随着社会的进步，城市景观的发展，人们对植物配置与造景又有了新的理解，认为在城市景观设计中应用的植物，以其生物学特性、生态学特性以及美学特性为基础，依据一定的科学规律和艺术法则，组合建造各种类型的人工植物群落或景点，以实现特定的生态、美化效果与实用功能价值的技艺。在表现植物景观观赏性同时，加入了生态效益和适用性元素，在组景上更重视与其他景观构成要素的综合应用，在实施过程中除了遵循艺术性，尤其注重科学性和工程技术，营造的植物景观更具有生态性和适用性，更符合城市景观的健康、舒适和可持续发展的趋势。

2 植物配置与造景的功能

植物造景，不仅可以改善生活环境，为人们提供休息和进行文化娱乐活动的场所，而且还为人们创造游览、观赏的艺术空间。它给人以现实生活美的享受，是自然风景的再现和空间艺术的展示。造景植物除有净化空气、降低噪声、减少水土流失，改善环境、气候和防风、庇荫的基本功能外，在园林空间艺术表现中还具有明显的景观特色。

2.1 植物造景的时空序列节奏与其自然美

造景植物是有生命的活物质，在自然界中已形成了固有的生态习性。在景观表现上有很强的自然规律性和静中有动的时空变化特点。“静”是指植物的固定生长位置和相对稳定的静态形象构成的相对稳定的物境景观。“动”则包括两个方面：一是当植物受到风、雨外力时，它的枝叶、花香也随之摇摆和飘散。这种自然动态与自然气候给人以统一的同步感受。如唐代诗人贺知章在《咏柳》一诗中所写：“碧玉妆成一树高，万条垂下绿丝绦。不知细叶谁裁出，二月春风似剪刀”，形象地描绘出春风拂柳如剪刀裁出条条绿丝的自然景象。又如高骈的诗句：“水晶帘动微风起，满架蔷薇一院香”，是自然界的微风与植物散发的芳香融于同一空间的自然美的感受。二是植物体在固定位置上随着时间的延续而生长、变化，由发芽到落叶，从开花到结果，由小到大的生命活动。如苏轼在《冬景》一诗所描述的“荷尽已无擎雨盖，菊残犹有傲霜枝。一年好景君须记，最是橙黄橘绿时”。造景植物的自然生长规律形成了春花、夏叶、秋实、冬枝的四季景象（指一般的总体季相演变）。这种随自然规律而“动”的景色变换使植物造景更具有自然美的特色。

2.1.1 利用造景植物表现时序景观

造景植物随着季节的变化表现出不同的季相特征，春季繁花似锦，夏季绿树成荫，秋季硕果累累，冬季枝干虬劲（图 1–1 至图 1–4）。利用造景植物表现时序景观，必须对植物材料的生长发育规律和四季的景观表现有深入的了解，根据植物材料在不同季节中的不同色彩来创造城市景观。

四季景象

图 1–1 春季繁花似锦

图 1–2 夏季绿树成荫（王辉 摄）

图 1–3 秋季之硕果累累（孙耀清 摄）

图 1–4　冬季枝干虬劲（王辉　摄）

2.1.2　利用园林植物形成空间变化

植物是园林景观营造中组成空间结构的主要成分，可通过人们视点、视线的改变而产生“步移景异”的空间景观变化。在园林景观设计中要应用植物材料营造既开朗又有闭锁的空间景观，两者巧妙衔接，相得益彰，使人既不感到单调，又不觉得疲劳。

2.2　植物造景的独立景观与表现形式

造景植物是经过长期人工选择的各具特色的观赏性植物，造景植物作为营造城市景观的主要材料，本身具有独特的姿态、色彩，风韵之美。如：油松曲虬苍劲；合欢则亭亭玉立；银杏树干通直，气势轩昂，春夏翠绿，深秋金黄；雪松树体高大，树形优美，树冠繁茂雄伟；桂花树龄长久，叶茂花丰，芳香四溢。这些植物以它们优美的形态，绚丽的色彩，自然的声响，沁人的芳香在城市景观中可以独立构成丰富多彩的景观主景。植物独立成景主要有如下几种形式（图 1–5 至图 1–7）。

图 1–5　姿态优美的合欢（孙耀清　摄）

图 1–6　曲虬苍劲的松树（孙耀清　摄）

图 1–7　繁茂雄伟的雪松（孙耀清　摄）

2.2.1　孤植树

孤植树是单形体的树木形态与色彩的景观表现形式。一般配植在开阔空间中或视线开朗的山崖坡顶处，往往是所在空间的主景和焦点。如广西阳朔的榕荫古渡风景点，就是以挺立在田野中的一株占地亩余的大榕树而得名，这株榕树盘根错节、枝干舒展、冠如华盖、浓荫匝地，使人产生向心、依附的心理（图 1–8）；黄山的迎客松生于陡壁，枝干苍劲优美，侧枝悬挑在文殊洞顶，如主人招手迎客，是中外知名的风景点。

图 1–8　独木成林的榕树（刘秀青　摄）

2.2.2 树丛

树丛是按形式美的构图规律，既表现树木群体美，又烘托树木个体、美的丛状组合形式。在形态上有高低、远近的层次变化；色彩上有基调、主调与配调之分。群体的疏密错落布局形成明显的空间层次关系，随着观赏视点的变换和植物季相的演变，树丛的群体组合形态，色彩等景象表现也随之变化（图 1–9）。

图 1–9 东方经典小区植物群体美树丛（王辉 摄）

2.2.3 花坛

花坛是以草本花卉为主的众多植株的集合体。以艳丽的花卉群体色彩表现花坛的图案纹样或模拟造型，具有工艺美的表现特点。花坛作为主景时，大多都设在大门和建筑前广场上，或主要道路口交叉广场中心，作配景时，常设于道路、广场两侧，以带状、花缘和花径形式表现。由于花坛的色彩艳丽、明快，表现形式多样，所以有较强的景观效果。如广场中心的圆形花坛，以几种有色植物组成几何图案，大块的色彩对比鲜明，形式活泼，使人赏心悦目（图 1–10）。

2.2.4 树群

树群是以树木群体美为主的树丛群体的扩展形式。可采用纯林，更宜混交林。由乔、灌、花草共同组成自然式树木群落，具有曲折迂回的林缘线，起伏错落的林冠线和疏密有致的林间层次，立体感强。在大型园林和风景区内可以与密林或防护林带结合构成风景林。树群既有利于形成良好的环境质量，又可获得雄伟壮观的植物景观（图 1–11）。

2.3 利用植物造景可形成地域景观特色，凸显园林特色

植物生态习性的不同及各地气候条件的差异，致使植物的分布呈现地域性。不同地域环境形成不同的植物景观，如热带雨林及阔叶常绿林相植物景观、暖温带针阔叶混交林相景观等具有不同的特色。根据环境气候等条件选择适合生长的植物种类，可营造具有地方特色的景观，又如日本的樱花，北京的国槐等。

利用植物突出园林个性，表现地方园林特色早为前人所运用。诸如以蔷薇、杜鹃、牡丹、梅花等观赏植物为内容的专类园。在大型园林中选

图 1–10 带状花坛（左 孙耀清 摄） 图案纹样（右）

图 1-11　中国农业大学校园树群

用观赏价值较高、季相景观突出的植物，如樱花、月季、荷花、槭树等作为不同园林不同时节的景观特色。由于不同地区的地理、气候条件各异，园内应有本地区的代表性观赏植物。地区性的乡土树种是体现园林地方特色的最好材料。如我国华南地区的木棉、凤凰木、蒲葵、芭蕉、羊蹄甲、榕树等热带植物与东北地区的云杉、冷杉、杜松、水曲柳、桦树等寒带植物，不论是生态习性还是季相景观表现，都有很大的差异，各有自己的景观特色。

2.4　利用植物文化进行意境的创作

"咏物言志"，以植物为象征，表达人的思想和感情，是各民族语言文化中的一种共同现象，中华民族自古便有。人们在欣赏花草树木外在美的同时，也赋予了它们某种特定的意义。特别是历代文人学士、诗人画家，他们通过咏诗赋词、写文作画，把内心的感情和审美情趣都寄托于大自然的植物之中，因而使其具有了丰富的文化心理，在生活习俗和铸就民族性格等方面发挥重要的作用。实际上，很多植物已经成为了人的某种精神的物化者，所以才有了"岁寒三友"（松、竹、梅），"花中四君子"（梅、兰、竹、菊），"花草四雅"（兰花的淡雅、菊花的高雅、水仙的素雅、菖蒲的清雅）等美誉。

在植物配置和造景种，利用植物文化进行意境创作，不仅为各种植物材料赋予了人格化内容，而且从欣赏植物的形态美升华到欣赏植物的意境地美，达到了天人合一的理想境界。在植物景观创造中可借助植物抒发情怀，寓情于景，情景交融。

松苍劲古雅，不畏霜雪严寒，因其高昂挺拔，岁寒而不凋，四季常青，被人们用来象征正直坚强、不屈不挠、刚直不阿；竹则“未曾出土先有节，纵凌云处也虚心”，它根生大地，渴饮甘泉，中空有节，质地坚硬，冬夏常青，所以它象征正直、坚贞、有气节、有骨气和虚心自恃；梅不畏寒冷，傲雪怒放，它在百花凋谢的严冬季节开放，因此人们喜爱它凌霜傲雪的品格。它又是“万花敢向雪中出，一树独先天下春”的“东风第一枝”，所以梅花象征高雅纯洁、坚贞不屈、清丽中含铁骨之气、独领风骚而不争春的精神。“松、竹、梅”三种植物都具有坚贞不屈、高风亮节的品格，其配置形式，意境高雅而鲜明，常被用于纪念性园林以缅怀前人的情操。

2.5　造景植物与其他景观材料的组合的功能

造景植物不仅具有独立的景观表象，还是园林中的山水、建筑、道路及雕塑、喷泉等小品构景的重要组合材料。

2.5.1　植物造景对园林建筑景观的作用

2.5.1.1　植物造景对园林建筑的景观有着明显的衬托作用　植物的枝叶呈现柔和的曲线，不同质地的植物，色彩在视觉感受上有着不同差别。城市景观中经常用柔质的植物材料来软化生硬的几何式建筑形体，如基础栽植、墙角种植、墙壁绿化等形式。首先是色彩的衬托，用植物的绿色中性色调衬托以红、白、黄为主的建筑色调，可突出建筑色彩；其次是以植物的自然形态和质感衬托用人工硬质材料构成的规则建筑形体。一般体形较大、立面庄严、视线开阔的建筑物附近，要选干高枝粗、树冠开展的树种；在玲珑精致的建筑物四周，要选栽姿态轻盈、叶小而致密的树种，图 1–12 为信阳建业小区姿态轻盈的红枫衬托出亭子的玲珑精致。

2.5.1.2　植物造景对园林建筑有着自然的隐露作用　“露则浅，隐则深”，建筑在造景植物的遮掩下若隐若现，可以形成“竹里登楼人不见，花间问路鸟先知”的绿色景深和层次，使人产生“览而愈新”欲观全貌而后快的心理追求。同时从建筑内向外观景时，窗前檐下的树干、树叶又可以成为“前景”和“添景”（图 1–13）。

图 1–12　信阳建业小区（王辉　摄）

图 1–13　信阳建业小区的亭（王辉　摄）

2.5.1.3　植物造景能改善园林建筑的环境质量　以建筑围合的庭院式空间往往建筑与铺装面积较大，游人停留时间较长，由硬质材料产生的日照热辐射和人流集中造成的高温与污浊空气均可被园林植物调节，为建筑空间创造良好的环境质量。另外，园林建筑在空间组合中作为空间的分隔、过渡、融合等所采用的花墙、花架、漏窗、落地窗等形式都须借助植物来装饰和点缀。

2.5.2　植物造景对山石水体的作用

“山本静水流则动，石本顽树活则灵。”虽然山石水体是自然式园林的骨架，还须有植物、建筑、道路的装点陪衬，才会有“群山郁苍、群木荟蔚、空亭翼然、吐纳云气”的景象和“山重水复疑无路，柳暗花明又一村”的境界。造景植物覆盖山体不仅可以减少水土流失、改善环境质量，还如同华丽的服装使山体呈现出层林叠翠，“山花红紫树高低”的山地植物景观。在园林中，为求登高之乐或得自然之趣而篑土叠石成山，唐代画家王维说“山借树为衣，树借山为骨”，植物材料对假山石的重要性，同作画一样，不能忽视。裸露的假山石既无生气，而且四季毫无变化，如点缀一些文苔小草、紫竹伏松，立刻感到添上了生机，如同画家绘石点绿，顿增美感（图1–14）。信阳农林学院涌泉小景。在信阳农林学院楚韵湖蜿蜒的湖岸旁斜植垂柳，林木倒映在水中；水面上下两层天，使湖面更显得秀丽多姿，（图1–15）。

图1–14　涌泉小景（孙耀清　摄）

图1–15　楚韵湖（孙耀清　摄）

2.5.3　植物造景对园林道路的组景作用

园林道路除必要的路面用硬质材料铺装外，路旁均以树木、草皮或其他地被植物覆盖。游览小路也以条石或步石铺于草地中，才能达到“草路幽香不动尘”的环境效果。曲折的道若无必要的视线遮挡，不能有空间实虚之分，就只有曲折之趣而无通幽之感。虽然可用山岗、建筑物进行分隔，但都不如园林植物灵活机动。而且可以用乔木构成疏透的空间分隔，也可用乔、灌组合进行封闭性分隔。这也说明植物还是障景、框景、漏景的构景材料（图1–16）。

图1–16　信阳建业小区的小游路（王辉　摄）

2.6　植物造景是意境创作的表象

植物景观不仅给人以环境舒适、心旷神怡的物境感受，还可使不同审美经验的人产生不同审美心理，即意境。意境是中国文学与绘画艺术的重要美学特征，也贯穿于“诗情画意写入园林”的园林艺术表现中。中国文学和绘画艺术采用比拟、联想的手法将园林植物的生态特性赋予人格化，借以表达人的思想、品格、意志，作为情感的寄托。或寄情于景，或因景而生情。正如郑板桥的七绝“咬定青山不放松，主根原在破岩中。千磨百击还坚韧，任凭东南西北风回。”成为正义、神圣、永垂不朽的象征；以荷花比喻人“出淤泥而不染，濯清涟而不妖”的高尚情操。同时，植物季相变化的表现也会使人触景而生情，产生意境的联想。因此，植物造景是意境创作的表象。

3　植物配置与造景的意义

新中国成立以来，有不少以植物景观著称

的公园，如杭州花港观鱼公园，突出“花”与“鱼”的主题。尤其是雪松草坪区，以雪松和广玉兰树群组合为背景，构成宽阔景面，空势豪迈，还有柳林草坪区和合欢草坪区，皆配植四时花木，做到季季有花，时时有景。也有不少以专类植物为主的公园，如成都望江公园，面积 11.8 hm^2，是我国最大的以竹景为主的公园，全园以乡土竹种——慈竹为主，辅以刚竹、毛竹、观音竹、苦竹、孝顺竹、佛肚竹、箬竹等，形成美丽的竹景特色。桂林七星公园以桂花为主进行植物造景，全园遍植桂花，有金桂、银桂、四季桂及丹桂等品种，仲秋时节满园飘香。

因此，现代园林以植物造景为主已成为世界园林发展的新趋势，植物配置是绿化的主题，是园林规划和城市景观设计的主旋律。植物配置与造景的意义主要表现在以下三个方面。

第一，植物的生态效益是未来城市景观的发展趋势。植物除了能创造人类优美舒适的生活环境以外，更重要的是能创造适合于人类的生态环境。随着世界人口密度的加大，人们生活节奏的加快，人们离自然越来越远。城市中建筑林立，工业所产生的废气、废水、废渣正在污染着环境，城市温室效应愈来愈明显，人类所赖以生存的生态环境日趋恶化。重视生态环境，保护植物资源，实现植物资源环境，生态的可持续发展，最终才能拯救人类自己。

第二，植物造景是实现城市绿化规划建设的定性要求的重要途径。城市建设中结合各种有利的自然条件所布置成的各种公园、绿地，美化了城市环境，丰富了城市建筑艺术的内容，城市园林绿地也就应运而生。合理配置园林中各种植物，发挥园林植物的功能和观赏特征，创造出优美的景观，满足当代人们的需求，已成为实现城市绿化建设的定性要求的重要途径。

第三，植物造景是顺应时代进步的需求。随着人类自然保护意识的提高，城市景观趋向于追求生态自然保护和可持续发展的方向，而植物造景就顺应时代潮流的变化。

任务2　植物配置的基本原则

知识目标

- 1. 了解植物配置的内容。
- 2. 掌握植物配置的基本原则。

能力要求

- 1. 具备植物配置设计基本能力。
- 2. 能够进行简单植物配置方式设计。

本任务导读

城市绿化观赏效果和艺术水平的高低，很大程度上取决于植物的选择和配置，如果不注意花色、花期、花叶、树型的搭配，随便栽上几株，就会显得杂乱无章，景观大为逊色。近几年，随着城市现代化建设的发展，城市对植物配置的要求也更高，遵循以生态学原理为指导生态园林建设已经成为新的发展趋势。我国 20 世纪 80 年代中叶已经开始了生态园林研究，目前已取得了大量的成果和经验。

当然，生态园林也不是纯粹的绿色植物堆积，也不是简单的返璞归真，而是各种生态群落在审美基础上的艺术配置，要遵循统一、协调、均衡和韵律四大基本艺术原则。植物造景在现代雕塑、现代建筑和现代艺术的影响下，逐渐成为一个多元化开放的系统，允许不同的审美取向和设计方式，在这样一个文化发散式发展的大背景下，许多新时代的思想和理念都融入到植物造景中，从而产生了丰富的现代植物造景手法，各种造景手法归纳起来无外乎遵循以下四大原则。

1　科学性原则

1.1　符合绿地性质和功能要求

植物造景，首先要从城市绿地的性质和主要功能出发。不同的城市绿地具备不同的功能。街道绿地的主要功能是庇荫、吸尘、隔音、美化等，因此要选择易活，对土、肥、水要求不高，耐修剪，树冠高大挺拔，叶密荫浓，生长迅速，抗性强的树种作行道树，同时也要考虑组织交通和市容美观的问题。综合性公园，从其多种功能出发，要有集体活动的广场或大草坪，有遮阳的乔木，有艳丽的成片的灌木，有安静休息需要的密林、疏林等。医院庭园则应注意周围环境的卫生防护和噪声隔离，在周围可种植密林；而在病房、诊治处附近的庭园多植花木供休息观赏。工厂绿化主要功能是防护，而工厂的厂前区、办公室周围应以美化环境为主；远离车间的休息绿地主要是供休息。烈士陵园要注意纪念意境的创造。

1.2　遵循生态学法则

要使植物能正常生长，一方面是因地制宜，适地适树；另一方面是为植物正常生长创造适合的生态条件。

1.2.1　适地适树

各种造景植物在生长发育过程中，对光照、温度、水分、空气等环境因子都有不同的要求，在植物造景时，应满足植物的生态要求，使植物正常生长，并保持一定的稳定性，这就是通常所讲的适地适树，即根据立地条件选择合适的植物。或者通过引种驯化或改变立地生长条件，使植物成活和正常生长。

不能盲目引进推广外地园林植物，而应注重开发和应用乡土植物。因为乡土树种是本土长期生长的植物种类，有很好的抗性和适应能力，是最佳的造景植物，同时还可以提高植物的成活率和自然群落的稳定性，做到适地适树。同时乡土树种的种植运费也较为经济，更能凸显城市特色。

1.2.2　物种多样性

地球上多数自然群落不是由单一的植物物种所组成的，而是多种植物与其他生物的组合。符合自然规律和风貌的园林建设，必须重视生物多样性。从某种意义上讲，重视园林植物多样性是一个模拟和创建自然生态系统的过程，有利于提高环境质量。

在植物造景时，选用多种植物，可以有效地防治多种环境污染。因多数植物净化污染的功效是单一的，如臭椿、垂柳、刺槐等树种，净化二氧化硫污染的功效较明显；在净化氯气污染方面，悬铃木、女贞、君迁子、柽柳等植物就比较突出；净化氟化氢污染功效较大的就属泡桐、乌桕、梨树等树种；在减噪功效突出的就是海桐、桂花以及松杉柏科的树种了。

总之，多样物种的配置，可以营造步移景异的动态景观效果，既能创造“胜于自然”的优美景观，还能维护城市生态平衡。

1.2.3　植物群落稳定性

植物配置从生态位角度考虑的话，应充分考虑物种的生态位特征，合理选配植物种类，避免种间直接竞争，形成结构合理、功能健全、种群稳定的复层群落结构。配置时考虑植物的生物特征，处理好种间关系。注意将喜光与耐阴，速生与慢生，深根性与浅根性，乔、灌、草结合等不同类型的植物合理地搭配，既可增加植物群落稳定性，也有利于珍稀植物的保存，又能创造优美、稳定的植物景观。

1.2.4　重视生态系统的完善

城市绿化规划建设对绿地比例和绿化覆盖率有定性的指标要求，因此植物配置要重视提高绿地比例和绿化覆盖率。

城市绿化覆盖率是城市各类型绿地（公共绿地、街道绿地、庭院绿地、专用绿地等）合计面积占城市总面积的比率。其高低是衡量城市环境质量及居民生活福利水平的重要指标之一。国外学者认为城市绿化覆盖率达 50% 时，可保持良好的城市环境。目前，我国城市绿化覆盖率已上升到 36%，人均公共绿地面积增加到 8.6 m^2。我国大、中城市和国外多数城市都低于此标准。

2 艺术性原则

植物配置是审美基础上的艺术配置，“源于自然而又高于自然”，是综合考虑形式美、时空观、意境美兼容的植物重组。

2.1 遵循艺术原理

植物配置与造景遵循着绘画艺术和造园艺术的基本原则。即统一、调和、均衡和韵律等原则，此内容将在本书任务 7 中详细阐述。

进行植物造景时，通常要注意组合植物间联系和配合。在视觉上，使其具有柔和、舒适的美感，充分利用植物的自然属性给人予舒适感和愉悦感，同时利用植物色差或形态差异来凸显景观的主题（图 2–1）。

图 2–1 植物的色差和形态差异美（左 王辉 摄）

在植物造景中利用植物单体或形态、色彩、质地等景观要素进行的植物配置艺术（图 2–2）。

图 2–2 郑州绿博园（孙耀清 摄）

在植物造景中，乔木、灌木、草本主从植物配置艺术见图 2–3。

图 2–3 内江西雅图小区一角绿地（郭嘉 摄）

2.2 讲究意境美

中国历史悠久，文化灿烂，植物景观的意境美具有更高境界和人文特征。我国古代诗词及民俗中都留下了赋予植物人格化的优美篇章，借花木而间接地抒发某种意境。造园者也将诗情画意

通过植物造景融入园林中，从而达到托物言志、以物咏志的造园目的。在民间传统上用玉兰、海棠、迎春、牡丹、桂花象征“玉、堂、春、富、贵”等长寿富贵寓意。“梧桐一叶落，天下皆知秋”，既富科学，又有诗意。这些都为我国植物景观留下了宝贵的文化遗产。

植物景观意境的营造是使景观品质提高的关键，植物造景也正是体现植物景观特色和大自然无穷魅力的重要造园设计手段（图2-4至图2-7）。

图2-4　洁白枝干悬铃木（孙耀清　摄）

图2-5　苍虬飞舞木瓜（孙耀清　摄）

图2-6　馥郁芳香栀子（孙耀清　摄）

图2-7　新家苑小区和谐引致美（孙耀清　摄）

任务3 当前我国植物配置与造景中存在的问题

知识目标

◆ 1. 了解国外植物配置与造景设计的现状。

◆ 2. 熟悉我国植物配置与造景存在的问题。

能力要求

◆ 掌握植物配置与造景发展趋势。

本任务导读

植物景观既能创造优美的环境，又能改善人类赖以生存的生态环境，对于这一点是公认而没有异议的。然而在现实中往往有两种观点和做法存在。一种是重园林建筑、假山、雕塑、喷泉、广场等，而轻视植物。这在园林建设投资的比例及设计中屡见不鲜。更有甚者，某些偏激者认为中国传统的古典园林是写意自然山水园，山水便是园林的骨架，挖湖堆山理所当然，而植物只是毛发。仔细分析中国古典园林，尤其是私人宅园中各园林因素比例的形成是有其历史原因的，私人宅园的面积较小，园主人往往是一家一户的大家庭，需要大量居室、客厅、书房等，因此常常以建筑来划分园林空间，建筑比例当然很大。园中造景及赏景的标准常重意境，不求实际比例，着力画意，常以一石一草构图，一方叠石代巍峨高山，一泓水示江河湖泊，室内案头置以盆景玩赏，再现咫尺山林。

另一种是提倡园林建设中应以植物景观为主。认为植物景观最优美，是具有生命的画面，而且投资少。自从我国对外开放政策实施后，很多人有机会了解西方国家园林建设中植物景观的水平，深感我国原有传统的古典园林已满足不了当前游人游赏及改善环境生态效应的需要了。因此在园林建设中已有不少有识之士呼吁要重视植物景观。

1 我国植物配置与造景目前发展现状

传统的植物造景主要强调植物景观的视觉效应，其植物造景定义中的“景观”一词也主要是针对视觉景观而言的。我国目前植物配置的现状主要体现在以下五个方面。

1.1 不够重视植物造景的生态效益

由于片面地追求景观的视觉效果，在国内各地的植物景观设计中，都存在大量引进外来的植物品种的现象。由于外来植物的介入，城市生态环境被人为地加以改变，生态群落遭受一定的影响。

1.2 缺少人本主义和服务意识的关怀

目前大多城市植物造景往往只注重美感和人文精神思想的写照，缺乏为景观使用者的考虑，缺少对人本主义和面向大众的服务功能造景思路，深入考虑使用者行为和心理的需要。而今后植物造景人本主义关怀表现在：要形成宜人的植物空间，供人欣赏或休憩，引导游览路线，通过框景的空间或建筑物增添景观效果，屏障较为低质的景观，满足人们户外活动的需要。总之，要努力使植物环境更符合使用者的行为习惯和需求。

1.3 忽视乡土植物的应用

乡土植物是经过自然选择的适应本自然环境的土生物种。现代植物景观的生态设计强调乡土植的运用，既能节约大量养护成本，又能体现地域特色。可惜在国内目前由于受到一些认知的偏见，乡土植物被冷落。

1.4 原有植物的破坏严重

在绿地的建设或改造中，往往片面调图形的美观和象征意义，而忽视其园林植物生态功能的现状，有些大树在移植过程中被截干去枝，甚至死亡，这对其原生态系统无疑造成了极大的破坏，有些林带本来是生态通道，结果被新修的所谓景观大道截断。

1.5 植物资源利用率较低

我国园林植物资源极其丰富，但在植物造景中利用的植物资源却很有限。国外园林中观赏植物种类近千种，私人花园一般也有 400～500 种。而我国园林中的种植类却相对贫乏，如花城广州仅有 300 种左右植物，杭州、上海 200 余种，北京 100 多种。

2 我国植物配置与造景存在的问题

随着生态园林建设的深入和发展以及景观生态学、全球生态学等多学科的引入，植物景观的内涵也随着景观的概念范围不断扩展，传统的植物造景概念、内涵等已不能适应生态时代的需求。植物造景不再仅仅是利用植物来营造视觉艺术效果的景观，它还包含着生态上的景观、文化上的景观甚至更深更广的含义。我们应该看到，植物造景概念的提出是有其时代背景的，植物造景的发展不能仅仅停留在概念提出的那个时代，而应随着时代的发展而不断发展，尤其是随生态园林的不断发展而发展，这才是适合时代需求的植物造景，持续发展的植物造景。目前，我国大部分城市植物造景存在的问题已经日趋严重，植物景观已经不能满足现代人们需求。

2.1 大草坪泛滥

绿量，是在生态园林建设过程中提出的一个重要概念，它不仅指所有生长中植物茎叶所占据的空间体积，广义上还包括一切有利于人类赖以生存的因素，即绿色环。当前植物造景中的绿量问题反应比较突出。

目前的植物造景，特别是城市广场绿化中，无处不是千篇一律的大草坪绿化模式，以求得“开敞景观”、“热带风光”等效果，其弊端众人皆知。究其原因，除了流行风气外，一个不可忽视的原因就是建设者缺少对绿量的重视。

2.2 乔、灌、草模式的滥用

乔、灌、草的植物搭配模式来源于我们对自然植物群落的学习，是一种将理想的生态效益得以最大限度发挥的模式，然而却常被人们误认为放之四海而皆准的真理，从而导致不分绿地性质、面积大小、环境负荷而一味滥用。园林建设讲究因地制宜、因时制宜，植物造景同样如此。只有因地制宜、因园制宜，结合绿地使用性质、面积大小、环境条件等综合考虑，在此基础上建设的绿量才与景观质量成正比。

2.3 形式与功能的不统一

植物造景讲究形式与功能的统一，植物造景作为园林绿化的一部分，理应遵循这一道理。然而，在现实绿化中常见到有人一味地追求绿地率，追求绿化视觉效果。将分枝低、体量大的雪松种在狭窄的街道上；将本已狭小的活动场地改建成草坪；将承载力高的林地树木砍掉，换成承载力低的草坪，凡此种种，无不是植物造景中形式与功能的冲突，其结果常常是好看不中用，其原因是缺少对植物造景中“以人为本”思想的思考。

2.4 轻视科学性与艺术性的结合

植物造景不同于山石、水体、建筑景观的构建，其区别于其要素的根本特征是它的生命特征，这也是它的魅力所在。植物造景是在植物能健康、持续生长的条件下进行的。病态的植物，失去生命活力的植物的景观只能是残枝败柳、枯木废桩，是无法达到理想景观效果的。

科学的植物造景除了满足植物的生理生态、场地功能、视觉景观等需求外，还必须对植物造景的效果进行预见。植物景观是活体景观，随植物生长而发展变化的景观，对植物栽植施工后的景观变化及养护管理的考虑，是植物造景的特色。然而在现实问题中却常存在设计、施工、养护脱节甚至矛盾的问题。而在景观效果预见中常常将生长条件很好的植物作为理想的效果标准，而对植物能否达到预期的体量、季相变化、生长速度却缺少深入细致的结合植物栽植场地、小气候、干扰等多因素的考虑。比较明显的是在城市植物造景中，大多数树木的生长体积、生长率都低于同等条件下自然界中的树木，而这一点却没得到所有设计师们的重视。

2.5 难以完成植物景观群落的建立

2.5.1 多样性与稳定性问题

植物的多样性与群落的稳定性是源于对自然植物群落的理解，在自然植物群落中，植物群落的稳定性是由从小到显微结构的生命体，从大到巨大的森林树木之间的相互配合、相互依赖的结果，植物群落的稳定性是随种类的增加而增强。而在城市环境中这一群种类中的大多数种类将很难生存。因此，城市中的植物类群之间的那种在自然环境中存在的相互制约、相互协作的关系也很难存在。

2.5.2 种单株与种群体的问题（个体与群体）

时下的植物造景中植物配置模式大多采用自然式，三株一丛、五株一群的零星点缀方式，这是源于传统的自然山水园的种植设计手法。事实上，将植物以群体集中的方式进行种植，其在绿量上的景观累加效应，同种个体的相互协作效应及环境效益都大大优于单株及零星的种植方式。从生物个体发育来看，大多数生物总是以群体的方式生存下来的，植物要形成一定的种植规模，其个体才能稳定地生存下来，单株的种类常因环境的竞争而被淘汰。

3 植物配置与造景的发展趋势

适地适树是植物造景中植物选择的基本原则，在此基础上我们提倡大力发展乡土树种，适当引进外来树种。然而，随着栽培及引种技术的发展，在国内苗圃市场缺乏统一规划的情况下，各地相继引进了一批适合本地生长的造景植物种类。所以，在丰富本地造景植物种类及植物景观的同时，我们不得不考虑以下问题：

3.1 地方特色保护

植物是体现地方特色的要素之一，在不同的地理区域，不同的气候带，不同的土质、水质上生长着不同的植物种类，它是地方环境特色的有机组成部分之一。同时，不同的地方植物常常还是该地区民族传统和文化的体现，大量地引种外来植物易对地方文化特色造成巨大冲击。因此，保护与引进应和谐并存。

3.2 生物多样性的保护

自然界中生物间的相互竞争，优胜劣汰的关系无处不在，我们早已明知在世界上盲目引种动物的危害（如澳大利亚野兔引种事件），但却缺乏对盲目引种植物危害的深入了解。“前车之覆，后车之鉴”，我们不能先引进后治理，不能走别人的老路。

另外，对稀有植物、保护植物的引种保护也应适可而止，因其对地方特色及物种多样性的冲击影响不可估量，全国上下盛行的“银杏风”即可例证。处处种银杏，谈何保护，谈何稀有，保护并不等于泛滥。

3.3 人本主义的融入

植物景观经过人类的改造后，再不是一种“纯自然”形式，而是与人们的日常生活密不可分的一部分，是种“人性化”了的景观。要构建人本城市植物景观，就必须从人性需求、人们心理角度出发，在植物景观选用及设计时处处体现把人们的需求放在第一位，考虑安全性、宜人性、私密性，考虑人们的审美心理，才能营造出满足行为人需要的城市植物景观。

学习拓展 植物配置“五字”原则和“十八字”要领

一、五字原则

1. 仿——仿生原则

根据植物习性和自然界植物群落形成的规律，仿照自然界植物群落的结构形式，经艺术提炼而就。师法自然，虽由人做，宛自天开。

2. 多——植物多样性原则

尽可能多地运用植物种类，达到生态多性要求。

3. 位——生态位原则

应充分考虑物种的生态位特征，合理选配植物种类，避免种间直接竞争，形成结构合理、功能健全、种群稳定的复层群落结构。

4. 景——景观艺术性原则

植物配置不是绿色植物的堆积，也不是简单的返璞归真，而是审美基础上的艺术配置，“源于自然而又高于自然”。

5. 适——适地适树原则

尽可能多用乡土树种，保证效果的稳定性。

二、十八字要领

1. 显——“好东西”尽可能放在显眼处，彰显价值。

2. 礼——植物的最佳观赏面，尽可能朝向主视点，必要时还可向主视点微俯5°左右。

3. 清——表现一定主题时，逻辑思维一定要清晰，切不可一切都想表达，忌“语无伦次，话不由衷”。

4. 渐——树种变化，群落过渡，采用渐变手法，“你中有我，我中有你”。

5. 巧——尽可能在观赏面反向不显眼处收头。

6. 稳——基调树种要明确，在保证上层树冠飘逸的同时，也要尽量使用球类植物使整个林层的重心下沉，求得相对的稳定并控制全局。

7. 衡——注意整个画面或空间重量感的均衡。

8. 幻——通常把常绿树理解为实，落叶树为虚，注意虚实的结合。

9. 韵——有些主题可反复强调（主旋律）。

10. 律——空间的大小间距，景点的布置等要有一定的节奏感。

11. 变——植物的大小、高低、粗细，常绿与落叶、叶片的大小、质感、色彩和花期以及天际线，林缘线，投影线，要有丰富活泼的变化。

12. 突——该精处精，粗细结合。有所为有所不为。

13. 借——巧于因借，把好的风景借进园来。

14. 挡——用植物遮挡不雅欠美之物。

15. 顾——植物搭配需协调，相互间要有顾盼关系。

16. 场——空间疏密处理：“密不插针，疏可走马”，“疏密有致，收放自如”。

17. 错——不等边三角形构图：高低错位、前后左右错位，无论平面布局还是空间处理均须遵循。

18. 虚——用有形的植物追求特有的空间效果。

名词解释：

植物配置、植物造景、植物配置与造景、花坛

问答题：

1. 谈谈植物造景对山石水体的作用。

2. 阐述植物配置的基本原则。

情境教学1　参考答案

情境教学2　植物配置的生态学原理

任务4　环境因子与植物配置的关系

知识目标

◆ 1. 识记生态因子基本概念。

◆ 2. 熟知环境因子与植物配置的关系。

能力要求

◆熟知各类生态因子制约的造景植物的特性。

本任务导读

随着城市化进程的加快，环境矛盾日益突出，生态园林必将成为现代园林的发展方向，同时对植物配置也提出了新的要求。在简单阐述生态园林的概念的基础上，提出了生态园林的设计原则，并详细论述了生态学原理在植物配置的因地制宜、协调种内与种间关系、构建植物群落等方面的应用。本章主要介绍了植物在造景配置时所遵循的生态学原理；植物景观与生态因子之间的关系。

1　植物与温度因子的关系

温度是影响植物的重要因素之一，温度因子对于植物的生理活动和生化反应是极端重要的。植物的一系列生理过程都必须在一定的温度条件下才能进行，植物的生命活动过程的最低、最适、最高温度，称为温度的三基点。在最高和最低温度下，作物停止生长发育，但仍能维持生命。如果继续升高或降低，就会对植物产生不同程度的危害，直至死亡。因此，温度是植物生长发育和分布的限制因子之一。

1.1　温度与生长的关系

植物生长的温度范围一般为4～36℃，但是因植物种类和发育阶段不同，对温度的要求差异很大。热带植物如椰子、橡胶等要求日平均温度在18℃以上才能开始生长；亚热带植物如柑橘、香樟、竹等在15℃左右开始生长；暖温带植物如桃、紫叶李、槐等在10℃，甚至不到10℃就开始生长；温带树种如杉、白桦、云杉在5℃时就开始生长。一般植物在0～35℃的温度范围内随温度上升，生长加速，随温度降低，生长减慢。当超过植物所能忍耐的最高和最低温度极限时，植物的正常生理活动及其同化、异化的平衡关系就会被破坏，致使部分器官受害或全株死亡。

1.2　温度与开花的关系

温度对植物开花的影响首先表现在对花芽的分化方面。对于某些植物来说，一定范围内的低温有促进花芽分化的作用。例如紫罗兰只有通过10℃以下的低温才能完成花芽分化；鸡冠花、茑萝、牵牛、凤仙花、半枝莲等要求温度在10～16℃开花最好。许多树木如得不到它所需要的低温，就不能开花结实。此外，温度对于花色也有一定影响，温度适宜时，花色艳丽，温度不适宜时，花色则淡而不艳。

2　植物与光因子的关系

光是绿色植物进行光合作用不可缺少的能量源泉，只有在光照下，植物才能正常生长、开花和结实；光也影响植物的形态结构和解剖特征。光照对造景植物的影响表现在光照强度、光照时间和光质三个方面。

2.1 光照强度对植物的影响

光照强度主要影响造景植物的生长和开花。植物与光照强度的关系不是固定不变的。随着时间和环境条件的改变会相应的发生变化，有时甚至变化较大。根据对光照强度的要求不同，可以把植物分成阳性植物、阴性植物和中性植物。

2.1.1 阳性植物

阳性植物喜强光，不耐庇荫，具有较高的光补偿点，在阳光充足的条件下，才能正常生长发育，发挥其最大的观赏价值。如果光照不足，则枝条纤细，叶片黄瘦，花小而不艳，香味不浓，开花不良或不能开花。阳性植物包括大部分观花、观果类植物和少数观叶植物，如一串红、棕榈、茉莉、扶桑、柑橘、银杏、月季、橡皮树、石榴、紫薇等。

2.1.2 阴性植物

阴性植物多原产于热带雨林或高山阴坡及林下，具有较强的耐阴能力和较低的光补偿点，在适度庇荫的条件下生长良好。如果强光直射，则会使叶片焦黄枯萎，长时间会造成死亡。阴性植物主要是一些观叶植物和少数观花植物，如兰花、文竹、狭叶十大功劳、玉簪、八仙花、一叶兰、万年青、八角金盘、珍珠梅、蚊母树、海桐、珊瑚树、蕨类等。

2.1.3 中性植物

在充足的阳光下生长最好，但亦有不同程度的耐阴能力，在高温干旱时及全光照下生长受抑制。在中性植物中包括在偏阳性的与偏阴性的种类。例如榆树、朴树、樱花、枫杨等为中性偏阳；槐、七叶树、五角枫等为中性稍耐阴；冷杉、云杉、中华常春藤、八仙花、山茶、杜鹃、海桐、忍冬、罗汉松、紫楠、青檀等均属中性而耐阴力较强的种类。

2.2 光照时间对植物的影响

光照时间的长短对造景植物花芽分化和开花具有显著的影响，根据造景植物对光照时间的要求不同，可分为以下三类：

2.2.1 长日照植物

生长过程有一段时间需要每天有较长日照时数，或者说夜长必须短于某一时数，即每天光照时数需要超过 12～14 h 才能形成花芽，而且日照时间愈长开花愈早。否则将保持营养状况，不开花结实。唐菖蒲是典型的长日照植物，为了周年供应唐菖蒲切花，冬季在温室栽培时，除需要高温外，还要用电灯来增加光照时间。

2.2.2 短日照植物

生长过程需要一段时间是白天短、黑夜长的条件，即每天的光照时数应少于 12 h，但需多于 8 h 才有利于花芽的形成和开花。一品红和菊花是典型的短日照植物，它们在夏季长日照的环境下只进行营养生长，而不开花；入秋以后，当日照时间减少到 10～11 h，才开始进行花芽分化。多数早春或深秋开花的植物属于短日照植物，若采取措施缩短日照时数，可促使它们提前开花。

2.2.3 中日照植物

中日照植物对日照时间不敏感，只要发育成熟，温度适合，一年四季都能开花，如月季、天竺葵、扶桑、美人蕉等。

2.3 光质对植物的影响

依据阳光波长的不同，可分为短波光（波长 390～470 nm）、极短波光（波长 300～390 nm）和长波光（波长 640～2 600 nm）。一般认为短波光可促进植物的分蘖，抑制植物伸长；长波光可促进种子萌发和植物的长高；极短波则促进花青素和色素的形成。高山地区及赤道附近极短波光较强，花色鲜艳，就是这个道理。此外，光的有无和强弱也影响着植物花蕾开放的时间，如半枝莲必须在强光下才能开放，日落后即闭合；昙花则在夜晚开放。

3 植物与水分因子的关系

水分是植物体的重要组成部分和光合作用的重要原料之一，无论是植物根系从土壤中吸收养分和运输，还是植物体内进行一切生理生化反应都离不开水，水分的多少直接影响着植物的生存、分布、生长和发育。根据造景植物对水分的要求不同，一般分为四个类型：

耐旱植物

耐旱植物，多原产热带干旱或沙漠地区，这类植物根系较发达，肉质植物体能贮存大量水分，细胞的渗透压高，叶硬质刺状、膜鞘状或完全退化，如柽柳、胡颓子、黑桦、胡枝子、仙人掌类等。

中生植物

绝大多数造景植物属于这类型，它们不能忍受过干和过湿的条件。常见的有君子兰、月季、扶桑、金钟、茉莉、石榴、白玉兰、丁香、桂花、杜英、马褂木、悬铃木、枇杷、红叶李、国槐等。

耐湿植物

耐湿植物，多原产于热带雨林中或山涧溪旁，喜生于空气湿度较大的环境中，在干燥或中生的环境常致死亡或生长不良。如水仙、龟背竹、马蹄莲、池杉、水杉、垂柳、白蜡等。

水生植物

水生植物根或茎一般都具有较发达的通气组织，它们适宜在水中生长，如荷花、王莲、睡莲、芦苇等。

4　植物与空气因子的关系

空气对植物的影响是多方面的。氧气是植物呼吸作用必不可少的，如果氧气缺乏，植物根系的正常呼吸作用就会受到抑制，而不能萌发新根，严重时嫌气性有害细菌就会大量滋生，引起根系腐烂，造成全株死亡。二氧化碳是植物进行光合作用的原料之一，在一定范围内，随浓度的提高，光合作用加强，有利于植物生长发育，但是二氧化碳不足或过量，对其生长发育也会产生伤害。

此外，空气中还存在一些对植物生长和发育构成危害的气体，如二氮化碳、氟化氢、氯气、一氧化碳、氯化氢、硫化氢及臭氧等。总之，不同种类的植物对有害气体的抗性有很大差异。

5　植物与土壤因子的关系

土壤是植物生长地基质。没有土壤，植物就不能站立，更谈不上生长发育，土壤通过植物根系提供植物生长发育所必需的水分、养分和丰富的氧气。一般要求栽培植物所用土壤应具备良好的团粒结构，疏松、肥沃、排水和保水性能良好，并含有较丰富的腐殖质和适宜的酸碱度。

5.1　母岩对植物的影响

岩母是土壤形成的重要因素之一，它影响到土壤的物理和化学性状。母岩不同，土壤的质地、结构、水分、空气、湿度、养分等状况以及酸碱度等均有差异。在相同的气候和地形条件下，不同的土壤就是由于母岩的不同而发育成的。如石灰岩主要由碳酸钙组成，属钙质岩石，风化过程中，碳酸钙可受酸性水溶解，大量随水流失，土壤中缺乏磷和钾，多具石灰质，呈中性或碱性反应，适宜喜钙耐旱植物生长。

砂岩、砾岩和石英岩等硅质岩石，其组成中含大量石英，坚硬，难风化，形成的土壤一般缺乏盐基成分，且吸收容量低，最初只适于耐贫瘠的先锋树种，如松类植物的生长。

花岗岩、正长岩、流纹岩和片麻岩等也难风化，形成沙壤土或壤土，富含钾和磷，多呈酸性，适宜于一般树种生长（喜钙树种例外）。

辉长岩、玄武岩和安山岩等铁镁质岩石，经过充分风化后常形成细质土壤，富含钙、镁、磷，在较温暖气候条件下呈碱性或中性反应，适于喜钙的树种生长，比如茶树、山茶、南天竺、柏木、青檀、臭椿。

5.2　土壤酸碱度对植物的影响

自然界中土壤酸碱度是受气候、母岩及土壤中的无机和有机成分、地形地势、地下水和植物等因子所影响。土壤酸碱度可分为 5 级，即强酸性为 $pH < 5.0$；酸性为 pH 5.0～6.5；中性为 pH 6.5～7.5；碱性为 pH 7.5～8.5；强碱性为 $pH > 8.5$。

根据植物对土壤酸碱度的要求，可以分为三类：

5.2.1 酸性土植物

在呈或轻或重的酸性土壤上生长最好，最多的种类。土壤 pH 在 6.5 以下。如杜鹃、山茶、油茶、栀子花、茉莉、柑橘、石楠、吊钟花、印度橡皮树、秋海棠、朱顶红、棕榈等，种类极多。

5.2.2 中性土植物

在中性土壤上生长最佳的种类。土壤 pH 6.5～7.5，绝大多数的园林植物属于此类。

5.2.3 碱性土植物

在呈或轻或重的碱性土壤上生长最好的种类。土壤 pH 在 7.5 以上。如仙人掌、玫瑰、柽柳、紫穗槐、白蜡等。

任务5 生态位与植物配置的关系

知识目标

◆ 1. 了解生态位的基本知识。

◆ 2. 熟知生态位理论在植物配置中的具体应用。

能力要求

◆具备植物配置与造景时应用生态位理论的基本能力。

本任务导读

生态位，又称小生境、生态区位、生态栖位或是生态龛位。生态位是一个物种所处的环境以及其本身生活习性的总称。每个物种都有自己独特的生态位，借此与其他物种区别。其内容包含区域范围和生物本身在生态系统中的功能与作用。1924 年由格林内尔（J.Gri–nell）首创，并强调其空间概念和区域上的意义。1927 年埃尔顿（Charles Elton）将其内涵进一步发展，增加了确定该种生物在其群落中机能作用和地位的内容，并主要强调该生物体对其他种的营养关系。

城市绿化植物的选择、配置与造景，实际上取决于生态位的配置，直接关系到城市绿地景观审美价值的高低和综合功能的发挥。从生态位概念可以看出，它主要反映了物种与物种之间、物种与环境之间的关系。

在城市植物配置与造景中，应充分考虑配置物种的生态特征、各物种间的关系以及个物种与城市环境之间的关系。具体表现在以下几方面：

1 在造景植物物种选择时，构建结构合理的种群

合理选配植物种类、避免种间直接竞争，形成结构合理、功能健全、种群稳定的复层落结构，以利种间互相补充，既充分利用环境资源，又能形成优美的景观。如在信阳地区的城市绿化植物中，槭树、泡桐、杜英等生长状况不良，不宜大面积种植；而水杉、池杉、落羽杉、女贞、广玉兰、夹竹桃、红叶石楠、棕榈等适应性好、长势优良，可以作为绿化的主要种类。

在物种选择时，还需注意在特定的城市生态环境条件下，应将抗污吸污、抗旱耐寒、耐贫瘠、抗病虫害、耐粗放管理等作为植物选择的标准。如抗污、吸污强的悬铃木、夹竹桃、合欢；抗旱耐寒的广玉兰、木槿、紫荆；耐贫瘠火棘、胡颓子；抗病虫害的银杏和耐粗放管理核桃、杏等。

2　在植物配置与造景时，充分应用种间生态位差异

可以利用不同物种在空间、时间和营养生态位上的差异来配置植物。如很多植物园或园林绿地就在植物造景时充分利用种间生态位差异原理进行（图 5-1）。

图 5-1　东方金典居住小区植物配置（王辉　摄）

如东方金典居住小区的组团绿地高大的槭树和杜英树干直立高大、根深叶茂，可吸收群落上层较强的直射光和较深层土壤中的矿物质养分；杜鹃花和狭叶十大功劳是林下灌木，只吸收林下较弱的散射光和较浅层土中的矿质养分，较好地利用槭树和杜英林下的阴生环境；两类植物在个体大小、根系深浅、养分需求和物候期方面有效差异较大，按空间、生境和营养生态位差异进行配置，既可避免树种间竞争，又可充分利用光和养分等环境资源，保证群落和景观的稳定性。

3　在植物配置与造景时，应保持物种多样性

生态学家们认为，在一个稳定的群落中，各种群对群落的条件、资源利用等方面都趋向于互相补充而不是直接竞争，系统愈复杂也就愈稳定。因此，在城市绿化中应尽量多造针阔混交林，少造或不造纯林，模拟自然群落结构。如韶山风景区在大片的马尾松林内混交檫木，林下有长蕊杜鹃、白檵木等，初春时节，远望，林冠线上嫩绿的松针衬托着淡黄的檫木花，宛如一幅刚刚渲染过的水彩画；近观，林下火红的杜鹃、雪白的檵木花，色彩斑斓令人倍感大自然的亲切。

4　在植物配置与造景时，要协调物种间的和谐

在自然界中，两个长期共同生活在一起的物种，彼此间可形成一种相互依存，双方获利的和谐关系。如地衣即是藻与菌的结合体，豆科、杜鹃花科、兰科、龙胆科中的不少植物都有与真菌共生的例子；一些植物种的分泌物对另一些植物的生长发育是有利的，如黑接骨木对云杉根的分布有利，皂荚、白蜡与七里香等在一起生长时互相都有显著的促进作用；但另一些植物的分泌物则对其他植物的生长不利，如胡桃和苹果、松树与云杉、白桦与松树等都不宜种在一起，森林群落林下蕨类植物狗脊和里白则对大多数其他植物幼苗的生长发育不利，这些都是植物配置与造景中必须考虑的。可见，在植物配置与造景时，需要遵从“互惠共生”原理，协调配置植物间的和谐关系。

学习拓展　常见植物对有害气体的抗性分级

一、二氧化碳

极强　柏树、杨树、刺槐、桑树、无花果、夹竹桃、黄杨、菊花、石竹、向日葵、蓖麻。

强　臭椿、白蜡、梧桐、广玉兰、君迁子、木兰、红叶李、桂花、月桂、蚊母、冬青、海桐、月季、夹竹桃、石榴、凤尾柏、大丽花、蜀葵、唐菖蒲、翠菊、美人蕉、鸡冠花、苏铁、白兰、令箭荷花、扶桑、柑橘、龟背竹、鱼尾葵。

中　柳杉、龙柏、棕榈、白玉兰、紫荆、郁李、南天竹、芭蕉、紫茉莉、鸢尾、一串红、荷兰菊、百日草、矢车菊、银边翠、天人菊、波斯菊、蛇目菊、桔梗、锦葵、杜鹃、茉莉、叶子花、旱金莲、一品红、红背桂、彩叶苋。

弱　水杉、白榆、悬铃木、木瓜、樱花、雪松、黑松、竹子、美女樱、月见草、麦秆菊、福禄考、滨菊、瓜叶菊。

二、二氧化碳和酸雨

极强　龙柏、构树、香椿、桑树、臭椿、刺槐、黄杨、珊瑚树、无花果、八仙花。

强　枫杨、乌柏、合欢、棕榈、月季。

中　龙柏、夹竹桃、迎春。

弱　黑松、水杉、白榆、悬铃木。

三、氟化氢

极强　龙柏、构树、桑树、黄连木、丁香、小叶女贞、无花果、罗汉松、木芙蓉、葱兰。

强　柳杉、臭椿、杜仲、银杏、悬铃木、丝棉木、广玉兰、柿树、枣树、女贞、珊瑚树、蚊母、海桐、大叶黄杨、锦熟黄杨、石楠、火棘、凤尾兰、棕榈、蜡梅、石榴、玫瑰、紫薇、山茶、柑橘、一品红、秋海棠、大丽花、万寿菊、紫茉莉、牵牛花。

中　白榆、三角枫、丝棉木、枫杨、木槿、金银花、海桐、桂花、丝兰、小叶黄杨、美人蕉、百日草、蜀葵、金鱼草、半枝莲、水仙、醉蝶花、栀子、红背桂、白蜡、樱桃、栓皮栎、核桃。

弱　合欢、杨树、桃树、枇杷、行、垂柳、扁柏、黑松、雪松、海棠、碧桃、桂花、玉簪、唐菖蒲、锦葵、凤仙花、杜鹃、彩叶苋、万年青。

四、氯气

极强　合欢、乌柏、接骨木、木槿、紫荆。

强　臭椿、刺槐、三角枫、合欢、泡桐、苦楝、丝棉木、凤尾柏、洒金柏、桂花、海桐、珊瑚树、大叶黄杨、夹竹桃、石榴、木槿、月季、万年青、罗汉松、南洋杉、苏铁、杜鹃、唐菖蒲、一串红、鸡冠花、金盏菊、大丽花。

中　黑松、白榆、木瓜、南天竹、牡丹、六月雪、地锦、凌霄、一品红、石刁柏、柚子、木本夜来香、八仙花、叶子花、米兰、黄蝉、彩叶苋、红背桂、晚香玉、凤仙花、万寿菊、波斯菊、百日草、金鱼草、矢车菊、醉蝶花。

弱　广玉兰、紫薇、竹子、糖槭、山荆子、月见草、福禄考、锦葵、茉莉、倒挂金钟、樱草、四季秋海棠、瓜叶菊、天竺葵。

五、氯化氢

极强　苦楝、龙柏、杨树、桑树、刺槐、国槐、小叶女贞、日本樱花、无花果、美人蕉、紫茉莉。

强　白蜡、合欢、乌柏、红叶李、紫薇、锦带花、海桐、锦熟黄杨、棕榈、蜀葵、栀子。

中　白榆、女贞、蜡梅、夹竹桃。

弱　广玉兰、黑松、雪松。

六、硫化氢

极强　构树、樱花、罗汉松、蚊母、锦熟黄杨、月季、羽衣甘蓝。

强　龙柏、悬铃木、白榆、桑树、桃树、樱桃、夹竹桃、草莓。

中　石榴、唐菖蒲、矢车菊、向日葵、旱金莲。

弱　桂花、紫菀、虞美人。

练习题

填空题：

1. 光照对造景植物的影响表现在_________、_________和_________三个方面。

2. 根据植物对光照强度的要求不同，可以把植物分成三类：_________、_________、_________。

3. 根据植物对光照时间的要求不同，可以把植物分成三类：_________、_________、_________，一品红和菊花是典型的_________，唐菖蒲是典型的_________。

4. 根据植物生长对水分的要求不同，可以把植物分成四类：_________、_________、_________、_________。

5. 根据植物对土壤酸碱度的要求，可以把植物分成三类：____________、____________、____________。常见的酸性土植物有____________；常见的碱性土植物有____________。

名词解释：

温度三基点、生态位、光补偿点、光饱和现象。

问答题：

简述生态位在城市植物配置与造景中具体表现在哪些方面？

情境教学2　参考答案

情境教学3 植物配置与造景艺术

任务6 形式美的表现形态

知识目标

◆ 1. 了解并掌握植物形态美的类型。

◆ 2. 了解并掌握植物形式美的类型。

能力要求

◆ 1. 具备应用植物的形态美进行植物景观设计的能力。

◆ 2. 具备应用植物的形式美进行植物景观设计的能力。

本任务导读

美学是人类区别于动物的一种自然感观感受审视的反应。它是自然美、艺术美、社会美等概念的总和，是人们对事物给予的美的概念。亚里士多德说："美要靠体积和安排"，美学并不是无标准、无规律可循，通俗的理解就是人们感官的感受，受审美态度、性别、人生经历、文化教养等主观条件的影响。

园林植物的形式美就是指植物通过形、色、质以及形、色、质本身状态的变化所组成的符合特定审美意识的空间构成。具体来说，植物的外在形式是通过干、枝、叶、花、果、根的形态、颜色、质感、气味和季相变化对观者视觉、听觉、触觉、嗅觉、味觉等的作用。在园林植物中，从组合类型上植物的呈现形式有个体、组合、群体三种方式；从空间类型上，植物的景观空间分为点状、线状和面状空间；从色彩类型上，植物呈现形式分色相、冷暖色、明度、纯度四个方面；从个体和群体形态上，分为规则和自然式。

1 植物的形态之美

形态之美，类似于平面设计理论中的视觉语言一样重要，是景观植物配置中最好运用也是最直接的一手法，如图6–1所示，在绿地中设置不同形态的植物，利用叶子天然的不同的形态美来进行景观植物配置，给人的感觉不一，例如圆形给人以饱满、浑厚、圆润的视觉感受；曲线给人自然、自由之感；方形给人严肃规整之感。这就是所谓的形态语言所具有的规律性和共识性。充

图6–1 叶形不同植物间的配置

分利用植物的形态语言有助于拓宽设计的表达方式和美感形式，极大地丰富了景观设计的艺术可能性，使植物达到意想不到的设计效果。

广义的形态美包含个体美和群体美、自然美、几何美和造型美、建筑美、线条美、图案美。

1.1　植物的自然美

自然美的运用依托科学的设计理论和普遍的审美标准，结合了观者的感情寄托。有的植物苍劲有力，给人一种力量感（图 6–2）；有的婀娜多姿、纤纤细枝、随风飞扬，给人一种婉约的意象之美，顿时把环境的气质烘托得淋漓尽致（图 6–3）；有的古雅奇特、提根露爪，给人以浓烈的古老感（图 6–4）；有的俊秀飘逸（图 6–5），可谓千姿百态。

植物的自然美

图 6–2　雪松的层次分明、树形奇佳的美

图 6–3　红千层的柔枝美

图 6–4　榕树的古雅奇特美

图 6–5　地肤的自然美

1.2　植物的个体美和群体美

孤植在植物景观设计中运用以少胜多、以小胜大等构景手法，要求突出植物的个体美。一般选用具有较高观赏价值的乔木或花灌木等。陈从周先生的《说园》一书中曾指出“花木重姿态”，有形必有态，植物的个体美也由不同形态表现出

或庄严或肃穆或活泼或禅意等内涵。图 6–6 中，在硬质地面上，点缀高山榕表现出景观的简约美和婉约美。图 6–7 中，岭南黄檀在道路转弯处配置，形成标识。图 6–8 中，粉花山扁豆冠大荫浓，夏、秋开花时，满树粉花，甚是壮观。

植物的个体美

图 6–6　高山榕

图 6–7　岭南黄檀

图 6–8　粉花山扁豆

群体美相对于个体美而言，需要植物之间搭配产生一定的形式美或是单一品种的群植，给人一种体量感和广泛感，被广泛运用于公共景观设计中。常见的群体栽植实例中，模拟自然的群体美，讲究高低、疏密有致的搭配，遵循几何感，给人一种身临大自然的真实感觉。如图 6–9 鸡爪槭和羽毛枫的春叶形成鲜明对比，共同组成道路节点处的主景。

植物的群体美

图 6–9　鸡爪槭和羽毛枫配置

1.3　植物的几何美

几何造型是源于西方园林的表达手法，在当今景观植物设计中被广泛地采纳和运用，其原因在于几何造型给人一种信息感、时代感、摩登感、造型感，比较容易切合当今建筑和小品的风格，形成统一协调性。如图 6-10 所示，法国凡尔赛宫的刺绣花坛，植物通过规则的几何外形进行布置，突出一种秩序感、庄重感、肃穆感。

植物的几何美

图 6-10　法国凡尔赛宫刺绣花坛

1.4　植物的造型美

造型，是一种经过人工塑造而成的具有一定艺术性的休块形态。造型美是选取枝叶茂密、枝条柔韧、萌发力强、生长快速、耐修剪的树种为材料，按照人工想象的造型设计需要，运用绑扎、诱引、修剪、搭建等办法，制作成具有一定具象和抽象形态的造型形式，以满足景观的主题要求，丰富景观中植物的形态之美，达到赏心悦目装点氛围的目的。常见的造型主要有仿建筑、动物、文化主题、节日主题、吉祥寓意、历史故事等园林植物艺术造型，既增添形态美感，又满足了人们文化产生活的需要，同时，又能保持生态平衡，提高环境质量、为人们提供优雅的生存环境（6-11）。

图 6-11　植物造型 ①西安世界园艺博览会　②③北京植物园

1.5　植物的线条美

植物的线性造型给人以线条之感，有纵向空间上的也有横向平面化的，有刚直的直线也有弯曲的曲线。不同植物的线条会给人不同的感觉，在应用中也会产生不同的效果。如枝条轮生的糖胶树、木棉、小叶榄仁、雪松等，作为行道树应用在道路中，更加凸显了道路的线性，增强了秩序感（图 6-12、图 6-13）；挺拔的水杉、落羽杉应用在水边，其竖向的线条和水面形成了鲜明的对比（图 6-14）；柳树、红花羊蹄甲、黄金香柳、柔枝红千层、南迎春、黄花夹竹桃、三角梅、水石榕（顾名思义，该植物可与水配、可与石配，效果奇佳）等，应用在水边，其自然下垂的枝条，更加体现了水的柔美，应用在边坡，可以增加野趣（图 6-15 至图 6-18）。

图 6-12　南京中山陵雪松作为行道树

图 6-13 南京农业大学水杉夹道而置

图 6-14 肇庆七星岩落羽杉林（来自昵图网）

图 6-15 红花羊蹄甲花枝自然垂于水面

图 6-16 黄花夹竹桃临水

图 6-17 黄金香柳金光灿灿

图 6-18 杭州西湖的柳树刚刚吐绿

2 植物的色彩美

园林植物的色彩是最引人瞩目的观赏特征。植物的色彩可以被看作是情感象征，因为色彩直接影响着室外空间的气氛，鲜艳的色彩给人以欢快的感觉，而深暗的色彩则让人压抑。如在景观中，入口处会摆放五颜六色的花朵，以示欢迎之意；纪念性园林，则会应用松柏等叶色浓绿的树种，以表庄严。

植物的色彩美

园林植物的色彩通过叶、花、果、干皮表现出来。

2.1　叶色

自然界中大多数植物的叶色为绿色，有深浅之分。一般来说，常绿树种为深绿色，而落叶树种为浅绿色。即使同一树种的叶色也会随着不同生长期而呈现出不同的叶色，如垂柳初发叶为黄绿，后逐渐变为淡绿，夏、秋季为浓绿；芒果嫩叶为红色，之后变为黄绿色，最后变为深绿；银杏和乌桕，叶子均为绿色，到了秋季后，银杏叶变为黄色而脱落，乌桕叶变为红色而脱落；鸡爪槭叶片在春季先红后绿，到了秋季又变成红色。所以，凡是叶色随着季节的变化出现明显改变，或是植物叶片终年呈现绿色之外的彩色，这些植物均被称为色叶植物或彩叶植物（图 6–19 至图 6–21）。

2.2　花色

花色是植物观赏特性中体现季相美最为重要的一方面，在植物诸多审美要素中，花色给人的美感最直接、最强烈。如何充分发挥这一观赏特性，应做到：一要掌握植物的花色和花期；二要以色彩理论作为基础，合理搭配花色和花期。

图 6–20　北美红枫叶片落叶前变为红色

图 6–21　大戟科红桑的红叶

图 6–19　红叶乌桕的红叶

真正使景观具备四季有花，四季有景可赏的效果（图 6–22、图 6–23），不同花色植物在园林景观中的应用。

图 6–22　蓝花楹早春开花形成的花径（来自互联网）

值得一提的是，自然界中一些植物的花色并不是一成不变的，会随着时间的变化而改变。比如木芙蓉、仪花、金银花、王莲等植物，花色从早到晚各不相同。王莲，世界著名水生观赏植物，傍晚时刚出水的蓓蕾绽放白色的花朵，第二天清晨，花瓣又闭合起来，待到黄昏花儿再度怒放时，花色则变成了淡红色，后又逐渐变为深红色；木芙蓉，刚开放的花朵为白色或淡红色，后来渐渐变为深红色，三醉木芙蓉的花更是奇特，可一日三变，清晨刚绽放时为白色，中午变成淡红色，而到了傍晚却又变成了深红色；金银花也是因花色多变而得名，金银花一般都是一蒂双花，刚开花时花色为象牙白色，两三天后变为金黄色，这样新旧相参，黄白互映，甚是美丽。

图 6–23　五彩缤纷的花

2.3　果色

自古以来，观果植物被广泛应用。而且，果树的应用俨然已成为某些地域的特色，如热带、亚热带地区，果树上街就是一大景观，我国的广西南宁、广东的广州就有大量的果树应用在各种类型的绿地中，如南宁市树扁桃及芒果、木菠萝、黄皮、枇杷等，待果实成熟时，一个个果实挂满枝头，或是数个直接结在老茎干上，此时此景让人垂涎。再者，一些植物的果实经冬不落，在百物凋零的冬季也是一道难得的风景，如冬青科的铁冬青，正如其名，愈是寒冷的冬季，它的果实愈是鲜红（图 6–24 至图 6–27）。

图 6-24　栾树的红果

图 6-25　南宁市市树扁桃的果

图 6-26　梧桐的果

图 6-27　色彩艳丽的果

2.4　干皮颜色

当秋叶落尽，深冬季节，枝干的形态、颜色更加醒目，成为冬季主要的观赏景观。多数植物的干皮颜色为灰褐色，当然也有例外，如红瑞木、紫竹、马尾松、樱花、稠李、柳杉的干皮为紫红色或红褐色；金竹、黄桦、金镶玉竹、连翘的干皮为黄色；梧桐、国槐、迎春、河北杨的干皮为绿色；白桦、胡桃、毛白杨、柠檬桉、白桉的干皮为白色。色彩各异的干皮在冷色的深冬无疑是一道亮丽的风景（图 6-28）。

图 6-28　干皮颜色

3　植物的体量美

植物的颜色深浅、枝叶疏密、形体轻重等体现的体量感是植物客观存在的一种直观感受，与大小、高低无关。有的树木虽然高大，但枝叶稀疏颜色较浅，可能会给人轻薄之感；反之，一些矮小的灌木因枝繁叶茂、颜色重而给人厚重感。因此，体量感的评价需要从一个整体的综合因素来考虑和评价。

植物的体量，在景观设计中需要参考比例和尺度的关系，体量的概念是相对而言的，需要放在环境中进行调和和对比。不但要充分考虑到空间与体量之间的设计要求，也要充分利用植物的体量来进行美学设计和功能设计。例如颜色浅、枝叶疏、体量轻，适合配置在小空间小环境之中，给人一种轻盈通透之感，相反，色深、枝繁叶茂、体量重适合放置在空间开敞的环境里，减小空间的空场感，同时大体量的树木给人一种权威感、威严感。

4　植物的质感美

植物的质感美是指植物直观的光滑或粗糙程度，它受到植物叶片的大小和形状、枝条的长短和疏密以及干皮的纹理等因素的影响。植物的质感从个体来看大致有粗质型、中粗型及细质型。不同的质感会给人以不同的心理感受，粗质型叶大而毛多、枝干粗壮，给人豪放粗犷的心理感受；中粗型轮廓般比较明显、疏密适度，给人稳重、中庸、秀美之感；细质型一般枝叶细小叶片光泽、枝叶多而紧密，给人文雅、秀灼之感。

5　植物的光照美

光照既包含自然光线和人工照明。植物景观受光照影响很大，直接影响着植物的色彩、色泽、冷暖感受。一天之中同一植物的色感也会发生较大的变化，例如一天之中天空的颜色、亮度和冷暖作为衬托植物的背景也发生着不断地变化，对植物的对比和衬托作用也随之发生变化，产生不同趣味和审美感的光照美（图 6-29）。

图 6–29　植物的光照美

6　植物的季相美

春天树木抽芽吐绿，桃红柳绿；夏天万绿重重，荷花怒放，百花争艳；秋天树叶色彩斑斓，果实累累；冬天树木银装素裹，婀娜多姿，植物景观每一个季节都能构成一幅幅艺术美画。正是由于有植物一年四季由萌芽、展叶、孕蕾、开花、结果、落叶的变化，而这种规律的生长变化造就了植物景观的季相变化，季相美的变化极大地丰富了景观构图元素。设计者需把握植物的季相之美，运用季相色彩结合形式美及设计美学原理营造春来踏青看柳，夏日荷蒲熏风，秋景桂香四溢，冬季踏雪赏梅的宜人优美环境，同时展现植物景观的艺术魅力（扫 P3 二维码四季景象）。

7　植物的芳香美

一般艺术的审美感知，多强调视觉和听觉的感赏，唯园林植物中的嗅觉感赏更具独特的审美效应。“疏影横斜水清浅，暗香浮动月黄昏”道出了玄妙横生、意境空灵的梅花清香之韵，得以绵绵柔情，引发种种醇美回味，产生心旷神怡、情绪欢愉之感。常用的香花植物，如木樨科的茉莉、桂花，木兰科的白兰、黄兰、含笑，茜草科的九里香，等等。

8　植物的声音美

植物的声音美源于植物与自身、环境、动物等产生的关系，人们从声音美中挖掘出感人、美人、悦人的感受，从而赋予植物一种动态美。植物与自身，是指当雨、风、雪天气之下，植物叶片之间摩擦之后产生的各种不同声音。借助植物的这种声音美来感受大自然的真实，渗进了情绪的色彩，天籁之声与人的思想感情相联系后，产生积极向上、消极悲世等情绪。植物与环境是指风雨雪天气之下，风摇叶、雨打叶、雪落叶而产生的声音美，结合人内心的情境而产生不同的心理感受，使人感受天气之变、感受自然的声音、感悟社会人世的变迁。植物与自身和与环境的关系产生的声音美又与意境美有相似和相同之处，二者都能直接引起主体的心理活动，增添这种心理活动的程度。

任务7　植物配置的形式美法则

知识目标

◆ 了解并掌握植物配置的形式美法则。

能力要求

◆ 具备应用植物配置的形式美法则进行植物景观设计的能力。

本任务导读

任何成功的艺术作品都是形式与内容的完美结合，园林植物景观设计艺术也是如此。在建筑雕塑艺术中，所谓的形式美即是各种几何体的艺术构图。植物的形式美是植物依照多样统一、对比、调和、比例、和谐等原则所构成的。

1　多样与统一的法则

统一是从整体性出发，多样是从整体下的细节来考虑；统一是多样中的统一，多样是统一中的变化。注重整体的植物配置，会显得简单、粗糙，在细节上缺少精彩点和移步异景的效果；反之，过分地追求植物配置的细节，可能造成细节繁琐、凌乱，缺少连贯性。具体来说，统一性要求植物的形态、组合方式要形成一个和谐的整体；在色彩、体量、高低等方面保持和谐连贯。例如在城市道路绿带中的行道树，一般采用等距离的同种同龄树种，以表达城市的规整感和整齐度，如图7–1所示，高山榕作为行道树布置。多样性体现的方面和表现的手法比较广泛，不同植物之间本质的差异性就是一种多样，多样的强弱不一样，引起的统一感也不同。如图7–2所示，广西南宁民族大道，市树扁桃和体现热带亚热带特色的棕榈科植物大王椰，分别作为行道树和两侧分车绿带的树种布置，虽然树种不同，道路的外貌特征是多样的，但是由于两种树种的种植方式相同，所以又形成了统一的感觉。

图7–1　高山榕作行道树

图7–2　南宁市民族大道扁桃和大王椰

2　对比与调和的法则

对比与调和是一种相辅相成的艺术手法，同时满足两者的形式才能真正带来美感的体验。调和是利用景观元素的近似性或一致性，使人们在视觉上、心理上产生协调感。如果其中某一部分发生改变就会产生差异和对比，这种变化越大，这一部分与其他元素的反差越大，对比也就越强烈，越容易引起人们注意。如常说的“万绿丛中一点红”，“万绿”是调和，“一点红”是对比。

在植物景观设计过程中，主要从外形、质地、色彩等方面实现调和与对比，从而达到统一的效果。

2.1　外形的调和与对比

利用外形相同或者相近的植物可以达到植物组团外观上的调和，比如球形、扁球形的植物最容易调和，形成统一的效果。如图 7–3 所示，广西兴安乐满地酒店中的一块绿地，不同品种的植物（红花檵木、假连翘、含笑）均修剪成球形，由于叶色不同，产生对比，景观效果一下子就活跃了，彼此构成了一处和谐的景致。

图 7–3　广西兴安乐满地酒店绿地

2.2　质感的调和与对比

质感与机理是植物表面的一种反应，质感是光滑度、细腻度的表达，而机理是表面纹理的体现。植物配置讲求统一和变化法则，统一是满足质感机理来调和，也可以是在质感机理寻找变化。比如多数绿地都以草坪作为基底，其中一个重要原因就是经过修剪的草坪平整细腻，不会过多地吸引人的注意。在此基础上，根据实际情况选择粗质感的植物加以点缀，形成对比。如图 7–4 所示，草坪上选取观赏草和多花月季配置；再如图 7–5 所示，绿地中不同叶形的植物配置在一起形成对比，但是不同高度的地肤排列成线状又使彼此统一。

图 7–4　北京主干道分车绿带植物景观

图 7–5　不同叶形植物的配置

2.3　色彩的调和与对比

植物色彩是最容易引起人类视觉反应的要素，同类色、对比色、补色、冷暖、明暗都属于色彩的对比与调和。运用色彩的对比和调和也具有一定的规律性。

同一类颜色的运用可以产生统一性而又不失细节，给人清新、干净、渐变之感；补色的运用能收到鲜明、刺激、兴奋的视觉感受，利用对比的手法起到区分的作用，常用的补色有蓝与橙、红与绿、黄与紫；明暗的对比能拉开视觉的远近、景观的层次、表达宁静和活泼、划分活动和休息的不同意义；冷暖能调和植物之间和植物与环境之间的冷暖倾向，带来舒适的视觉享受。如图 7–6 所示，水边应用了不同色彩的植物产生了对比的效果，如红色的鸡爪槭、红花檵木，不同颜色的睡莲，绿色的马尾松，叶背面为棕色的广玉兰。

图 7–6　水边不同色彩植物的应用

3　节奏与韵律的法则

节奏是规律性的重复，韵律是规律性的变化。在植物配置中，运用同一类植物重复布置，就会产生节奏感，又如各大城市行道树的栽植，行道树均为同一种类、同一规格的植物。如图 7–7 所示，广西大学某条主干道同一规格的扁桃树作为行道树栽植。当不同种类的植物按照一定的规律的变化就形成了韵律感，或是同一种植物按照不同形状进行布置也会产生韵律感；又如图 7–8 所示，桂林漓江沿岸的绿地中的红草按照不同的造型布置在沿岸边，形成了韵律感。

图 7–7　广西大学某主干道的行道树扁桃

图 7–8　桂林漓江岸边的红草

4　比例和尺度的法则

比例从词义上是指事物之间的相对关系，不是绝对之意。如黄金分割法则，广泛应用于园林植物配置中。尺度含义是指尺寸规则，是人类经过实践总结出来的相对合适科学的标准，有景观尺度、心理尺度、景观空间尺度。比例与尺度法则是要求植物的审美应充分考虑比例关系和尺寸标准，使配置的景观合理科学，具有适当优美的关系，满足人们视觉和经验上的审美感受，同时科学恰当的比例关系本身就是美的基础。

5　均衡与稳定的法则

均衡与稳定法则的要求是人类视觉心理学范畴研究的规律。均衡是指左右关系，属于横向平面方面的，包括对称式均衡和自由式均衡。对称式均衡是指植物以中心和轴为对称点形成的对称关系，同时在物种、色彩、体量、树龄上要符合对称性。对称式均衡常用与行道树、规则式园林、入口楼口处，给人视觉上的平衡感和对称美。自由式均衡也称为非对称式均衡，是指没有对称中心和对称轴的排列形式。在形态、数目、色彩、质地、线条等要素上进行调节，通过视错觉规律寻求一定的美感，是一种替代和交换的过程。

稳定是指上下关系，从属于竖向立体方面的，包括上大下小、上重下轻、上小下大、上轻下重、上深下浅、上浅下深、上密下疏、上疏下密。配置时采用协调中和的手法恰当利用植物的稳定感受，使景观植物给人带来放松、舒服的享受过程，以求得均衡与稳定。

6　主景与配景的法则

植物景观必须区分主景与配景，才能够达到统一的效果。按照植物在景观中的作用分为主调植物、配调植物和基调植物，它们在植物景观的主导位置依次降低，但数量却依次增加。也就是说，基调植物数量最多，同配调植物一道，围绕着主调植物展开。

在植物配置时，首先确定一两种植物作为基调植物，使之广泛分布于整个园景中；同时，还应根据分区情况，选择各分区的主调树种，以形成各分区的风景主体。如杭州花港观鱼公园，按景色分为五个景区，在树种选择时，牡丹园景区以牡丹为主调植物；鱼池景区以海棠、樱花为主调树种；大草坪景区以合欢、雪松为主调树种；花港景区以紫薇、红枫为主调树种。而全园又广泛分布着广玉兰为基调树种，这样，全园景观因各景区不同的主调树种而丰富多彩，又因一致的基调树种而协调统一。

在处理具体的植物景观时，应选择造型特殊、颜色醒目、形体高大的植物作为主景，将其栽植在视觉焦点或者高地上，通过与背景的对比，突出其主景的位置，如图 7-9 所示，黄梁木，高大挺拔，配置在道路交叉口，黄梁木成为视觉的焦点，自然就成为景观的主体了。

图 7-9　黄梁木配置在道路交叉口作为标识树

任务 8　植物配置的基本形式

知识目标

◆ 了解并掌握植物配置的基本形式。

能力要求

◆ 具备应用植物配置的基本形式进行植物景观设计的能力。

本任务导读

园林植物的配置即为园林设计中的“种植设计”。丰富的植物多样性、民族文化多样性、区域特色多样性以及风景园林环境与景观多样性等，给园林植物配置方式的变化及多样性提供基础与可能。因此，可以说对于园林植物的配置，没有固定的格式，本任务就一些常用的园林植物配置方式进行介绍。

1　植物配置的原则

在植物配置时应遵守以下基本原则：

第一，遵守自然规律，即以植物的生态习性、生物学特性作为基础和依据；在遵守自然规律的基础上，充分发挥人的主观能动性。

第二，明确配置的主要目的和目标；满足园林绿化综合功能的要求。

第三，处理好全体与局部的关系，远期与近期的关系，坚持考虑长远效果的原则。

第四，考虑配置效果的发展性和变动性，以及在变动中应采取的措施。

第五，坚持经济性原则，符合园林设计的立意要求；在特殊环境及有特殊景观需要时，应充分发挥人的创造性。

2　植物配置的基本形式

根据植物配置的平面关系，植物配置的基本形式可分为：规则式、自然式、混合式三种形式。

2.1　规则式

植物的种植方式按照一定规律进行的配置方式。可分为以下几种形式：

2.1.1　*左右对称式配置*

2.1.1.1　对植　指两株或两丛树木（植物）按一定的轴线对称地种植的配置方式。对植既有高大的乔木，亦可用秀丽的乔木或灌木，可以是同一树种，也可以用不同的树种。对植的方式一般应用在入口处、道路交叉口等地方，可起到标识、指示、强调的作用。如图 8–1 所示，在广西南宁民族大道某段中国无忧花和扁桃对植，春天中国无忧花开花，夏季扁桃挂果，形成了不同的季相；又如图 8–2 所示，在杭州西湖景区某道路交叉口，羽毛枫、鸡爪槭、红花檵木、大叶黄杨组成的植物景观和珊瑚树组成的植物景观对植于道路两侧，羽毛枫这一组景观不同季相颜色和道路对面的常绿的珊瑚树形成鲜明的对比，起到了标识的作用；再如图 8–3 所示，不同颜色的蝎尾蕉组成的花径；如图 8–4 所示，形状相似的龙舌兰和苏铁对植于入口两侧，起到强调路口的作用。

2.1.1.2　列植　指成行成排种植树木（植物）

图 8–1　行道无忧花和扁桃对植

图 8–2　西湖成组植物景观对植

图 8–3　不同颜色的蝎尾蕉组成的花径

图 8-4　龙舌兰和苏铁对植在路口处

的配置方式。一般列植所选用的树种，树冠形状比较整齐。列植株行距取决于树种的特点、用途和苗木规格，大乔木的株行距为 5～8 m，中小乔木为 3～5 m，大灌木为 2～3 m，小灌木为 1～2 m；绿篱的种植株距一般为 30～50 cm，行距也为 30～50 cm。列植一般多应用于硬质铺地及上下管线较多的地段，所以在种植时，要考察多方情况。如图 8-5 所示，红花羊蹄甲列植于道路两侧，形成很好的林荫道，开花时，形成花径。

图 8-5　红花羊蹄甲列植

2.1.2　辐射对称式配置

辐射对称式配置有几种形式：中心式、圆形、环形（单环形、双环形、多环形）、半圆形、弧形（单弧形、多弧形）、多角形（有单星、复星、多角星、非连续多角形等）、多边形等。总之，可根据植物的不同特点进行配置。

辐射对称式配置

2.2　自然式（不规则式或非规则式）

指没有固定的株行距，随意发挥的配置方式。主要包括不等边三角形配置和镶嵌式配置两种形式。

2.3　混合式

指规则式和自然式相结合的配置方式。

按配置的景观分，可分为孤植、丛植、聚植、群植、林植、散点植、绿篱植、垂直绿化等形式。

2.3.1　孤植

在一定空间范围内单株种植园林植物的配置方式。主要是为了表现植物的个体美，又称单植、独植，配置所得树木景观称为孤植树、孤赏树、独赏树、标本树。如图 8-6 至图 8-8 所示，不同树种作为孤植树。树木作为孤植树要满足一定的条件：①树形雄伟：如榕树、樟树、扁桃、桂花、雪松等。②体态潇洒或秀丽多姿：如木棉、雪松、南洋杉、柠檬桉、鸡蛋花等。③花繁艳或果美丽：如大花紫薇、尖果栾树、木棉、柿树、鸡蛋花、莲雾等。④叶色美丽或叶形奇特：如银杏、枫香、鹅掌楸、菩提树（思维树）、印度橡胶榕、金钱松等。

2.3.2　丛植

指将 2～10 株或 20 株同种或不同种的树种较紧密地种植在一起，其树冠线彼此密接而形成一个整体轮廓线。丛植有较强的整体感，少量株数的丛植也具有孤植的艺术效果。丛植的目的主要在于发挥集体的作用，它对环境有较强的抗逆性，在艺术上强调了整体美。如图 8-9 所示，槟榔的丛植效果，体现了整体美；又如图 8-10 所示，佛肚竹丛植，形成整体的造型美。此外，树种进行丛植时，应注意以下几点：①丛植的树丛应处于构图重心上，种植点要尽量高于四周。有庇荫作用的树丛要尽可能地选用同一种类，有较强遮阳效果的树种，同时下层不种或少种灌木。②组成树丛的单株树木也应注重其个体的美感，挑选时应注意其个体其树姿、色彩、芳香等方面的可利用性。

图 8-6　高山榕孤植

图 8-7　黄花风铃木孤植

图 8-8　凤凰木孤植

图 8-9　槟榔丛植效果

图 8-10　佛肚竹丛植

2.3.3　聚植

园林上将不同种类的树配成一个景观单元的配置方式称为聚植，聚植亦可用几个丛植组成。聚植能充分发挥树木的集团美。一个好的聚植，要求设计者要从每种树木的观赏特性、生态习性、种间关系、与周围环境的关系、栽培养护管理等多方面综合考虑。

2.3.4　群植

指由几十株至几百株园林树木种植在一起的配置方式。配置所得树木景观称为树群。树群可是同一树种，也可以是不同的树种。树群具有以下几种形式：①单纯树群：由一个树种组成。为丰富其景观效果，树下可用耐阴宿根花卉如玉簪、萱草、鸢尾等作地被植物。如图 8-11 所示，仪花林下栽植玉簪。②混交树群：是具有多层结构，水平与垂直郁闭度均较高的植物群落。其组成层次至少3层，多至6层，即乔木层、亚乔木层、高宿根草本层、低宿根草本层。③带状树群：当树群平面投影的长宽稍大于4∶1时，称为带状树群，在园林中多用于组织空间。

图8-11　仪花林下栽植玉簪

2.3.5　林植

指较大面积、多株成片森林状的配置方式。所用的树木称林木类。主要是表现具有自然野趣的森林景观，众多林木综合的群体美，常见于风景名胜区。树林有规则式与自然式、纯林与混交林、疏林（郁闭度0.4～0.6）与密林（郁闭度0.7以上）之分。

2.3.6　散点植

指单株或2～3为一组的树木在一定地块内以散点形式种植的配置方式。可以表现节律性或疏密有致等美感，亦可表现自然美。

2.3.7　绿篱植

以具耐修剪特性的绿色植物，密植成行，修剪其枝叶而成的篱笆。基本样式有：波浪式、锯齿式、城墙式、纹样式。

2.3.8　垂直绿化

又称为攀缘绿化、立体绿化、立面绿化等。主要应用在以下地方。①棚架（花架）、凉亭：宜用如紫藤、葡萄、凌霄、炮仗花、珊瑚藤等。②栅栏、围篱：宜用如铁线莲、金银花等。③墙面：宜用如爬山虎、常春藤、扶芳藤、薜荔等具有吸盘或不定根的藤本树种。④山石：宜用如地锦等，常常起到遮丑显美，增加活力的作用。⑤枯立树：大的枯立树爬上一些藤本，亦可构成一定景观。⑥拱门、灯柱等其他设施的立体绿化。如图8-12至图8-15所示，不同藤蔓植物的应用。

图8-12　凌霄

图8-13　红花油麻藤

图8-14　蝶豆

图 8-15　炮仗花

学习拓展　中国古典园林植物造景特点

一、中国古典园林植物造景特色

中国古典园林的基本形式为山水园，一般着重于山水，植物所占比重不大，但却是不可或缺的因素，它能单独形成优美的纯植物景观，也可作为配景来衬托建筑山石。园林中许多景观的形成都与植物有着直接或间接的联系，如枇杷园、远香堂、玉兰堂、海棠春坞、留听阁、听雨轩等，都是以植物作为景观主题而命名的，有的是直接以植物素材为主题，有的则是借植物素材间接地抒发某种意境或情趣。

其植物造景形式以不整形不对称的自然式布局为基本方式，手法不外乎直接模仿自然，或间接从传统的山水画中得到启示，植物的姿态和线条以苍劲与柔和相配合为多。具体配植上讲究入画，讲究细玩近赏；注重花木造型、色彩、香味及季相等特征；对个体的选择常选用兼顾神形之美的植株，以"古"、"奇"、"雅"为追求的对象；追求植物的意境美。

二、中国古典园林植物的意境美

古人造园植木，善寓意造景，选用花木常与比拟、寓意联系在一起，如松的苍劲、竹的潇洒、海棠的娇艳、杨柳的多姿、蜡梅的傲雪、芍药的尊贵、牡丹的富华、莲荷的如意、兰草的典雅等。特善于利用植物的形态和季相变化，表达人的一定的思想感情或形容某一意境，如"岁寒而知松柏之后凋"，表示坚贞不渝；"留得残荷听雨声"、"夜雨芭蕉"，表示宁静的气氛。海棠，为棠棣之华，象征兄弟和睦之意。枇杷则产生"树繁碧玉叶，柯叠黄金丸"；石榴花则"万绿丛中红一点，动人春色不宜多"。树木的选用也有其规律："庭园中无松，是无意画龙而不点睛也"。南方杉木栽植房前屋后，"门前杉径深，屋后杉色奇"。利用树木本身特色"槐荫当庭"；"院广梧桐"，梧桐皮青如翠，叶缺如花，妍雅华净，赏心悦目。

三、中国古典园林植物的诗意

植物的种植，符合诗情、包涵文气，也就是说园林中配置植物，要有文化气息，要立"意"。选用反映花木性格内涵、歌颂其花姿树容等为主题的诗词，或反映友谊等内容的诗格，进行配置。现简要分析按"诗格取裁"的植物景观手法。

1. 按"诗格取裁"反映春色的景点

问梅阁　问梅阁是狮子林中部山丘上的赏春用建筑。阁东向，早晨和煦阳光射入阁中，使人联想起王维的名句"来日绮窗前，寒梅著花未？"于是在阁周遍植梅花，并用海棠、构骨冬青、夹竹桃等相配，使繁荣春色并以常绿树相配景。

2. 按"诗格取裁"反映暑意的景点

涵青亭　位于拙政园之东部，亭前一方池水，池北隔路是河，河北为山。松、枫香在山头，河岸旁栽香樟、杜仲等乔木，又有海棠等花木组成下层空间，上下参差，绿荫秀丽。池中萍藻浮翠。就是取自储光曦"池草含青色"诗意而取名涵青。亭前景色浮翠满池，极目清凉之地，最宜夏日小坐。

3. 按"诗格取裁"反映秋景的景点

梧竹幽居亭　位于拙政园中部山水大空间内，这里环境幽美，池水清澈，亭子洞门与月影相映成趣，梧叶三五、修竹丛丛。取自“萧条梧竹月，秋物映园庐”的句意。

4. 按“诗格取裁”反映冬景和雨景的景点

苏州留园北部有一亭亭中题匾“佳晴喜雨快雪”，亭前时常花开，黑松枝头积雪最能表现冬景。雪霁，阳光映照在翠绿白雪之间最是引人入胜。

听雨轩　是拙政园中部的园中园。前院后院均配置芭蕉、修竹。雨滴滴落叶上，滴答有声。杨万里《秋雨叹》中有句：“蕉叶半黄荷叶碧，两家秋雨一家声。”故题此小屋为听雨轩。

四、植物种类的选择

植物主要选用当地传统的观赏种类，一则可提高其成活率，二则体现地方特色。

按观赏植物学特性分类如下：

1. 观花类

花是植物中变化最多也是最引人注目的部分，色艳而芬芳，是园中主要的观赏对象，常绿和半常绿的有山茶、桂花、广玉兰、杜鹃、栀子、金丝桃等；落叶的有牡丹、芍药、月季、白玉兰、紫玉兰、梅、桃、杏、李、海棠、紫薇、丁香、木槿、木芙蓉、蜡梅、紫荆、绣球、迎春、连翘、珍珠梅、棣棠等。其中牡丹有花王之称，花大色艳，是园中花台上主要品种；海棠、紫薇姿态花色都美，山上、水滨、庭院都可种植；山茶和桂花常绿且耐阴，茶花色艳花期长，桂花芬芳，种植也多；蜡梅、梅花傲雪开放，是冬季观赏的主要品种。另外，玉兰、海棠、迎春、牡丹、桂花迎合着“玉兰春富贵”之吉祥意义，更被广泛应用。

2. 观果类

观果类植物主要作为夏秋观赏用，或作为冬季点缀。常绿的有枇杷、橘子、南天竹、构骨、火棘；落叶的有石榴、柿、无花果、枣等，其中枇杷、橘子果实金黄，味美，园中常作为专类园布置；南天竹、构骨、火棘红果经冬不衰，是冬季的重要观赏树种。

3. 观叶类

观叶类主要分为秋色叶类、彩色叶类和特色叶类树种。观秋色叶的有枫香、乌桕、银杏、槭等；观彩色叶的有红叶李、山麻杆、洒金桃叶珊瑚、南天竹、红枫等；观特色叶的有八角金盘、棕榈、瓜子黄杨等。其中槭树种类很多，叶色姿态均不尽相同，独植或群植都很适宜。

4. 林木、荫木类

林木、荫木类是构成园中山林与绿荫的主要树种，常绿的有罗汉松、白皮松、黑松、马尾松、桧柏、柳杉、香樟等，落叶的有梧桐、银杏、榆、榔榆、朴、榉、槐、枫杨、楝、臭椿、合欢、梓、黄连木、皂荚等。其中枫杨生长较快、冠大荫浓，园中应用很多。

5. 藤蔓类

藤蔓类是园中依附于山石、墙壁、花架上的主要植物，因其习性攀缘，有填补空白、增加园中生气的效果。常用的有蔷薇、木香、薜荔、络石、常春藤、金银花、铺地柏、紫藤、凌霄、葡萄等，其中紫藤还可修剪成各种形态，木香花清香秀丽，园中较多运用。

6. 竹类

竹类四季常绿、姿态挺秀、不择阴阳，池畔宅旁皆可种植，苏轼有诗云“宁可食无肉，不可居无竹”，又与松、梅同喻为“岁寒三友”，在古典园林植物造景中占有重要地位。常用的有象竹、慈孝竹、紫竹、方竹、斑竹、罗汉竹、金镶碧玉竹、箬竹等。其中象竹大且直，多成片种植，紫竹、方竹竿叶纤细，多植于墙角，箬竹低矮成丛，多植于山上、石间，增添山林野趣。

7. 草本及水生植物

草本常用的有芭蕉、芍药、菊花、萱草、书带草、诸葛菜、鸢尾、玉簪、紫萼、秋海棠、鸡冠花、蜀葵、虎耳草等，常植于花台；水生植物常用的有荷花、睡莲、芦苇等。

五、植物配置方式

中国古典园林植物配置师法自然，讲究

入画，主要配置方式有孤植、点种、丛植或群植等。

孤植，此种配置方式能充分发挥个体的色香姿特点，所选植物一般为姿态优美或有独特个性的植株，常用于桥头、路口、水池转折处，尤其适合小空间的近距离观赏，常作为庭院植物的主题，如拙政园玉兰堂前的玉兰与桂花，网师园射鸭廊前的红叶李，小山丛桂轩侧的槭树等。孤植作为树群的点缀也很多，主要作用是打破同一树种单调，丰富观赏内容，如留园东北部象竹林前的广玉兰，西部枫林前的银杏。

对于稍大的庭院空间，孤植的树难以庇荫整个空间，为此还需以点种的方法在院内点种几株乔木，才能与环境协调。厅堂前的庭院若植树两株，宜一大一小，忌完全对称，如拙政园玉兰堂庭院，共有乔木两株，一大一小，大者为玉兰，是院内主要观赏对象，小者为桂花，起烘托陪衬作用。点种宜疏密有间并保持均衡，忌排成一直线或呈正三角形，正四边形，此外，还需配置灌木花草，作为点种树的陪衬。

随着庭院空间的进一步扩大，仅点缀数株乔木依然不能使浓荫匝地，这时就须点种与丛植相结合，乔灌草相搭配，才能形成枝繁叶茂的气氛。点种与丛植本身就包含有疏与密的对比，而乔木与灌木也自然有主从差异，因而只要配置适宜，便可自成天然之趣。

群植适用于面积大的空间，如山林等，大面积的群植，可形成郁郁葱葱的树林，只是布置方式也不宜整齐划一，形体重复，而应做到大小、前后、左右相互呼应，错落有致。如怡园的梅林等，就是效果较好的实例。

六、具体植物配植详解

1. 与建筑配合成景

建筑周边的绿化多起陪衬作用，选择树种应配合建筑的风格、形式，使其立面效果丰富，构图美观。建筑前面布置花木，宜选色香姿兼备者，并应与建筑物保持一定的距离，不影响通风与采光；临水的房屋，临池一面多不植灌木丛，大树也以不遮挡视线为宜，以方便欣赏水景；向外眺望的窗前多栽植枝叶扶疏的花木；走廊、过厅或花厅等处的空窗或漏窗是为了沟通内外，扩大空间，窗外花木限于小枝横斜，一叶芭蕉或几竿修竹，若隐若现，富于画意。

由于古典园林是封闭的，是由围墙与外界隔离的，围墙被藤蔓植物所围绕后，就可使整个园林处于绿色之中。平直单调的围墙在藤蔓包围隐约可见，就显得生动、活泼富有生气了。在实施手法上要注意隐约两字，在配植藤蔓植物时一是不宜沿墙密植，二是可用两种或多种藤本，有叶型较大的爬山虎，也可用叶型较小的如络石；常绿如忍冬；落叶的如紫藤、凌霄等。

2. 与山石配合成景

对于土多石少的假山，多半以较高的落叶树和较矮的常绿树错综配植，其下再配以低矮的灌木丛和草花。整个山林从远处看去，莽莽苍苍、青翠欲滴，山林内枝叶相接，浓荫蔽日。对于以石为主的假山，主要针对于湖石假山，为了显示山石峭拔，一般树下少植灌木丛，树木数量和层次亦少，一般选择姿态古朴的个体。与石峰石笋的配植力求自然、入画，以南天竹、迎春、芭蕉、竹子、红枫为多。

3. 与水体配合成景

水池旁的植物配置，对丰富水面构图起着重要作用。池两岸配置的植物，其形体、色调往往互相变换，产生有节奏的对比。池岸路边的花木配植以稀疏为宜，常间植几株乔木或少许灌木，丰富景面的同时又不遮挡视线。水面倒影也是园内的一个重要景观，荷花睡莲栽植都应控制其过度扩展，山下、桥下与临水亭榭附近，一般不宜栽植荷花。

七、中国古典园林植物配置手法

在中国古典园林的造园艺术中，置景取得了最高的艺术成就，成为中国古典园林的精华所在。置景又称“造景”，是按艺术构思对景物进行巧妙布局，突破空间局限，使有限的空间表现出无限丰富的园景。

1. 常用的置景手法

借景　是中国古典园林中运用最普遍的手法，它是把园林以外或近或远的风景巧妙地“借”到园林中来，成为园景的一部分。“窗含西岭千秋雪，门泊东湖万里船”，这是古代诗人的“远借”。

分景　是运用廊、园门、假山、墙垣等形式，把园林分成一个个相对独立的景区，形成曲折多变、层层深入的艺术空间。岭南庭园中的“余荫山房”，以亭桥为界，将园林景色分成东西两区，东区以玲珑水榭（八角亭）为中心，水池绕亭与外界沟通；西区的深柳堂、临池别馆，中间隔以荷花；各建筑又以风雨廊相连，极富岭南特色。

隔景　是在园林中另辟相对独立的小空间，也就是大园林中的小园林。扬州瘦西湖的岛屿、土岗、湖滨等处，因地制宜地建造了许多各具特色的小园，以湖水相连，引人入胜。

对景　是于景之间，动与静、大与小、曲与直、虚与实相互对应，丰富景观的内含。

2. 常用的实际配置手法

遮、挡　是通过植物将园中一些非观赏重点，部分或大部分挡住，使观赏重点可以突出。用作遮挡的植物与被挡对象间的距离，影响着遮挡的效果。两者之间的距离大，则遮挡的范围宽，但欠严密；反之则遮挡范围狭，则较严密。以现存古典园林的实际景观看，以手法在景点恢复、改造方面尤为适应。

露、衬　是通过植物将园中一些观赏重点，部分或大部分显露，使之更为突出。有时遮挡合意也具有衬托作用，使重点显露。通过露、衬、遮、挡的配置手法，常可达到修正、弥补景点之某些缺陷，渲染、强化某些特点。

总之，古典园林中，不论任何一种配置形式，都非常注意树木与群体、周围环境、时令季相、主人情怀等得协调，也即是十分重视意境的形成和特色。这就是古典园林的显著特点。

（摘自百度文库）

任务6　练习题

随堂思考题

1. 说说你所在城市园林绿地中园林植物的应用形式？

2. 从园林植物的形态美和形式美出发，谈谈你所在城市的植物景观特色？

情境教学3　参考答案

多选题：

1. 植物的形态美有哪些类型（　　）

A. 自然美　B. 造型美　C. 几何美　D. 群落美

2. 根据植物配置的平面关系，植物配置的基本形式可分为（　　）

A. 规则式　B. 自然式　C. 自由式　D. 混合式

3. 以下（　　）不是讲的园林植物景观给我们的视觉效果

A. 接天莲叶无穷碧，映日荷花别样红

B. 停车坐爱枫林晚，霜叶红于二月花

C. 闻木樨香　D. 雨打芭蕉

单选题：

1. 下列植物中秋季落叶前变为红色的是（　　）

A. 银杏　B. 梧桐　C. 栾树　D. 枫香

2. 下列植物中常色叶是红色的是（　　）

A. 日本黑松　B. 常春藤　C. 绿萝　D. 肖黄栌

3. 下列植物开花具有香味的是（　　）

A. 白兰　B. 香樟　C. 迎春　D. 樱花

4. 下列植物开花是红色的是（　　）

A. 广玉兰　B. 栾树　C. 黄蝉　D. 贴梗海棠

5. 下列植物中，树干光滑且片状剥落的是（　　）

A. 柠檬桉　B. 水杉　C. 桃花　D. 泡桐

6.（　　）是影响人类感官的第一要素

A. 质感　B. 色彩　C. 形态　D. 大小

7.（　　）是一种审美的精神效果，是客观存在的，是在生活美、自然美的基础上升华产生的艺术美。

A. 形态　B. 感应　C. 意境　D. 内涵

任务 7　练习题

随堂思考题

说说你所在城市园林绿地中园林植物配置形式美法则的应用形式？

多选题：

1. 植物的形态美法则有哪些类型（　　）

A. 多样与统一　B. 对比与调和

C. 节奏与韵律　D. 比例与尺度

2. 植物的形式美法则对比与调和法则主要表现在哪些方面（　　）

A 外形　B 体量　C 质感　D 色彩

实训项目　植物配置的形式美法则实训指导书

一、实训目的

通过实地考察，具体分析园林绿地中园林植物配置的形式美法则的类型，并掌握园林植物配置形式美法则的应用。

二、实训要求

1. 用文字或用现状图的方式，描述和分析所考察园林绿地的自然环境条件（光照、地形、土壤、风等）。

2. 调查园林绿地中园林植物配置的形式美法则的类型，并进行整理归类，形成可视化成果向其他同学和老师汇报（格式不限，ppt、word 或其他格式均可）。

三、评分标准

序号	项目	配分	评分标准	得分
1	任务前期准备	20	调查计划、人员分工、所需材料准备充分	
2	园林植物形态美法则分析、归类、总结	45	园林植物形式美法则的应用分析准确，分类合理，总结翔实	
3	实训成果汇报	20	1. 调查计划详细、可行、有创意； 2. 调查过程认真、扎实，体现了团队智慧与合作精神； 3. 调查内容准确详实； 4. 调查报告有内涵，有深度，有收获； 5. 汇报思路清晰、有调理，有感染力	
4	实训过程态度	15	积极主动，方法得当，工作认真，团队意识强	
总分		100		

任务 8　练习题

随堂思考题

说说你所在城市园林绿地中园林植物配置的应用形式？

多选题：

1. 树木作为孤植树要满足一定的条件是（　　）

A. 体态潇洒或秀丽多姿

B. 花繁艳或果美丽

C. 叶色美丽或叶形奇特

D. 树形雄伟

2. 按配置的景观分，园林植物配置的形式有

哪些类型（　　）

A. 孤植　B. 群植　C. 丛植　D. 散点植

单选题：

1. 下列植物中可作为攀缘绿化的植物是（　　）

A. 银杏　B. 梧桐　C. 栾树　D. 金银花

2. 下列植物中可作为孤植树的是（　　）

A. 高山榕　B. 常春藤　C. 绿萝　D. 炮仗花

3. 下列植物可作为绿篱的是（　　）

A. 白兰　B. 香樟　C. 迎春　D. 樱花

4. 下列植物作为孤植时，主要以观花为特色的植物是（　　）

A. 广玉兰　B. 高山榕　C. 香樟　D. 阴香

实训项目　植物配置的基本形式实训指导书

一、实训目的

通过实地考察，具体分析园林绿地中园林植物配置的基本形式，了解并掌握常用园林植物配置的基本形式。

二、实训要求

1. 用文字或用现状图的方式，描述和分析所考察园林绿地的自然环境条件（光照、地形、土壤、风等）。

2. 调查园林绿地中园林植物配置的基本形式，并进行整理归类，形成可视化成果向其他同学和老师汇报（格式不限，ppt、word或其他格式均可）。

三、评分标准

序号	项目	配分	评分标准	得分
1	任务前期准备	20	调查计划、人员分工、所需材料准备充分	
2	园林植物配置的基本形式分析、归类、总结	45	园林植物配置的基本形式分析准确，分类合理，总结翔实	
3	实训成果汇报	20	1. 调查计划详细、可行、有创意； 2. 调查过程认真、扎实，体现了团队智慧与合作精神； 3. 调查内容准确翔实； 4. 调查报告有内涵、有深度、有收获； 5. 汇报思路清晰、有调理，有感染力	
4	实训过程态度	15	积极主动，方法得当，工作认真，团队意识强	
总分		100		

情境教学 4 各类植物配置与造景

任务 9 植物的观赏特性

知识目标

◆ 1. 了解植物分类。

◆ 2. 了解植物观赏特性的基础知识。

能力要求

◆ 1. 熟知常见造景植物的观赏特性。

◆ 2. 能够充分利用植物的人文特性创造植物景观。

本任务导读

植物作为有生命的造景设计要素，姿态各异。不同姿态的树种给人以不同的感觉：高耸入云或波涛起伏，平和悠然或苍虬飞舞。与不同地形、建筑、溪石相配植，则景色万千。植物以其生命的活力、自然美的素质作为造景素材，既可以其形态、色彩、风韵等特征创造景观，还可以其季相变化构成四时演变的时序景观。

1 植物分类

造景植物就其本身而言是指有形态、色彩、生长规律的生命活体，而对景观设计者来讲，又是一个象征符号，可根据符号颜色的长短、粗细、色彩、质地等进行应用上的分类。综合植物的生长类型的分类法则，把造景植物作为景观材料可分成乔木、灌木、蔓藤植物、竹类、草本花卉、草坪植物以及地被植物七种类型。

1.1 乔木

乔木指的是具有明显的主干，树干粗而且高大，其树高在生长后可达 6 m 以上。

景观设计中，常根据其大小将乔木分为小乔木（6～10 m）、中乔木（11～20 m）及大乔木（21～30 m）、伟乔（31 m 以上）；根据其叶的特性乔木可分为落叶树、常绿阔叶树及针叶树三类。其中常绿阔叶树的叶色终年常绿，可作为屏障，阻隔不良景观，塑造私密性及分割空间；落叶树的叶色、枝干线条、质感及树形等，均随叶片生长与凋落而显示时序变化的效果；而针叶树类，具有随着成长而可能呈现不同的形态的特性。

乔木在造景中的作用主要体现在以下几方面。首先，调和高度变化及地貌变化，并引导行人路；其次，可以提供私密、遮蔽及视觉屏障；第三，通过乔木以包被或分割区域来创造外部空间，并提供垂直性；第四，开造通往或远离建筑物或目标物的视野；第四，还可以提供与建筑物、铺装面或水体在质感或颜色上的对比，烘托雕塑物的作用（图 9-1）。

乔 木

图 9-1 树林掩映下的小红亭（王辉 摄）

1.2　灌木

灌木的特征为树干与枝条的区分不明显，树形低矮，树形较不固定；通常由地表附近萌出多支细枝，分杈点低，无明显主干且分枝较多。灌木依其高度的不同，可分为小灌木（高度在 1.0 m 以下），中灌木（高 1~2 m），大灌木（高度在 2 m 以上）。灌木的线条、色彩、质地、形状和花是主要的视觉特征。其中以开花灌木观赏价值最高、用途最广，多用于重点美化地区。

灌木在景观设计上具有围构阻隔的作用，低矮者具有实质的分隔作用；较大者，其生长高度在人平行视线以上，则更能强化空间的界定（图 9-2）。

灌　木

图 9-2　信阳建业小区楼间游步道（王辉　摄）

1.3　蔓藤植物

蔓藤植物是指自身不能直立生长，能以自身的器官及附属物如茎、卷须、钩状物、吸盘、气生根等附着于它物生长的植物，有蔓性和藤本两大类。植株大小各异，既可以绿化大型的园林空间，又可以装饰园林中细微的局部。

蔓藤植物根据攀缘的性质或方式可细分为：缠绕类、卷须类、吸附类和蔓生类四种。缠绕类主要依靠自身缠绕支持物而攀缘，攀缘能力一般都较强，如牵牛花、茑萝、紫藤等；卷须类依靠卷须攀缘，这类植物的攀缘能力较强，如铁线莲、葡萄、嘉兰等；吸附类依靠吸附作用而攀缘他物，一般都具有气生根或吸盘，如凌霄、中华常春藤、络石、扶芳藤等；蔓生类，此类植物为蔓生悬垂植物，无特殊的攀缘器官，仅靠细柔而蔓生的枝条攀缘，如藤本月季、木香、叶子花、茜草等。

蔓藤植物在群落中配置无特定层次，但可丰富植物景观层次。可以在植物景观群落的不同层次和方向延展。可以配置在景观群落中的最下层也为地被，也可以配置于植物群落的上部作垂直绿化或悬挂攀缘。由于茎蔓柔软不能直立，可作垂直绿化。

蔓藤植物的叶、花、果、枝条富有季节性的色泽变化，不但能形成观赏景观，在景观设计中还可塑造美丽的线条图案，联络建筑物和其他景观设施物，可制成花廊、花栅，产生绿荫；亦能形成围篱，以遮蔽不良视线；覆于建筑物上或地面，则可以减少太阳眩光、反射热气，降低热气，改善都市气候并美化市容（图 9-3）。

1.4　竹类

竹类植物是禾本科植物，枝秆挺拔，修长，四季青翠，凌霜傲雨，备受人们喜爱。同样竹类也是重要的造景材料，是构成中国园林的重要元素。竹类植物是集文化美学、景观价值于一身的优良观赏植物，用于造园至少已有 2 200 多年的历史了。竹的高节心虚，正直的性格和婆娑，惹人喜爱，受人赞诵（图 9-4）。

1.5　草本花卉

草本花卉的茎木质部不发达，支持力较弱。在植物配置与造景中，草本花卉从栽培至开花通常仅需数月，较之木本花卉在栽培上更具有变化性；其品种繁多而花色缤纷，适应性广，且多以种子繁殖，短期内可获大量植株，群集性强，多表现群体美；可利用的范围广泛，适用于布置花坛、花境、花缘、花丛、花群、切花、盆栽观赏或做地被植物使用；多年生及球根花卉可一次种植，多年观赏，适应性强，管理简便，投资少（图 9-5）。

图 9-3　草坪护坡绿化（左　王辉　摄）单臂花架（右　孙耀清　摄）

蔓　藤

竹　类

图 9-4　竹影墙（孙耀清　摄）

图 9-5　小区路旁盛开的鸢尾（孙耀清　摄）

草本花卉

草坪植物

1.6　草坪植物

草坪植物是园林中用以覆盖地面，需要经常修剪却又能正常生长的草种，一般以禾本科多年生草本植物为主。草坪植物是景观植物中植株小、质感最细的一类。

草坪植物顺滑的质感更强调了地形或等高线的变化，保持地形顺滑的特征和避免视线干扰。草坪植物在经常割草下会显得特别平坦，与其他景物结合可产生强烈的对比，形成良好的背景。草坪植物是所有园林植物中养护持续时间最长、养护费用最大的一种植物景观。

1.7　水生植物

水生植物就是指生长于水体中、沼泽地、湿地上，观赏价值较高的观赏植物。在植物造景中，水生植物是丰富和装饰水面的重要元素，在水中巧妙配置水生植物，使之在水面上形成优美的画面，加之光影的变化，增强水景的观赏性（图 9-6）。

水生植物

图 9-6　池杉掩映下的竹榭（孙耀清　摄）

2 植物的观赏特性

2.1 观树形类植物

树形是指植物生长过程中表现出来的大致外部轮廓。在绿化配置中，树形是构景的基本因素之一。

为了加强小地形的高耸感，可在小土丘的上方种植长尖形的树种，在山基栽植矮小扁圆形树木，借树形的对比来增加土山的高耸之势；为了突出广场中心喷泉的高耸效果，可在其四周种植浑圆形的乔灌木；为了与远景联系并取得呼应，可在广场后方的通道两旁各种植树形高大的乔木1株，这样可以在强调主景的同时又引出新的层次。

一个树种的树形并非永远不变，随生长发育而呈现规律变化，通常各种园林植物的树形可分为下述各类型（表9–1）。

表9–1 树形及观赏特性

植物类型	树形	观赏特性	树种举例
乔木类	塔形	主枝平展，主枝从基部向上逐渐变短变细，可作园景树、风景树、列植、绿篱等	如雪松、冷杉、落羽杉、南洋杉等
	倒卵形	中央领导干较短，至上部也不突出，主枝向上斜伸，树冠丰满，可作庭荫树、行道树、风景树等	如深山含笑、千头柏、樟树、广玉兰等
	圆柱形	中央领导干较长，上部有分枝，主枝贴近主干，可作行道树、庭荫树、防护林等	如黑杨、加杨等
	风致形	主枝横斜伸展，可作庭荫树	如油松、枫树、梅树等
	垂枝形	主枝虬曲，小枝下垂者，可作庭园林观赏、对植、列植	如垂柳、龙爪槐、龙爪柳等
灌木类	圆球形	绿篱、花境、庭园观赏	如黄刺玫、玫瑰、小叶黄杨等
	卵形	绿篱、丛植、庭园观赏	如西府海棠、木槿等
	垂枝形	庭园观赏、丛植	如连翘、金钟花、垂枝碧桃等
	匍匐形	垂直绿化	如铺地柏、迎春、爬墙虎等
	攀缘形	可作攀缘棚架、垂直绿化	如金银花、紫藤、葡萄、凌霄等
人工造型	修剪成球形、立方形、梯形等	对枝叶密集和不定芽萌发力强的树种，可将树冠修整成人们所需要的形态	如小叶黄杨、小叶女贞、毛叶丁香、桧柏等

2.2 观叶类植物

园林树木的叶具有其丰富的形貌，对园林植物叶的观赏特性来讲，一般着重在以下几个方面。

2.2.1 叶的大小

一般而言，原产热带湿润气候的植物，叶均较大，如芭蕉、椰子、棕榈等，而产于寒冷干燥地区的植物，叶较多，如榆、槐、槭等。

2.2.2 叶的形状

一般将各种叶形归纳为以下几种基本形态。

2.2.2.1 单叶

单 叶

① 针形类：包括针形叶及凿形叶，如油松、雪松、柳杉等。

② 条形类（线形类）：如冷杉、紫杉等。

③ 披针形类：包括披针形如柳、杉、夹竹桃等及倒披针形如黄瑞香、鹰爪花等。

④ 椭圆形类：如金丝桃、天竺桂、柿及长椭圆形的芭蕉类等。

⑤ 卵形类：包括卵形及倒卵形叶，如女贞、玉兰、毛叶丁香等。

⑥ 圆形类：如圆形及心形叶、如山麻杆、紫荆、泡桐等。

⑦ 掌状类：如五角枫、刺楸、梧桐等。

⑧ 三角形类：包括三角形及菱形，如钻天杨、乌桕等。

⑨ 奇异形：包括各种引人注目的形状，如鹅掌楸、马褂木的鹅掌形或长衫形叶、羊蹄甲的羊蹄形叶、变叶木的戟形叶以及银杏的扇形叶等。

2.2.2.2 复叶

复 叶

① 羽状复叶：包括奇数羽状复叶及偶数羽状复叶，以及二回或三回羽状复叶，如刺槐、锦鸡儿、合欢、南天竹等。

② 掌状复叶：小叶排列成掌形，如七叶树等，也有呈二回掌状复叶者，如铁线莲等。

不同的形状和大小，具有不同的观赏特性。例如棕榈、蒲葵、椰子、龟背竹等具有热带情调；大型的掌状叶给人以素朴的感觉，大型的羽状叶给人轻快、洒脱的感觉。

2.2.3 叶的质地

叶的质地不同，观赏效果也不同。革质的叶片，具有光影闪烁的效果；纸质、膜质的叶片常给人恬静之感；粗糙多毛的叶片，则富于野趣。

2.2.4 叶的色彩

叶片的颜色具有极大的观赏价值，这部分内容已在任务6讲述。

2.3 赏花类植物

2.3.1 花形及花色

园林植物的花朵，有各种各样的形状和大小，而且在色彩上更是千变万化，这就形成了不同的观赏效果。

早春开放的白玉兰硕大洁白，犹如白鸽群集枝头；初夏开放的珙桐、四照花，以其洁白硕大，如鸽似蝶的苞片在风中飞舞；小小的桂花则带来了秋天的甜香；蜡梅和梅花的凌霜傲雪，使得人类坚定了等待春天的信念。

树木的花，以其色、香、形的多样性，为植物配置与造景提供了广阔的天地，如同一花期的数种树木配置在一起，可构成繁花似锦的景观；用多种观花树种，按不同花期配置或同一观花树种、不同花期的观花品种配置成丛，则能获得从春到冬开花不断的景色，实现当今人们“四季常青、四时花开”。

2.3.2 花相理论

将花或花序着生在树冠上的整体表现形貌，特称为“花相”。园林树木的花相，从树木开花时有无叶簇的存在而言，可分为两种形式。

“纯式”指在开花时，叶片尚未展开，全树只见花不见叶的一类，故曰纯式，即为先花后叶，如二乔玉兰、梅花、桃花、樱花、海棠、紫荆、红叶李等。

“衬式”在展叶后开花，全树花叶相衬，故曰衬式，如杨树、女贞、合欢、紫薇、槐树、落新妇、石榴、红千层、羊蹄甲、夹竹桃、丁香、栾树等。

2.4 观果类植物

许多园林植物的果实既具有很高的经济价值，又有突出的美化作用。园林中为了观赏的目的而选择观果树种时，应注重形与色两个方面。

2.4.1 果实的形状

一般果实的形状以奇、巨、丰为准。

"奇"指形状奇特有趣，如葫芦瓜、佛手等，也有果实富于诗意的，如王维"红豆生南国，春来发几枝，愿君多采撷，此物最相思"诗中的红豆树等。

"巨"指单体的果形较大，如柚，或虽小而果穗较大，如接骨木。

"丰"是就全树而言，均需有一定的数量，才能发挥较高的观赏效果。

2.4.2　果实的色彩

果实的颜色有着更大的观赏意义，尤其是在秋季，硕果累累的丰收景色，充分显示了果实的色彩效果。

2.4.2.1　果实呈红色　桃叶珊瑚、小檗类、平枝栒子、山楂、冬青、枸杞、火棘、花楸、樱桃、郁李、欧李、枸骨、金银木、南天竹、珊瑚树、橘、柿、石榴等。

2.4.2.2　果实呈黄色　银杏、梅、杏、瓶兰花、柚、甜橙、佛手、金柑、南蛇藤、梨、木瓜、贴梗海棠、沙棘等。

2.4.2.3　果实呈蓝色　紫珠、葡萄、十大功劳、李、忍冬、桂花、白檀等。

2.4.2.4　果实呈黑色　小叶女贞、小蜡、女贞、五加、鼠李、常春藤、君迁子、金银花、黑果忍冬等。

2.4.2.5　果实呈白色　红瑞木、芫花、雪果、西康花楸等。

2.5　观枝、干、树皮、根类植物

园林植物的主干、枝条的形状、树皮的结构、根的裸露，也是千姿百态，各具特色的。在园林植物配置中，利用枝干的特点，可创造许多不同的优美景观。

另外，园林植物裸露的根也是中国人民自古以来的追求。在露根上，效果较为突出的树种有松、榆、楸、榕、蜡梅、山茶、银杏、鼠李、广玉兰、落叶松等。

任务10　各类植物的配置与造景

知识目标

◆ 1. 了解植物配置与造景的总原则。

◆ 2. 掌握各类观赏植物的配置与造景的原则。

能力要求

◆ 1. 具有应用各类观赏植物的特性进行造景的基本能力。

◆ 2. 能够熟练常见植物的配置技巧。

本任务导读

本任务主要介绍了植物配置与造景的总原则；各类植物配置与造景的方法。植物配置与造景主要表现人工美与自然美的和谐，模仿原始状态下的大自然自然美，其景观的营造还是要借助于植物材料来进行完成。

植物配置与造景是关于时间和空间的创造，无论哪类植物的配置与造景在位置的安排和方式的采取上都应强调主体，做到主次分明，以突出景观的特色和风格。

1　植物配置与造景的总原则

1.1　对比和衬托

利用植物不同的形态特征，运用高低、姿态、叶形叶色、花形花色的对比手法，表现一定的艺术构思，衬托出美的植物景观。在树丛组合时，要注意相互间的协调，不宜将形态姿色差异很大的树种组合在一起。运用水平与垂直对比法、体形大小对比法和色彩与明暗对比法三种方法。

1.2　动势和均衡

各种植物姿态不同，有的比较规整，如杜英；有的有一种动势，如松树。配置时，要力求植物相互之间或植物与环境中其他要素之间的和谐；同时还要考虑植物在不同生长阶段和季节的变化，不要因此产生不平衡的状况。

1.3　起伏和韵律

韵律有两种，一种是严格韵律；另一种是自由韵律。道路两旁和狭长形地带的植物配置最容易表现出韵律感，要注意纵向的立体轮廓线和空间变换，做到高低搭配，有起有伏，产生节奏韵律，避免布局呆板（图 10–1）。

图 10–1　入口处严整的龙爪槐（王辉　摄）

1.4　层次和背景

为克服景观的单调，宜以乔木、灌木、花卉、地被植物进行多层的配置。不同花色花期的植物相间分层配置，可以使植物景观丰富多彩。背景树一般宜高于前景树，栽植密度宜大，最好形成绿色屏障，色调加深，或与前景有较大的色调和色度上的差异，以加强衬托（图 10–2）。

2　乔木类植物配置与造景

乔木的在植物造景与配置中，常有孤植、列植、对植、丛植、林植等种植方式，无论哪种配置方式，都需遵循以下几项原则。

2.1　符合适地适树原则

在对乔木进行配置设计时，首先要保证乔木

图 10–2　园林小品与植物配置层次分明（孙耀清　摄）

的成活，而保证乔木成活最有效的途径就是按照生态学进行乔木配置，要遵循适地适树原则，在充分了解种植地理环境条件和乔木植物自身特性的基础上合理配置。

2.2　符合设计目的性原则

在乔木配置时，无论是乔木种类的选择，还是布局形式的确定，都不能仅凭设计者的个人喜好来进行设计，而应与设计目的和主题相结合，充分表达设计者的意图。如为了衬托建筑的雄伟，可以利用第一层次的乔木作为背景，通过大面积自然、单纯的乔木与高大宏伟建筑在气魄上形成协调。

2.3　符合美学原则

乔木景观是一种立体艺术，其高度、宽度、深度及各种组成成分的大小、形状、色彩、质感、位置的适当安排组合，可以表达三度空间的美，另外，加上乔木生长上的变化，更表现了动态的美。

3　灌木类植物配置与造景

灌木就是构成城市大园林系统中的基本骨架，在城市中广泛用于广场、花坛及公园的坡地、林缘、花境及公路中间的分车道隔离带、校园道路绿化（图 10–3）、居住小区的绿化带、路篱等。

图 10-3　道路的列植红花檵木球（王辉　摄）

灌木在植物造景时，常通过点、线、面各种形式的组合栽植，将城市中一些相互隔离的绿地联系起来，形成一个较为完整的园林系统，改善着城市的生态环境。灌木片植作为地被覆盖植物，面积可大小，形式灵活多样，在相同的种植面积内，灌木的光合作用强度远远大于草本的光合强度，对改善空气质量有更大的作用（图 10-4）。

图 10-4　片植的红叶石楠（孙耀清　摄）

绿篱也就是灌丛条带状的花灌木种植形式，多用于花篱、绿地围边、绿地中分割空间等，如小叶女贞、红花檵木、月季等。值得注意的是，这些花灌木条带在绿地中出现过多，就使绿地格局显得生硬。解决的办法之一，可因地制宜，将生硬的条带分解成多个自然形态的灌丛，使之成列，或将花灌木嵌植于绿地边缘自然后退的弧形林缘线上，形成自然和谐的丛状花灌木景观（图 10-5）。

花坛组团块状或规模化片状的应用形式，多出现在较大的绿地或林下空间中。块状、片状形式应用过多，会使得植物景观过于单调与僵硬。这种情况下，可打破大面积的色块格局，形成 10 m^2 左右的灌木组团，由多个花灌木品种形成的不同组团，以自然的方式散落于绿地空间中，从而柔化和丰富绿地或林下空间的植物景观（图 10-6）。

花境多采用孤植，无论在园林的下层空间、大片的通透地，还是绿地、建筑等的围边，均可采用花灌木的孤植手法，配合自然式的养护管理方式，充分利用自然开展的个体形态，达到点景效果，起到柔化边线的作用（图 10-7）。

图 10-5　景石与花组合花坛（王辉　摄）

图 10-6　自然和谐的丛状花灌木（孙耀清　摄）

图 10-7　凸显置石主题的花境（孙耀清　摄）

4　藤蔓类植物配置与造景

藤蔓植物能迅速增大绿化面积，改善环境条件，在城市绿化中有着重要的地位，尤其在垂直绿化上应用最为广泛。具体造景方式有以下几方面。

墙壁绿化　泛指建筑物外墙以及各种实体围墙表面的绿化。除具有生态功能外，也是一种建筑装饰艺术。墙壁绿化时需了解墙面特点与植物吸附能力的关系，越粗糙的墙面对植物攀附越有利（图 10-8）。

栏架绿化　是指篱笆、栅栏、墙体、花格以及各类棚架的绿化。栏架在园林中的基本用途是防护或分隔，也可单独使用构成绿化观赏景观。常用于栏架绿化的攀缘植物种类达百种以上，如枝繁花茂的紫藤、忍冬、叶子花等；花色鲜艳、枝叶细小的种类，如铁线莲，更宜用绿廊、拱门的绿化（图 10-9）。

坡石绿化　护坡绿化是城市立体绿化，特别是地形复杂多变的山地城市绿化的一项重要内容，可选用适宜的匍匐类、攀缘类植物种于护坡，形成覆盖植被。在假山、山石的局部种植一些攀缘、匍匐、垂吊植物，能使山石生姿，给自然增趣（图 10-10）。

顶台绿化　屋顶绿化的常见形式有覆盖、棚架、垂挂等形式，屋顶种植有别于地面，应选择耐热、抗寒、抗风、耐旱的种类。随着城市的发展特别是高层建筑的迅速崛起，阳台、窗台绿化在空间组织、平面布局、色彩搭配等方面更加人性化和生态化，逐渐成为是城市植物景观设计一个重要组成部分。

图 10-8　郑州世博园墙垣绿化（孙耀清　摄）

图 10-9　郑州世博园葡萄棚架（孙耀清　摄）

图 10-10　假山绿化（孙耀清　摄）

5　竹类植物配置与造景

竹类植物的配置形式大体上可以分为自然式和规则式两类。自然式配置以模仿自然、强调变化为主，具有活泼幽雅的自然情调，有孤植、丛植、群植等方法。规则式配置多以某一轴线为主，呈对称或成行排列，以强调整齐、对称为主，给人以雄伟肃穆之感，有对植、列植等方法。

竹类植物在造景中主要考虑以下几个方面：

以竹为主，创造竹林景观　以形态奇特、色彩鲜艳的竹子，以群植、片植的形式栽于重要位置，构成独立的竹景，形成美丽的景观。以各种竹类植物为主要造景材料，可在植物园和城市公园中建设竹子专类园（图 10–11）。

图 10–11　竹林景观（王辉　摄）

与建筑搭配，协调空间　在亭、台、楼、阁、水榭附近，栽植数株翠绿修竹，不仅能起色彩和谐的作用，而且陪衬出建筑的秀丽。在房屋和墙垣的角隅，配置紫竹、方竹等，形成层次丰富、造型活泼的清秀景色，同时也对建筑构图中的某些缺陷起到阻挡、隐蔽作用，使环境变得更为优雅。

图 10–12　小区一角绿地（孙耀清　摄）

分隔庭院空间，创造幽静环境　利用竹子的不同形态分隔庭园空间，虚实相映，清幽宁静，与一般公园中用疏林草地构成的环境风格完全不同，别有情趣。以竹子的群栽、孤栽来障景、框景、抑景等，使园景幽深清净，富有野趣，引人入胜（图 10–12）。

竹与山石及其他植物配置　假山、景石是特殊风趣的庭园小品，若培植适当竹子，能增添山体的层林叠翠，呈现自然之势，山林之美。择粉墙为背景，配以山石，构画出意境深远的精品（图 10–13）。竹与桃混栽，“竹外桃花三两枝，春江水暖鸭先知”，竹与桃花带来了浓郁的春意，或以竹为背景，用兰花、菊为地被植物，几株梅花点缀其间，既突出了“四君子”的主题，又给萧瑟的冬季带来清丽。亦可与傲霜斗雪的松、竹、梅混栽，构成为“岁寒三友”图。

图 10–13　香樟园入口的竹石景观（王辉　摄）

6　草本花卉类植物配置与造景

在植物造景中，花卉充当了重要角色，其突出的功能主要表现在以下三个方面：其一，表现植物景观的群体美，在具体造景中往往以花坛、花带、花境等的形式布置，所渲染的群体美整齐感强，很易愉悦游人。其二，改善生态环境。由于草本花卉具有体量小、自身轻，以及对环境适应能力强的特点，在改善环境方面有着其独特的作用，如布置在乔灌下层，用作屋顶绿化、基础种植等。其三，装饰作用。作为装饰物，草本花卉应用面比较广，如应用在室外绿地，花钵、花舫、花台、花柱等；此外，也可以用作盆花放置于办公室、会议室、走廊等处（图 10–14）。

草本花卉在配置与造景时，需要综合考虑以下几个方面：首先，要根据周围环境的性质与功能配置植物种类。其次，要从艺术性的角度配置植物种类。最后，草花配置还应从科学性的角度合理应用。

图 10–14 绿博园的花钵（左 孙耀清 摄） 花境（中 王辉 摄） 郑州绿博园的花舫（右 孙耀清 摄）

7 草坪类植物配置与造景

好的草坪造景从外观来看，不外乎色泽均一，整齐美观，杂草稀少等。如果是混合草坪，则要求品种组合均匀。草坪类植物选择要遵循以下原则，首先，选择的草种必须能够耐践踏；其次，草坪占地面积大，不可能经常进行大规模的人工灌溉和防病治虫，所以要选择耐旱和较强抗病虫能力的草种；第三，选择的草种最好植株低矮，分蘖快、能自然形成致密毯状草坪，此外，优良草坪还必须与环境条件相适应。

草坪植物造景的类型主要有以下几种：地毯式草坪、装饰性草坪、生物墙、普通草坪。

地毯式草坪：主要应用于体育运动场地、屋顶绿化和室内铺设，草种依地方和用途而定。

装饰性草坪：以草坪草为主加上一些色叶草拼成图案或文字，用途十分广泛。目前可在小范围进行试验，然后进行推广，特别要注意种类的选择和种类的搭配。

生物墙：利用空心砖播植草坪进行垂直绿化，增加绿化面积，可以起到冬暖夏凉，减弱噪音的作用。目前在国内尚属空白，而在美国、巴西等国家发展较快，是今后我国草坪发展的方向之一。

普通草坪：常见有游憩草坪、观赏草坪、运动草坪。① 游憩草坪：供散步、休息、游戏及户外活动用的草地，称为游憩草坪。一般需经常进行割剪，公园内应用较多，多属于自然式。可开放供人入内休息、散步等户外活动之用。一般选用叶细、韧性较大、较耐踩踏的草种，如马尼拉草、黑麦草、钝叶草、狗牙根草、剪股颖（图 10–15）。② 观赏草坪：主要设置建筑物前，或伴随规则式的花坛而设立，以供人们观赏用。这种草坪管理精细，必须定期清洁，边缘整齐，多为规则式。不开放，不能入内游憩。一般选用颜色碧绿均一，绿色期较长，能耐炎热，又能抗寒的草种，如假俭草（图 10–16）。③ 运动草坪：根据不同体育项目的要求选用不同草种，常用于足球场草坪、垒球场草坪、高尔夫球场草坪、儿童游戏场草坪等。

总之，草坪是城市景观中清洁舒适的绿色地面，不但为游憩活动提供良好的场地，也可与乔木灌木、草本花卉构成多层次的绿化布置，形成绿荫覆盖、高低错落、繁花似锦的优美景观。

图 10-15　信阳农林学院图书馆前大草坪（王辉　摄）

图 10-16　可供观赏的疏林草坪（孙耀清　摄）

8　水生类植物配置与造景

水生植物造景，即是以适应当地生态环境条件、具有较高观赏价值的水生植物为材料，运用艺术的手法，科学合理地配置水体并营造景观，充分发挥水生植物的姿态、色彩等自然美，达到自然美与艺术美的协调统一。在水生植物造景中，应用较多的有浮水花卉如睡莲、芡实、萍蓬、菱等；挺水花卉如荷花、菖蒲、小香蒲、水葱、千屈菜、芦苇等；滨水乔灌木如落羽杉、水杉、池杉、竹类、木芙蓉等。

水生类植物配置与造景追求的目标是让人们的生活环境更具自然气息。在高楼林立的钢架森林里，久居的人们更需要一份心灵的宁静，一种“坐看云起时”的淡定，一缕“采菊东篱下，悠然见南山”的释然。水景植物以其“清水出芙蓉，天然去雕饰”的独特气质满足城市居民渴望真实，回归自然的最本真欲望（图 10-17）。

图 10-17　信阳农林学院莲池的睡莲（王辉　摄）

学习拓展　中国植物文化

以花草树木植物为象征，表达人的思想是感情，是各民族语言文化中的一种共同现象，中华民族自古便种花、养花、赏花。人们在欣赏花草树木外在美的同时，也赋予了它们某种特定的意义。特别是历代文人学士、诗人画家，他们通过咏诗赋词、写文作画，把他们内心的感情和审美情趣都寄托于大自然的花草之中，因而使其具有了丰富的文化心理，在生活习俗和铸就民族性格等方面发挥重要的作用。

中国是一个花的国度，据有关数据记载，可供人们观赏的各种花卉有数千种之多。被人们公认的名花就有 10 种，它们是：牡丹、芍药、山茶花、杜鹃、水仙、菊花、梅花、荷花、海棠、兰花。人们不仅赞赏它们婀娜的形态、艳丽的姿色和醇美的清香，更是“咏物言志”，赋予了它们人的品格和情操。实际上，它们成为了人的某种精神的物化者，所以有了“岁寒三友”（松、竹、梅），“花中四君子”（梅、兰、竹、菊），“花草四雅”（兰花的淡雅、菊花的高雅、水仙的素雅、菖蒲的清雅）等美誉。

松是中国人最为喜欢的植物之一，也是“岁寒三友”之一，因其高昂挺拔，岁寒而不凋，四季常青，被人们用来象征正直坚强，不屈不挠，刚直不阿。孔子说过：“岁寒，然后知松柏之后凋也。”唐代（618—907）大诗人李白在《赠韦侍御黄裳》诗中说：“太华生长松，亭亭凌霜雪。天与百尺高，岂为微飚折。”白居易也在《栽松二首》中写道：“爱君抱晚节，怜君含直文。欲得朝朝见，阶前故种君。知君死则已，不死会凌云。”总之，人们把松视为一种坚贞顽强、处乱世而不改节的精神象征。

另外，因为松的树龄很长，它又象征长寿。画家们常常以松、鹤为题作画，寓意益寿延年。在汉语中有许多以松为比喻写成的贺寿联，如：“福如东海长流水，寿比南山不老松”、“元鹤千年寿，苍松万古青”、“寿同松柏千里碧，品似芝兰一味清”、“松木有枝皆百岁，蟠桃无实不千年”等。

竹是“岁寒三友”之二，也是“花中四君子”的一位。它根生大地，渴饮甘泉，中空有节，质地坚硬，冬夏常青，所以它象征正直、坚贞、有气节、有骨气和虚心自恃。中国人很喜欢竹子，在许多古典文献中，都记载了古人对竹子的崇拜。历朝历代有许多爱竹的“痴迷者”，其中最有名的要数晋代（265—420）大书法家王羲之的儿子王徽之。用一句现代时髦的话来说，他可算“追竹族”中的发烧友。他爱竹爱到一听说某士大夫家有好竹，便跑去观看，甚至只顾看竹，连主人打招呼、让座也不加理会。有一次，他暂时寄居在一个地方，他马上叫人在宅旁种竹，并指着竹子说：“何可一日无此君？”由此竹子得了一个“此君”的雅号。另一位爱竹的痴迷者是宋代大诗人苏东坡。他爱竹爱到不吃肉可以、没有竹子不行的程度。他说：“宁可食无肉，不可居无竹。无肉令人瘦，无竹使人俗。”还有一位就是清代扬州八怪之一的郑板桥，他画竹、赞竹。他说：“四十年来画竹枝，日间挥写夜间思。”他称赞竹子不畏强暴、敢于斗争的精神，“秋风昨夜渡潇湘，触石穿林惯作狂。惟有竹枝浑不怕，挺然相斗一千场。”由此可见，人们在赞美竹子的同时，更是在颂扬中华民族的高尚气节和美好的情操。

在“岁寒三友”和“花中四君子”中都有梅花。它在百花凋谢的严冬季节开放，因此人们喜爱它凌霜傲雪的品格。它又是“万花敢向雪中出，一树独先天下春”的“东风第一枝”，所以梅花象征高雅纯洁、坚贞不屈、清丽中含铁骨之气、独领风骚而不争春的精神。古往今来，爱梅之人多不胜数，诗词歌赋画，以梅为题也是最多。其中以宋代林逋为代表。林逋隐居杭州西湖的孤山，一生不当官，也不娶妻，没有孩子，整日以种梅放鹤为乐，所以有“梅妻鹤子”之语。他的《山园小梅》被人们称作千古传颂的咏梅绝唱：“众芳摇落独暄妍，占尽风情向小园。疏影横斜水清浅，暗香浮动月黄昏。霜禽欲下先偷眼，粉蝶如知合断魂。幸有微吟可相狎，不须檀板共金樽。”南宋（1127—1279）爱国诗人陆游也以梅自喻，颂扬梅的洁身自好、淡泊功名的高贵品格。他在《卜算子　咏梅》中写道：“驿外断桥边，寂寞开无主。已是黄昏独自愁，更著风和雨。无意苦争春，一任群芳妒，零落成泥碾作尘，只有香如故。”元代（1206—1368）的王冕画梅成癖，他名扬古今的《墨梅》诗是：“我家洗砚池头树，朵朵花开淡墨痕。不要人夸颜色好，只留清气满乾坤。”这些都是赞颂梅花的标格秀雅和品德高尚的著名诗词。

梅文化对中国人产生了深远的影响。有的男人也以梅为名，如清代文人陈梦梅；有人以梅花为号，如南宋史达祖，号梅溪；也有人以梅为书名，如《梅村集》；地名中有“梅岭”，动物中有“梅花鹿”，乐曲中有“梅花三弄”，曲艺中有“梅花大鼓”等。

兰花也深受中国人的喜爱。它被称为“空谷佳人”，又有“香祖”、“国香”、“王者香”、“天下第一香”等别号。它花开四季，早春开花的叫春兰；春末夏初开花的叫蕙兰；夏季开花的叫建兰；秋末和冬季开花的叫墨兰和寒兰。兰花清雅含蓄，幽香四溢，文人们把它比做君子。它象征纯洁、高雅和真诚，更以“兰熏桂馥”表示历久不衰。《孔子家语》中说：“孔子曰，与善人交，如入芝兰之室，久而不闻其香，而与之俱化。”就是说与正人君子在一起，如在养兰花的房间里，被香气所化。可见古人将兰花看作“正气之宗，君子之喻”。王羲之曾在会稽山勾践种兰处建一兰亭，邀请当时名士42人饮酒赋诗，写下了名扬千古的《兰亭集序》。爱国诗人屈原在《离骚》中也有这样的诗句：“扈江蓠与辟芷兮，纫秋兰以为佩。时暧暧其将罢兮，结幽兰而延伫。户服艾以盈要兮，谓幽兰其不佩。”唐宋八大家之一的唐朝大诗人韩愈赋诗：“兰之猗猗，扬扬其香。不采而佩，于兰何伤。”宋代文人苏辙有诗云：“幽花耿耿意羞香，纫佩何人香满身？一寸芳心须自保，长松百尺有为薪。”这些都是赞扬兰花的美丽和品德高尚的。至于宋末元初郑思肖画的《墨兰图》，画兰不画土，更是表现了画家寓意国土被异族践踏，不愿为奴的崇高民族气节。

菊花是在深秋时节傲霜而开的花卉。它被人们看作坚毅、清雅、淡泊功名的品格象征。诗人屈原就有“朝饮木兰之坠落，夕餐秋菊之落英”的诗句。东晋（317—420）诗人陶渊明更是以爱菊、咏菊而闻名。他的“采菊东篱下，悠然见南山”向世人描绘了一幅恬淡、宁静的田园生活景象，令人不胜向往。唐代诗人陈叔达的《咏菊》：“霜间开紫蒂，露下发金英。但令逢采摘，宁辞独晚荣。”宋代朱淑贞的《黄花》：“土花能白又能红，晚节由能爱此工。宁可抱香枝头老，不随黄叶舞秋风。”这些诗句都歌颂了菊花不随波逐流，保持高尚晚节的可贵情操。

牡丹也是中国人非常喜爱的一种植物，它被誉为“国色天香”。牡丹雍容华丽，象征富贵荣华，幸福吉祥。有人提议，应定它为中国国花。赞赏牡丹的诗文很多。宋代大文学家欧阳修的《洛阳牡丹记》，堪称一篇写牡丹的专著。他对牡丹的历史、栽培、品种、风俗等，都写得非常清楚。另外还有陆游的《天彭牡丹谱》，明代薛凤翔的《亳州牡丹史》都是描写牡丹的。诗人们也都写下了许多歌咏牡丹的诗词，像唐朝刘禹锡的《赏牡丹一首》：“庭前芍药妖无格，池上芙蕖净少情。唯有牡丹真国色，花开时节动京城。”五代（907—960）时皮日休的《牡丹》：“落尽残红始吐芳，佳名唤作百花王。意夸天下无双绝，独立人间第一香。”这些都是脍炙人口的咏牡丹佳作。

民间也流传着一则关于牡丹的故事。传说，武则天初春游上苑，见苑中花朵都含苞未放，于是她下令催开，写了一首催花诗：“明朝游上苑，火速报春知。花须连夜发，莫待晓风吹。”众花全都开放，唯有牡丹抗旨不开。武则天大怒，下令把牡丹贬到洛阳。可见牡丹不独容貌华美，她还有一股子蔑视权贵、刚毅倔强的性格。

水仙被称为“凌波仙子”。人们赞赏它“一盆水仙满堂春，冰肌玉骨送清香”。它象征素洁高雅、超凡脱俗的品格。宋代诗人刘邦直写道：“得水能仙天与奇，寒香寂寞动冰肌。仙风道骨今谁有？淡扫蛾眉簪一枝。”黄庭坚在《次韵中玉水仙花两首》中，也写道：“借水花开自一奇，水沉为骨玉为肌。暗香已压酴醾倒，只比寒梅无好枝。”这些都写出了水仙的风韵和品格。

在其他花卉中，中国人还以桃花比喻美人；以荷花比喻高洁，有“出淤泥而不染”之说；以昙花比喻好事物不久长，有“昙花一现”之语；以红豆象征爱情和相思等。

另外，人们还用“家花”比喻妻子，用“野花”比喻男人外遇的女人，有一首歌叫“路边的野花不要采”，它告诫人们对爱情要忠贞。

中国人对野草也是很赞赏的，人们赞美小草不求名、不图利、内心平安、怡然自乐的精神。有首歌词写道：“没有花香，没有树高，我是一棵无人知道的小草。从不寂寞，从不烦恼，你看我的伙伴遍及天涯海角。”唐代大诗人白居易的一句“野火烧不尽，春风吹又生”更是流传千古。他赋予野草的这种顽强精神，也深深地扎根在中国人的精神世界里，这也正是了解中国植物文化所象征的意义所在。

摘自《中华文化趣谈》

练习题及实训

任务9　植物的观赏特性实训指导书

一、实训目的

通过实地考察，具体分析园林绿地中不同植物的观赏特性，了解并掌握常见园林植物的观赏特性。

二、实训要求

1. 用文字或用现状图的方式，描述和分析所考察园林绿地的自然环境条件（光照、地形、土壤、风等）。

2. 调查校园绿地中园林植物的类型和观赏特性，并进行整理归类，形成可视化成果向其他同学和老师汇报（格式不限，ppt、word或其他格式均可）。

三、评分标准

序号	项目	配分	评分标准	得分
1	任务前期准备	20	调查计划、人员分工、所需材料准备充分	
2	园林植物观赏特性分析、归类、总结	45	园林植物观赏特性分析准确，分类合理，总结翔实	
3	实训成果汇报	20	1. 调查计划详细、可行、有创意； 2. 调查过程认真、扎实，体现了团队智慧与合作精神； 3. 调查内容准确翔实； 4. 调查报告有内涵、有深度、有收获； 5. 汇报思路清晰、有调理、有感染力	
4	实训过程态度	15	积极主动，方法得当，工作认真，团队意识强	
总分		100		

任务10　练习题

单选题：

1. 背景树一般宜（　　）前景树，栽植密度宜大，最好形成绿色屏障，色调加深，或与前景有较大的色调和色度上的差异，以加强衬托。

A. 高于　B. 低于　C. 多于　D. 少于

2. 无论在园林的下层空间、大片的通透地，还是绿地、建筑等的围边，均可采用（　　）形式的花灌木的孤植手法。

A. 花台　B. 群植　C. 花坛　D. 花境

3.（　　）所有园林植物中养护持续时间最长、养护费用最大的一种植物景观。

A. 草坪植物　B. 草本花卉

C. 水生植物　D. 竹类

多选题：

1. 以下（　　）不是讲的园林植物景观给我们的视觉效果。

A. 接天莲叶无穷碧，映日荷花别样红

B. 停车坐爱枫林晚，霜叶红于二月花

情境教学4　参考答案

C. 闻木樨香　D. 雨打芭蕉

2. 根据其叶的特性乔木可分为（　　）

A. 落叶树　B. 常绿阔叶树

C. 针叶树　D. 灌木

填空题：

1. 植物作为景观材料可分成__________、__________、__________、__________、__________、__________、__________等七种类型。

2. 蔓藤植物可根据攀缘的性质或方式可分为__________、__________、__________和__________；凌霄、中华常春藤、络石、扶芳属于__________类；藤本月季、木香、叶子花、茜草属于__________类。

3. 岁寒三友指的是__________、__________、__________。

4. 在水生植物造景中，应用较多的有浮水花卉有__________等；挺水花卉有__________等。

问答题：

1. 谈谈乔木在造景中的作用。

2. 谈谈草本花卉类的植物配置与造景要点。

3. 举出常见的孤植树、行道树、藤蔓类植物、灌木类植物、水生植物2～4种。

任务10　各类植物的配置与造景实训指导书

一、实训目的

通过实地考察，具体分析园林绿地中各类植物的配置方式，了解并掌握常见园林植物的配置与造景。

二、实训要求

1. 用文字或用现状图的方式，描述和分析所考察园林绿地的自然环境条件（光照、地形、土壤、风等）。

2. 调查园林绿地中园林植物的植物配置方式，并进行整理归类，形成可视化成果向其他同学和老师汇报（格式不限，ppt、word或其他格式均可）。

三、评分标准

序号	项目	配分	评分标准	得分
1	任务前期准备	20	调查计划、人员分工、所需材料准备充分	
2	园林植物配置与造景分析、归类、总结	45	园林植物配置与造景分析准确，分类合理，总结翔实	
3	实训成果汇报	20	1. 调查计划详细、可行、有创意； 2. 调查过程认真、扎实，体现了团队智慧与合作精神； 3. 调查内容准确翔实； 4. 调查报告有内涵、有深度、有收获； 5. 汇报思路清晰、有调理，有感染力	
4	实训过程态度	15	积极主动，方法得当，工作认真，团队意识强	
总分		100		

园林构成要素的植物配置与造景

情境教学5　道路的植物配置与造景

任务11　城市道路的植物配置与造景

知识目标

◆ 1. 了解城市道路植物配置与造景的作用应遵循的原则。

◆ 2. 熟悉城市道路的类型及绿化布置形式。

◆ 3. 掌握城市道路绿化树种的选择与城市道路的植物配置与造景。

能力要求

◆ 1. 具备小游园规划设计能力。

◆ 2. 具备城市道路植物配置设计能力。

城市道路植物配置造景指街道两侧、中心环岛和立交桥四周、人行道、分车带、街头绿地等形式的植物种植设计，以创造出优美的街道景观，同时为城市居民提供日常休息的场地，在夏季为街道提供遮阳。

城市道路以“线”的形式，贯穿于整个城市中，联系着城市中分散的“点”和“面”的绿地，从而组成完整的城市园林绿地系统。利用植物本身的色彩和季相变化，把城市装饰得更加美丽、活泼，从而达到提升城市面貌的目的。

1　城市道路植物配置与造景的作用

1.1　保护城市生态调节城市气候

随着城市机动车辆的增加，交通污染日趋严重，原有区域的碳氧平衡、水平衡、热平衡等遭到破坏，成为城市的重要污染源之一。城市道路绿地系统属于人类塑造的一种特殊的“绿廊”，可以有效地减少这些污染。一方面担负着城市的通风、透气和减轻空气污染、除尘、杀菌、降温、增湿、减弱噪声、防风固沙等功能，有效地保护城市的生态，调节城市气候；另一方面也对城市的人流、物流、能流的运输有积极的保护作用。因此，利用绿化改善城市道路沿线的环境质量和维持城市生态平衡已成为迫切需要和共识。

1.2　美化城市环境

从景观学的角度来讲道路绿化属于植物造景，即应用乔木、灌木、藤木、草本及水生植物来设计和创造景观，充分发挥植物本身形体、线条、色彩等自然美，配植成美丽画面，提高城市道路景观空间的观赏性。在当今“钢筋混凝土森林”式的城市中，城市道路两侧往往是高楼林立，形成单调的硬质景观，而道路绿化小仅可以打破建筑物景观的单调性，同时还可以增加城市道路景观的色彩变化、季相变化等，从而使得城市道路景观富有动态的美。

2　城市道路植物配置与造景应遵循的原则

2.1　安全性原则

在道路绿化设计过程中，安全性是非常重要的。在道路交叉口视距三角形范围内和弯道内侧的规定范围内种植的树木，不能影响司机的视线通透，而在弯道外侧沿边缘树木应用整齐连续栽植，可以预告道路走向变化，引导司机行车视线变化，保证交通安全。

为了缓解司机的视觉疲劳，保证司机视线的开阔，中间分车绿带不宜种植高大乔木，而以低矮花灌木配以草坪、花卉的种植方式为主，也可以适量增加常绿植物，以避免眩光。乔木要注意枝下高，以保证行人和车辆安全。

2.2　生态性原则

由于城市道路是狭长的线形空间，自然环境复杂，绿化设计时应在尽量保留与利用原有湿地、植被等自然生态景观资源、维护其良好生态功能的同时，灵活运用植物造景艺术手法，体现出较强的景观性，使道路绿化不仅具备观赏的功能，还兼具对自然生态的保护功能。

2.3　生物多样性原则

由单一树种或一味追求大草坪的绿化形式已不能满足城市道路绿化建设对生态和环保方面的要求，过分强调绿化的形式而不注重质量，已成为当前城市道路绿化的误区。

现代城市道路绿化应强调以植物造景为主，使用乔木、灌木与地被、草皮相结合的立体复层次绿化形式，提高绿化植物种类组成的多样性。在充分了解植物生物学和生态学特性的基础上，多选择当地植物或适量引种外来植物，通过多种乔、灌、藤、草在空间上的合理搭配，减少单一植物的使用，最大限度地增加绿化植物种类和结构层次，实现绿化植物种类的多样化。

2.4　以人为本的原则

人的行为方式对城市道路绿化设计有重要的影响，因此城市道路绿化设计要充分考虑人的因素，做到“以人为本”，也就是创造一个优美、舒适、安全的交通环境，营造一个适于居民生活的有个性、有魅力的城市空间，把植物造景和人的需求完美结合起来，这是城市道路绿化设计所追求的目标之一。人性化城市道路绿化设计，主要是考虑车行其中的安全感及动态美感，人行其中与自然的亲密接触以及人们在休闲、运动时由绿化带来的愉悦、安全、舒适与美的享受等达到“景为人用，人为景迷”的设计目的。

2.5　植物配置与人文特点相结合原则

城市道路的植物配置要把自然绿色主线与人文文化主线紧密结合，将人文融入自然之中。城市道路空间是居民重要的活动场所，市民在此空间内的活动，形成了一个城市独特的人文环境，反映了一个城市居民的生活习俗、精神面貌、文化修养、道德水准等等。

城市道路的植物配置应结合所经过地区人文特点，做一些相关主题的人文绿化景观，如结合路边绿带设计人文长廊、小型文化广场或设置一些能反应当地人文、历史特征的艺术小品等，来增加城市道路绿地系统的艺术性和景观性。

2.6　因地制宜原则

城市道路用地空间范围有限，如地上架空线和地下各种管道、电缆等，同时道路绿化也要安排在这个空间里，而绿化要想达到预期的效果，就需要满足植物所需的地上、地下环境条件，否则植物就不能正常生长发育，不能展现其正常的观赏特性，影响道路绿化所起的作用和景观效果。因此，道路绿化设计应在合理布置市政设施的同时进行统一规划，充分考虑道路沿线的地形、地貌、土壤条件、市政设施、建筑等因素，选择合适的植物配植方式和植物种类，以达到理想的绿化效果。

2.7　艺术性原则

道路是城市对外充分展现自身形象和实力的重要空间，通过行车、走路让人了解一个城市的自然风貌和人文景观特色。因此，城市道路绿化设计应在满足绿化功能的前提下，充分应用各种艺术设计手法，融合周边自然环境，把城市道路变成一条景观优美的视线走廊，达到“车在路上走、人在画中游”的完美景观效果。

3　城市道路的类型及绿化布置形式

3.1　城市道路的类型

按照中华人民共和国《城市道路设计规范》（CJJ 37—90）规定，以道路在城市道路网中的地位和交通功能为基础，同时考虑对沿线的服务功能，将我国城市道路分为快速路、主干路、次干路和支路四类。

3.1.1 快速道路

一般设置在特大城市或大城市，联系市区和主要的近郊区、卫星城对外公路等，为城市中大量、长距离快速交通服务，对向车行道之间应设中央分隔带，其进出口应采用全控制或部分控制，快速路上的机动车道两侧不应设置非机动车道，两侧不应设置吸引大量车流、人流的公共建筑物进出口，机动车设计时速 60～80 km/h。

3.1.2 主干路

为连接城市的主要工业区、住宅区、客货运中心等主要分区的干路，以交通功能为主，是城市内部的交通大动脉。自行车交通量大时，宜采用机动车与非机动车分隔形式。

主干路两侧不宜设置吸引大量车流、人流的公共建筑物。若必须设置时，建筑红线后退，让出停车和人流疏散场地，不宜建成商业街。

3.1.3 次干路

次干路应与主干路结合组成道路网，是城市中数量最多的交通道路，起集散交通的作用，兼有服务功能。次干路两侧可设置公共建筑物，并可设置机动车、非机动车停车场、公共交通站点和出租车站。

3.1.4 支路

为次干路与街坊路的连接线，是地区通向干道的道路，解决局部地区交通，以服务功能为主，支路可满足公共交通线路行驶的要求，也可作自行车专用道。支路可与平行快速路的道路相接，但不得与快速直接相接。

3.2 城市道路的绿化布置形式

3.2.1 一板二带式

一条车道、两条绿化带，是最常见的形式。多用于城市次干道或车辆较少的街道。

优点是用地经济，管理方便；缺点是机动车与非机动车混合行驶，不利于组织交通，景观单调（图 11–1）。

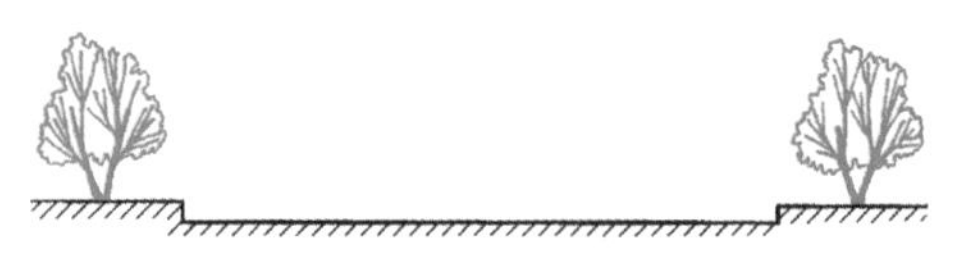

图 11–1 一板两带式

3.2.2 两板三带式

即分成单向行驶的两条车行道和两条行道树，中间以一条绿带分隔。多用于高速公路和入城道路。

优点是用地经济，上、下行车辆分流，减少行车事故发生，道路景观有所改善绿带数量较大，生态效益较显著；缺点是不能解决机动车与非机动车之间互相干扰的矛盾（图 11–2）。

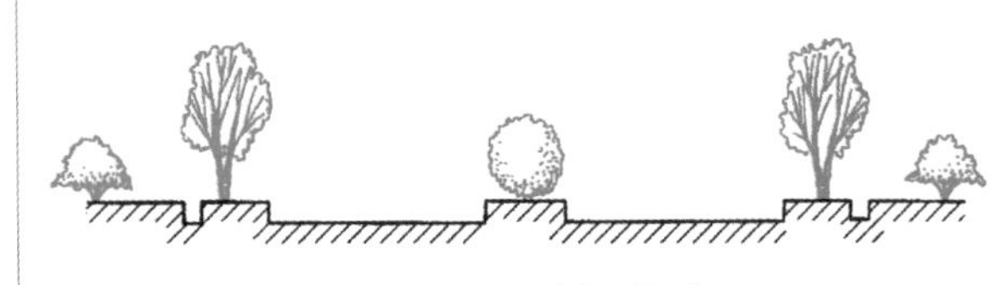

图 11–2 两板三带式

3.2.3 三板四带式

利用两条分车绿带把车行道分成三块，中间为机动车道，两侧为非机动车道，连同车道两侧的行道树有四条绿带。

优点是组织交通方便、安全、卫生防护及庇荫效果好，道路整洁美观；缺点是用地面积较大（图 11–3）。

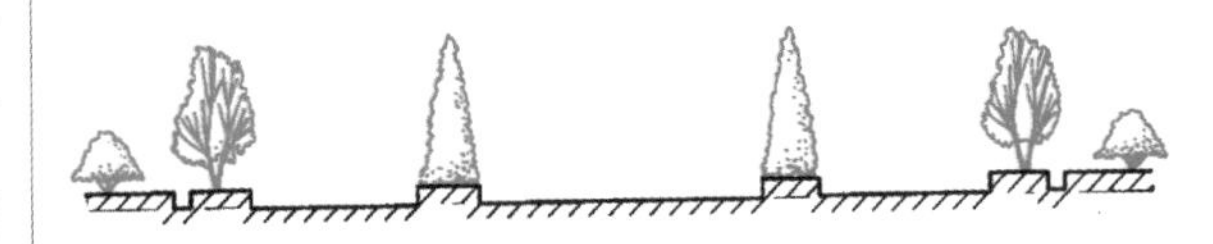

图 11–3 三板四带式

3.2.4 四板五带式

利用三条分车绿带将车行道分成四块板，连同车行道两侧的两条人行道绿带构成四板五带式断面绿化形式。

优点是不同类型、不同方向车辆互不干扰，各行其道，保证了行车速度和安全；缺点是用地面积大（图 11–4）。

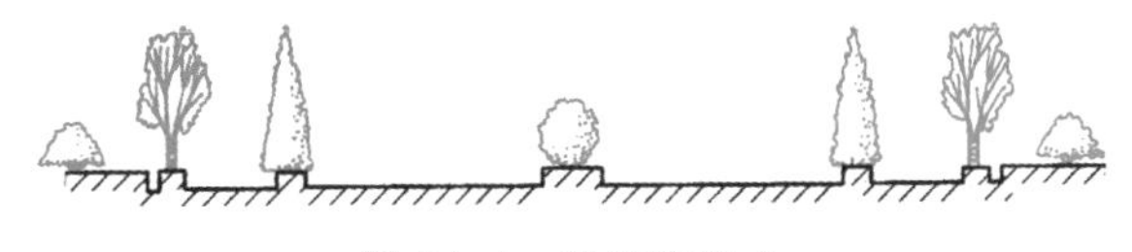

图 11-4　四板五带式

3.2.5　其他形式

依道路所处地理位置、环境条件不同，产生许多特殊情况，如在道路窄、山坡旁、湖边，则只有一条绿带，一条路形成一板一带式。

4　城市道路绿化树种的选择

4.1　城市道路绿化树种的选择原则

4.1.1　适地适树、因地制宜

尽量选用当地适生树种，易于成活、生长良好、抗病虫害等优点，可充分发挥其绿化、美化道路的功能。在进行街道树选择时，要考虑树种生物学特性及其与环境因子的相互关系。

4.1.2　乡土树种与外来树种相结合

乡土树种经过自然演变已适应当地气候条件，易于成活，繁殖快，见效快，是道路绿化最好的选择。但仅采用当地树种，难免有些单调，所以要适当选用经过驯化的外来树种，以促进植物的多样性，丰富道路景观，使道路景观富于变化，便于识别。

4.1.3　常绿树与落叶树相结合

落叶树形态、色彩丰富，最能体现园林树木的季相变化，使城市景色一年四季各不相同。而常绿树可以给人以四季如春的意境，特别是在花草树木都枯萎的冬季，仍让人感到春意盎然、生机勃勃。因此，在道路绿化设计时要适当考虑常绿树与落叶树相结合，以达到四季皆有景，景有不同的效果。

4.1.4　近期与远期相结合

新建道路希望早日绿树成荫，可采用一些速生树种，如毛白杨、泡桐等，但这些树长到一定时期后，易于凋残，影响绿化效果，更替树种又需要一定时间，所以会形成一段时期的绿化空白。因此，道路绿化种植设计宜采用近期与远期相结合，速生树种与慢生树种相结合。

4.1.5　生态效益与经济效益相结合

作为城市生态系统的一部分，保持道路绿化植物的多样性，由此带来的多重营养结构和食物链能使昆虫的食物受到限制，从而有效控制昆虫的数量。道路绿化具有一定的生态功能，它是通过植物配置来达到遮阳、净化空气、吸收噪声、调节气温、吸附尘埃等作用。但树木本身的经济利用价值，也是树种选择时需要考虑的因素之一。两者结合，可产生最佳效益。

4.1.6　环保化原则

飞絮和落果现在已经成为由树木产生的主要污染，解决这一问题的办法是选择雄性树种。随着工业和交通的发展，工厂排放的有毒气体和车辆尾气已成为城市大气污染的主要来源，因此，吸收和消除大气污染已成为城市道路绿化树种选择的重要指标。

4.1.7　彩色化原则

现代城市的发展，使得人们对环境的要求越来越高，人们不再满足于城市单纯的绿色，绿给人们的单调感觉已不适应多彩时代的要求。而彩色树种春季有新生的叶片、夏季有绚丽的花朵、秋季有丰硕的果实、冬季有斑斓的彩枝，无论季节如何转换，彩色树种始终是一个令人瞩目的亮点。因此，在园林绿化中，彩叶植物的运用也越来越重要，越来越广泛。

4.2　城市道路绿化植物的选择

4.2.1　乔木的选择

乔木在街道绿化中，主要作为行道树，作用主要是夏季为行人遮阳、美化街景，因此选择品种时主要从下面几方面着手：① 株形整齐，观赏价值较高（或花形、叶形、果实奇特，或花色鲜艳，或花期长），最好秋季变色，冬季可观树形赏枝干。② 生命力强健，病虫害少，便于管理，管理费用低，花果枝叶无不良气味。③ 树木发芽早、落叶晚，适合本地生长。④ 树冠整齐，分枝点高，主枝伸张，角度与地面不小于 30°，叶片紧密，有浓荫。⑤ 繁殖容易，移植后易于成活。⑥ 有一定耐污染、抗烟尘能力。⑦ 树木寿命较长，生长速度不太缓慢。目前应用较多的有雪松、法桐、国槐、合欢、栾树、女贞、桂花、香樟等。

4.2.2　灌木的选择

灌木多应用于分车带或人行道绿化带，可屏蔽视线、减弱噪声等，选择时应注意以下几个方面：① 枝叶丰满、株形完美、花期长，花多而显露，防止过多萌蘖枝过长妨碍交通。② 植株无刺或少刺，叶色有变耐修剪，在一定年限内人工修剪可控制它的树形和高矮。③ 繁殖容易，易于管理，能耐灰尘和路面辐射。应用较多的有大叶黄杨、金叶女贞、紫叶小蘖、月季、红叶石楠、金边黄杨、小叶女贞等。

4.2.3　地被植物的选择

应根据气候、温度、湿度、土壤等条件选择适宜的草坪草种。另外，多种低矮花灌木均可作地被应用，如棣棠、鸢尾等。

4.2.4　草本花卉的选择

一般露地花卉以宿根花卉为主，与乔灌草巧妙搭配，合理配置。一二年生草本花卉只在重点部位点缀，不宜多用。

5　城市道路的植物配置与造景

5.1　人行道绿化带

人行道绿带是指从车行道边缘至建筑红线之间的绿地，包括人行道和车行道之间的隔离绿地（行道树绿带）以及人行道与建筑之间的缓冲绿地（路侧绿带或基础绿地）。人行道绿带既起到与嘈杂的车行道的分隔作用，也为行人提供安静、优美、遮阳的环境。

5.1.1　行道树绿化带

行道树绿带种植应以乔木、灌木、地被植物相结合，形成连续的绿带。在行人多的路段，行道树绿带不能连续种植时，行道树之间宜采用透气性路面铺装，树池上宜覆盖池箅子。种植行道树其苗木的胸径：快长树不得小于 5 cm，慢长树不宜小于 8 cm。在道路交叉口视距三角形范围内，行道树绿带应采用通透式配置。

根据行道树种植方式的不同可以分为树池式和树带式。

5.1.1.1　树池式　在交通量比较大、行人多而人行道又狭窄的道路上采用树池的方式。树池式营养面积小，又不利于松土、施肥等管理工作，不利于树木生长。

树池的边缘高度与人行道路面的关系：

① 树池的边缘高出人行道路面 8～10 cm。

② 树池的边缘和人行道路面相平。

③ 树池的边缘低于人行道路面。树池的形状有圆形、方形、长方形及不规则形状等。

5.1.1.2　树带式　在人行道与车行道之间留出一条不小于 1.5 m 宽的种植带，视树带的宽度种植乔木、绿篱和地被植物等形成连续的绿带。在适当的距离和位置留出一定量的铺装通道，便于行人往来。若是一板两带的道路还要为公交车等留出铺装的停靠站台。

5.1.2　路侧绿带

路侧绿带是位于道路侧方，布设在人行道边缘至道路红线之间的绿带路侧绿带布设有三种情形：① 建筑线与道路红线重合，路侧绿带毗邻建筑布设。② 建筑退让红线后留出人行道，路侧绿带位于两条人行道间。③ 建筑退让红线后在道路红线外侧留出绿地，路侧绿带与道路红线外侧绿地结合布置。

路侧绿带应根据相邻用地性质、防护和景观要求进行设计，并应保持在路段内连续与完整的景观效果。路侧绿带宽度大于 8 m 时，可设计成开放式绿地，方便行人进出、游憩，提高绿地的功能作用。开放式绿地中，绿化用地面积不得小于该段绿带总面积的 70%。濒临江、河、湖、海等水体的路侧绿地，应结合水面与岸线地形设计成滨水绿带。滨水绿带的绿化应在道路和水面之间留出透景线。

5.2　分车绿带

在分车带上进行绿化，称为分车绿带，也称为隔离绿带。在车行道上设立分车带的目的是将人流与车流分开，机动车与非机动车分开，保证不同速度的车辆安全行驶。分车带的宽度，依车行道的性质和街道总宽度而定，高速公路分车带的宽度可达 5～20 m，一般也要 4～5 m，但最低宽度也不能小于 1.5 m。

5.2.1　分车带的种植形式

分车绿带的种植形式按照空间的闭合程度可分为封闭式种植和开敞式种植两种。

5.2.1.1　封闭式　封闭式种植造成以植物封闭道路的境界，在分车带上种植单行或双行的丛生灌木或慢生常绿树，当株距小于 5 倍冠幅时，可起到绿色隔墙的作用。在较宽的隔离带上，种植高低不同的乔木、灌木和绿篱，可形成多种树冠搭配的绿色隔离带，层次和韵律较为丰富。

5.2.1.2　开敞式　开敞式种植在分车带上种植草皮、低矮灌木或较大株行距的大乔木，以达开朗、通透境界，大乔木的树干应该裸露。

5.2.2　中央分车带的植物造景

5.2.2.1　绿篱式　将绿带内密植常绿树，经过整形修剪，使其保持一定的高度和形状。

5.2.2.2　整洁式（目前使用最普遍的方式）树木按固定的间隔排列，有整齐划一的美感。可采用改变树木的种类、高度或者株距等方法丰富景观效果。

5.2.2.3　图案式　将树木或绿篱修剪成几何图案，整齐美观，但需经常修剪。可在园林景观路、风景区游览路使用。

5.2.3　两侧分车带的植物造景

分车绿带宽度小于 1.5 m 时，绿带只能种植灌木、地被植物或草坪。

分车绿带宽度在 1.5～2.5 m 时，以种植乔木为主，也可在两株乔木间种植花灌木，增加色彩，尤其是常绿灌木。注意选择耐阴的灌木和草坪草，或适当加大乔木的距离。

绿带宽度大于 2.5 m 时，可采取落叶乔木、灌木、常绿树、绿篱、草坪和花卉相互搭配的种植形式，景观效果最好。

一般分车绿带上仅种低矮的灌木及草坪或枝下高较高的乔木，如澳大利亚墨尔本市选择树干干净利落，枝下高又很高的棕榈科植物，配以灌木、草花、草坪，既不碍视线，又增添景色，达到结构与功能的完美统一。随着分车带宽度的增加，其上的植物配置也可以采取多种形式，充分利用植物的姿态、线条、色彩、质地等特点，考虑植物体在时间和空间上的变化，将乔、灌、花、草合理搭配，或孤植或丛植，形成四季有景、富于变化，但配置时总的宗旨，在不妨碍交通的情况下，正确处理好交通与植物景观之间的关系。

5.3　交叉路口绿化设计

5.3.1　交叉口

交叉口绿地包括平面交叉口绿地和立体交叉绿地。

5.3.1.1　平面交叉口　为了保证行车安全，在进入道路的交叉口时，必须在路的转角空出一定的距离，使司机在这段距离内能看到对面开来的车辆，并有充分的刹车和停车的时间而不致发生撞车。这种从发觉对方汽车立即刹车而刚够停车的距离，称为“安全视距”。

根据两相交道路的两个最短视距，可在交叉口平面图上绘出一个三角形，称之为“视距三角形”。在此三角形内不能有遮挡司机视线的地面物，在布置植物时，要使其高度不得超过 0.70 m 高，或者在三角形视距内不要布置任何植物。视距的大小，随着道路允许的行驶速度，道路的坡度，路面质量而定，一般采用 30～35 m 的安全视距为宜，道路与安全视距见表 11-1。

表 11-1　道路与安全视距

道路类别	停车视距 /m
主要交通干道	75～100
次要交通干道	50～75
一般（居住区）	25～50
小区、街坊道路（小路）	25～30

5.3.1.2　立体交叉口　立体交叉是指两条道路不在一个平面上的交叉。立体交叉使两条道路上的车流可各自保持其原来的车速前进，互不干扰，是保证行车快速、安全的措施。

立体交叉绿地包括绿岛和立体交叉外围绿地。立体交叉的植物造景设计首先要服从立体交叉的交通功能，使行车视线通畅，突出绿地交通标志，诱导行车，保证行车安全。

匝道附近的绿地，由于上下行高差造成坡面，可在桥下至非机动车道或桥下人行道上修筑挡土墙，使匝道绿地保持一平面，便于植物种植和养护，也可在匝道绿地上修筑台阶形植物带。在匝道两侧绿地的角部，适当种植一些低矮的树丛、灌木球及三五株小乔木，以增强出入口的导向性。

绿岛是立体交叉中分隔出来的面积较大的绿地。多设计成开阔的草坪，草坪上点缀一些观赏价值较高的孤植树、树丛、花灌木等形成疏朗开阔的植物景观，或用宿根花卉、地被植物、低矮的常绿灌木等组成图案。

5.3.2　交通岛

交通岛绿地分为中心岛绿地、导向岛绿地和安全岛绿地。通过交通岛周边的合理植物配置，可强化交通岛外缘的线形，有利于诱导司机的行车视线，特别是在雪天、雨天、雾天，可弥补交通标志的不足。

5.3.2.1　中心岛　转盘（中心岛）是设置在交叉口中央，用来组织左转弯车辆交通和分隔对向车流的交通岛。

其设计要点：平面布置主要分为规则式、自然式、抽象式三种；主要功能是组织环形交通，提高交叉口的通行能力，所以不能布置成供行人休息用的小游园或吸引游人的过于华丽的花坛；通常以嵌花草皮花坛为主或以低矮的常绿灌木组成简单的图案花坛；在居住区内部，人、车流比较少，以步行为主的情况下，中心岛可以布置成小游园的形式，增加群众活动场地；乔木、灌木、绿篱、草坪、花卉等搭配在一起种植，既可减少繁忙的交通造成的噪声和尘土，同时也有助于创造四季景观；植物不宜过高，种植不宜过密，以免影响司机的视线，植物种植的种类、位置要与地下管线和地上杆线配合好，在种植设计前要按照规范要求定出具体尺寸，以免影响植物生长或破坏地下管线。

5.3.2.2　安全岛　在较宽的街道上，在道路中央可作短时间的停留，为避开车辆使行人能安全过街而设的安全岛，岛上留出行人停留的部分进行铺装，而其他部分可种植草皮，或结合其他地形进行种植设计。如杭州杨公堤尽头的安全岛，中间堆叠假山，假山上配以红枫、胡颓子、五针松等，周围种植四季草花，丰富了景观层次。

5.3.2.3　导向岛　导向岛用以指引行车方向，约束车道，使车辆减速转弯，保证行车安全。绿化布置常以草坪、花坛或地被植物为主，不可遮挡司机视线。

5.4　街道小游园规划设计

街头小游园是指在城市干道旁供居民短时间休息、活动之用的小块绿地，又称街头休息绿地、街道小花园。它主要指沿街的一些较为集中的绿化地段，常常被布置成“花园”的形式。它的面积大多在 1 hm^2 以内，从几十平方米到几千平方米不等。由于街头小游园不拘形式，只要街道旁有一定面积的空置地，均可开辟成街头休息绿地。因此，在城市的旧城改造中，发展街头绿地是一个见缝插绿的好办法，常常可以用来补充城市绿地的不足，提高城市的绿地率及人均公共绿地面积等指标。

5.4.1　街头小游园的主要内容

街道小游园以植物种植为主，可用树丛、树群、花坛、草坪等组合布置，使乔灌木、常绿落叶互相配合，有层次、有变化。要选择适应城市环境能力强的树种。临街一侧最好种植绿篱、花灌木，起隔离作用；但须留出几条透视线，让路上行人看到绿地中的美景。另外绿化种植又要与街道绿化衔接好，并与附近的建筑物密切配合，风格一致。

设立若干出入口，并在出入口规划集散广场；还应设置游步道和铺装场地，以休息为主的街头绿地中道路场地占总面积的 30%～40%，以活动为主的道路场地占总面积的 50%～60%。有条件的可设一些园林小品，如亭廊、花架、宣传廊、园灯、水池、喷泉、置石、座椅等，丰富景观，满足周围群众的需要。

5.4.2　街道小游园的布局形式

根据街头小游园地形地势、面积大小、轮廓形状、周围建筑物的性质、附近居民情况和管理水平的不同，小游园可规划布置成下面几种形式：

5.4.2.1　规则对称式　游园具有明显的中轴线，有规律的几何图形，形状有正方形、圆形、长方形、多边形、椭圆等。优点是外观整齐一致，易与周围建筑、街道景观协调。缺点是设计上易受一定的约束，易给人呆板、不活泼之感。

5.4.2.2　规则不对称式　此种形式整齐但不对称，可以根据功能组合成不同的休闲空间。它给人的感觉是虽不对称，却有均衡的效果。

5.4.2.3　自然式布局　没有明显的轴线，结合地形，自然布置。内部道路弯曲延伸，植物自然式种植，再点缀一些山石、雕塑等园林小品，更显得美观。

5.4.2.4　混合式布局　是规则式与自然式相结合的一种布局形式。这种布局较灵活，不拘形式，内容丰富。但要游园的面积较大，并能组织成几个空间，空间之间过渡要自然，总体上更应协调、顺畅、不可杂乱无章，小而全。

5.5　林荫道与步行街的植物配置与造景

5.5.1　林荫道的植物配置与造景

林荫道是具有足够宽度（曾规定 8 m 以上）和一定设施并具有道路功能的带状绿地。属于带状公园绿地，可单独成路，也可平行于街道设立。

5.5.1.1　林荫道布置的几种类型

（1）设在街道中间的林荫道（布置在道路中轴线上），在交通量不大的情况下采用。优点是街道整齐对称美观，对组织上下行车流有利。缺点是人们进入林荫道时必须横穿车道，对车辆行驶、人身安全不利，特别是儿童；因此在交通干道上不宜采用，只适用步行为主或车辆稀少的街道。

（2）设在街道一侧的林荫道（便于居民和行人使用的一侧为原则），在交通比较频繁的道路上多采用，傍山、一侧滨河或有起伏的地形时采用。如上海外滩绿地等。优点是行人不横穿街道就可进入。缺点是缺乏对称感，在要求庄严、整齐的主干道上不宜采用。

（3）设在街道两侧的林荫道，占地较大，目前使用较少。如青岛市香港东路林荫道、上海延中绿地的林荫道等。

根据游憩林荫路用地宽度，有三种布置形式：① 简单式游憩林荫道：用地最小宽度为 8 m，一两行乔木。② 复式游憩林荫道：宽度 >20 m，通常规划两条游步道、有三条绿带。③ 游园式游憩林荫道：宽度至少在 40 m 以上，布置形式可为规则式或自然式，两条以上游步道。

5.5.1.2　林荫道的造景

（1）花园林荫道造景要点。① 必须设置游步路，车行道与林荫绿带之间要有浓密的绿篱和高大的乔木组成绿色屏障相隔，一般立面上布置应外高内低。② 林荫道中除布置游步小路外，还可考虑小型的儿童游戏场，休息座椅、花坛、喷泉、阅报栏、花架等园林小品。③ 林荫道可在长 75～100 m 处分段设立出入口，各段布置应有特色。在特殊情况下（如大型建筑物的入口处）应设出入口。出入口可种植标志性的乔木或灌木。④ 林荫道的两端出入口处，可使游步路加宽或铺设小广场，并适当摆放一些四季花草。⑤ 林荫道设计中的植物配置以丰富多彩的植物取胜，林荫道宽度 9 m 以上，可考虑自然式布置，9 m 以下按规则式布置。地形可有变化，考虑地方特色。

（2）滨河林荫道设计。滨河路是城市中临河流、湖泊、海岸等水体的道路。

① 滨河林荫道的特点：a. 水面窄，对面无风景：滨河路要简单，临水侧修游步道。b. 驳岸风景点多：设较宽绿化带，游步道、草地、花坛、座椅。c. 天然坡岸：自然式布置。d. 水面开阔：滨河公园。e. 行道树：适于低湿地生长、耐盐碱的树种。

② 滨河林荫道设计：a. 在临近水面设置游步路，最好能尽量接近水边。b. 如有风景可赏时，可适当设计小型广场或挑出水面的平台。c. 根据

滨河路地势高低设计亲水平台1～2层，以踏步相联系。d. 滨河林荫道的形式取决于自然地形的影响，地势若有起伏，河岸线曲折采取自然式布置为佳。临水种植乔木，适当间植灌木，岸边设有栏杆，并放置座椅，若林荫道较宽，可布置园林小品、雕塑等。e. 如果水面开阔，水势平稳，经鉴定适于划船和游泳时，可考虑设置相关设施。

5.5.2 步行街植物配置与造景

随着城市商业经济的迅速发展，城市步行街体现了人们追求高质量的城市生活水平和城市景观，更反映了商业街的人性化倾向。如北京王府井大街、上海南京路步行街、成都春熙路步行街、重庆解放碑步行街等。作为城市人文精神与生活风貌重要体现的步行街，应当成为景观优美、绿化充分、环境宜人的生态空间。

5.5.2.1 步行街园林植物配置方法

（1）充分发挥乔木在步行街的遮阳降温作用。园林绿化最终的目的是改善环境。步行街的园林植物配置应以满足市民对环境的需求为目标，以人为本，体现人文关怀为宗旨，从人的实际需要和场地的实际情况出发，将形式美与场地的功能统一起来。坚持以乔木树种为主体，灌木花草为辅，乔、灌、地被植物相结合的植物配置原则，发挥乔木的遮阳、降温功能，为市民提供一个良好的购物、休闲环境，让市民在购物、休闲过程中感受自然、亲近自然。树种选择上应以乡土植物为主，体现地方风貌和特色，如成都的银杏、木芙蓉，重庆的黄桷树。

（2）注重植物季相景观的配置。步行街园林植物配置除布置遮阳乔木外，还应设置有季相变化的植物，丰富商业街植物季相景观。可布置银杏、桂花、红叶李、木芙蓉、紫薇、南天竺、栀子、杜鹃、一串红、万寿菊、鸡冠花、报春花、矮牵牛、五色梅等乔灌花草，增加植物层次感和色彩变化。

（3）采用多样化植物配置手法增加绿量，改善生态环境。

5.5.2.2 步行街各空间的植物配置与造景

（1）入口处植物配置与造景。步行街入口是整个步行街空间的一个组成部分，通常形成一个节点，是人们进入步行街的“序幕”，烘托并影响步行街在其所在区域和城市的地位，强调标志性和导向性。步行街入口处人流量大，植物配置上适宜用小型花草组成小花坛、花钵等形式，既阻挡车辆的进入，又可分隔人流，将人行与车行空间分开。在步行街不同路段节点处，采用孤植、对植形式布置特色不同的树木，可起到标识和引导作用。如上海南京路步行街，在贵州路、金华路、浙江路、福建路、河南路口种植的5棵体形硕大、姿态优美的巨型香樟树，既点缀了环境，为步行街的空间创造韵律感，又对游人起到提示路口的作用，成为各路段的标志物，体现了自然要素与地标的完美统一。

（2）中央绿化带植物配置与造景。步行街特点决定了行人在通行时主要是沿着街两侧靠商店行走，便于进出商店购物的方便。人们在步行一段距离或时间后，都需要休息一会儿。因此应利用植物与其他设施结合，将街道中间布置成坐息休闲的绿色空间，满足购物、观光人群的休息需要。此处植物配置可根据街区宽窄、布局特点，在道路中央种植冠形优美、常绿阔叶乔木，树下设座椅、花台，构成林荫休闲空间。如绵阳北街步行街道中间种植了黄桶树、印度榕、小叶榕、桂花围合成了若干绿色休闲空间，很受市民欢迎。有条件的还可适当布置林荫小径为附近居民提供夏季夜晚散步场所，形成浓荫盖地、繁花似锦、可憩可叙的街心游园。

（3）中心广场植物配置与造景。中心广场是步行街的重点地段，为不影响商业促销活动，一般采用周边绿化配置方式，布置树池、花坛、花架、花钵、花球、花篮、花柱等，形成从地面到空间的立体装饰效果，充分发挥园林植物美化、彩化街景的功能。成都春熙路步行街中山广场有近0. 7 hm^2，设有露天水池、绿化带，成为游人小憩的好地方，也是晨练人的乐园。上海南京路步行街世纪广场的绿化突出了回归大自然的主题，呈阶梯式、流线型的花岗岩条石将绿地分成高、中，低3层，最高处种植50棵香樟，中间种有黄杨次桂花树等灌木，下层是绿色植被和草花勾勒的花带。

（4）沿街建筑植物配置与造景。步行街区商场是城市中人流量较大的地方，空气中细菌比较多，用绿色植物把商场内外一切可以绿化的地方都绿化起来，不但能净化商场的空气，而且会招来更多的顾客。在不影响购物人流进出商场的情况下，可在商场入口处布置花台、花池、花钵等形式，也可在墙体、窗户外悬挂小花箱，种植南天竺、栀子等开花灌木和时令花卉，将商场绿化美化起来。

（5）多维空间植物配置与造景。步行街是寸土寸金之地，平地绿化面积受到限制，所以应采用多维空间植物配置方式，除平地绿化外，还应向空中发展，进行墙面垂直绿化和屋顶绿化。如成都春熙路步行街南北段的路西侧所有建筑都为5～6层，屋顶天际线平滑整齐，楼间距基本为零，除了少数缺口，可以沿各楼楼顶从北端的亭得利一直走到南端的春南商场。如将这一片屋顶全部绿化起来，形成一条绿色空中走廊，将对春熙路的绿化面积、生态环境有极大的改观作用。

任务12 园路的植物配置与造景

知识目标

- ◆ 1. 了解园路的类型与功能特点。
- ◆ 2. 掌握园路的植物配置与造景。

能力要求

- ◆ 具备园路植物配置设计能力。

园路的植物配置与造景主要作用在于满足道路空间里植物景观的需要。进行植物景观设计时，当以植物的形美色佳取胜，符合艺术构图的基本规律。一般应打破在路旁栽种整齐行道的观念，可采用乔灌草及花卉搭配的复层自然式栽植方式。做到宜树则树，宜花则花，高低错落，不拘一格。

1 园路的类型

园路的基本类型有：路堑型、路堤型、特殊型（包括步石、汀步、磴道、攀梯等），在园林绿地规划中，按其性质功能将园路分为：主要园路、次要园路和游憩小路。

1.1 主要园路

联系全园，是园林内大量游人所要行进的路线，必要时可通行少量管理用车，道路两旁应充分绿化，宽度4～6 m。

1.2 次要园路

是主要园路的辅助道路，沟通各景点、建筑，宽度2～4 m。

1.3 游憩小路

主要供散步休息，引导游人更深入地到达园林各个角落，双人行走1.2～1.5 m，单人0.6～1 m，如山上、水边、疏林中，多曲折自由布置。

2 园路的功能与特点

2.1 组织空间，引导游览

在公园中常常是利用地形、建筑、植物或道路把全园分隔成各种不同功能的景区，同时又通过道路，把各个景区联系成一个整体。这其中浏览程序的安排，对中国园林来讲，是十分重要的。它能将设计者的造景序列传达给游客。园路正是能担负起这个组织园林的观赏程序，向游客展示园林风景画面的作用。它能通过自己的布局和路面铺砌的图案，引导游客按照设计者的意图、路线和角度来游赏景物。从这个意义上来讲，园路是游客的导游者。

2.2　组织交通

园路对游客的集散、疏导，满足园林绿化、建筑维修、养护、管理等工作的运输工作，对安全、防火、职工电话、公共餐厅、小卖部等园务工作的运输任务。对于小公园，这些任务可以综合考虑；对于大型公园，由于园务工作交通量大，有时可以设置专门的路线和入口。

2.3　构成园景

园路优美的曲线，丰富多彩的路面铺装，可与周围山、水、建筑花草、树木、石景等景物紧密结合。不仅是“因景设路”，而且是“因路保景”，所以园路可行可游，行游统一。除此之外，园路还可为水电工程打下基础和改善园林小气候。

还应注意园路和绿地的高低关系，设计好的园路，常是浅理于绿地之内，隐藏于绿丛之中的。尤其山麓边坡外，园路一经暴露便会留下道道横行痕迹，极不美观，所以要求路比“绿”低，一定是比“土”低。

3　园路的植物配置与造景

3.1　主要园路的植物配置与造景

平坦笔直的主路两旁常用规则式配置，常采用同一树种，或以一种树为主，搭配其他花灌木，丰富园内景色，形成一定的气氛和风格，突出地方特色和景观特点。比如，热带地区常选用蒲葵、大王椰子、假槟榔等棕榈科植物，并在下层配置棕竹、短穗鱼尾葵等以取得协调。

主路前方有标志的建筑作对景时，两旁植物可密植，构成夹景，以突出建筑主景。

入口处也常常为规则式配置，可以强调气氛。比如，中山陵入口两旁种植高耸的柏科植物，给人以庄严、肃穆的气氛；庐山植物园入口为两排高大的日本冷杉，给人以进入森林的气氛。

蜿蜒曲折的园路植物不宜成排成行，而以自然式配置为宜。沿路的植物应每隔 2～3 km 有所变化，使人有步移景异的新鲜感。

路旁若有微地形变化或园路本身高低起伏，最宜进行自然式配置，乔灌花草藤相结合。

3.2　次要园路与游憩小路的植物配置与造景

次要园路简称次路，宽度一般在 2～4 m。

游憩小路主要供散步休息，引导游人更深入地到达园林各个角落，双人行走 1.2～1.5 m，单人行走 0.6～1 m。

次要园路与游憩小路植物造景不仅要选择丰富多彩的植物，还需结合高低曲折多变的地形，特别是利用原有植被，进行调整补充移植，产生自然情趣。沿路植物配置应疏密结合，密处适宜配置树姿自然、体形高大的树林或竹林，疏处配置以灌木、花草地被、山石、茅亭、竹廊、小木屋等，藤本植物或缠绕树干或满地蓬生或攀爬花架、廊道，产生自然、生态之美。

3.3　常见的次路和小路的植物配置与造景

3.3.1　山径

山径多为路面狭窄而路旁树木高耸的坡道，路愈窄、坡愈陡、树愈高，则山径之坡愈浓。山径的植物配置应注意：① 路旁植高树，路宽与树高比在 1∶（6～10）之间，树种选择以高大挺拔之大乔木，树下自然种植低矮耐阴地被及小灌木，造成高狭对比之山林感觉。② 浓荫覆盖路面，有一定郁闭度，使光线略暗，周围树木有一定厚度，使游人有“林中穿路”之感。③ 有一定坡度起伏的道路才有山的感觉，沿山路两旁配置植物使之变化莫测，时而乔木，时而灌木，时而花草，时高时低，形成高差感，同时也增加了景深感。④ 山路植物配置尽量结合原有山林植被，根据自然地形、山谷、溪流、岩畔、石隙，因地制宜地配置乔灌藤草竹。⑤ 陡峭的山路、栈道，上部一般配置低矮的斜生植物、曲干植物，下部偶尔配置挺拔高耸的大乔木，或藤蔓强劲的藤本植物，既符合自然之理，又增加安全感。⑥ 山路转弯处应用植物遮挡前方路面，以产生“山重水复疑无路”的幽深感。

3.3.2　竹径

竹径自古以来都是中国园林中经常应用的造景手法。由于园林立意的不同，路旁栽竹常可以形成不同的情趣与意境。比如杭州云栖、三潭印月、西泠印社、植物园内均有各种竹类植物形成的竹径，竹径两旁竹林密布，竹径上竹根迭起、春笋破土，别有一番曲径通幽的意趣。

3.3.3　花径

以花的形、色观赏为主的径路即为花径。特点是在道路的边缘，全部以花的姿态、色彩、香味组成一种具有浓郁花海世界的气氛。花径分单纯花径和混合花径两种。

花径的植物配置采用自然式，草本花卉种植株距要小，带植或丛植；木本花卉聚散结合，疏密相间，错落自然；藤本植物或铺地漫爬，形成地被。为了延长花期，可采用几种花木混栽，可达到四季有景。

3.3.4　草径

草径是指突出地面的低矮草本植物的径路。在大片草坪中，可以设步石开辟小径，与“草中嵌石”的路面设计方式相似；也可用低矮观花植物做路缘，划出一条草路，在游人不多的地方可以表现野趣。在地形有起伏的草坪中开径，采用白色路面，在低处的绿色草坪中，仿若水一般地流动，形成动态景观。

3.4　园路局部的植物配置

3.4.1　路缘

路缘是园路的标志。若植物配置由路缘向外依次逐渐增高，则感觉园路空间开阔；若用高过视平线以上的植物紧贴路缘密集栽植，则产生狭窄冗长的错觉。路缘植物时高时低，则有种开合自然的感觉，一般用于自然式园路中，如山林小径、水畔小路。若路缘用同一高度的植物配置，则感觉规则有序，一般应用于规则式园路中。

3.4.1.1　草缘　在路缘铺以草本地被，再结合乔灌木，不仅扩大了道路空间感，也加强了道路空间的生态气氛。如以沿阶草配置于路缘，终年翠绿，生长茂盛，常作为园路边饰，也可用于山城保持水土。

3.4.1.2　花缘　以各色一二年生或多年生草花作路缘，大大丰富了园路的色彩，随路径的曲直飘逸于园林中。

3.4.1.3　植篱　植篱高度由 0.5～3 m 不等，一般在 1.2 m 左右，其高度视道路植物景观的需要而定。除了常用绿篱外，还可用花篱，如麻叶绣球、红花檵木、米兰、杜鹃等。

3.4.2　路面

路面绿化有石隙中嵌草和草皮上嵌石两种，形成人字形、砖砌形、冰裂形、梅花形等各种形式，兼可作为区别不同道路的标志。这种路面除有装饰、标志作用外，还具有降低温度的生态作用。

3.4.3　路口

园路路口的植物配置要求集中、鲜明、简洁、高大，有障景、借景、对景等多种功能，起到导游、形成景点的作用。

任务13　高速公路的植物配置与造景

知识目标

◆ 1. 了解高速公路植物配置与造景的原则与功能。

◆ 2. 熟悉高速公路各个部分的植物配置与造景。

能力要求

◆ 具备高速公路景观绿化设计能力。

高速公路景观绿化设计，是高速公路建设的重要内容，应纳入高速公路总体设计中去，在路基、路体设计时，应提前考虑景观绿化设计。注重保护周边自然森林生态景观，牢固树立大环境、大生态景观绿化意识，严格遵循交通安全性、景观协调性、生态适应性和经济实用性四原则。

1　高速公路植物配置与造景的原则

公路的景观设计应当首先根据植物习性，来满足安全运输的功能，还要因地制宜地创造宜人并有特色的公路景观环境。因此，高速公路路体植物景观设计原则应该包括以下几方面：

1.1　安全性原则

公路首先是供车辆行驶的，进行高速公路景观设计，始终要把公路的安全性原则放在首位。要充分考虑高速公路的特点，以满足公路的交通功能为首要宗旨。在保证安全的前提下，根据景观学、艺术学等理论，改变原有单一、简单的景观和色彩效果，减缓司乘人员的视觉疲劳感，进一步提高行车安全。

1.2　生态性原则

以生态学理论为依据，保护生态，恢复其自然的生态环境。高速公路路体的景观建设不但要恢复自然的生态系统，还应改善景观生态环境。一方面，恢复工程建设中被损环境的自然生态系统及其生态功能，控制水土流失，保护路基边坡；另一方面，改善路体的景观环境，绿化美化道路沿线环境，改善道路交通环境，提高环境质量。因此，植物景观设计的研究应将植物物种的自然生态习性与景观的绿化美化功能结合起来。

1.3　治理措施科学性原则

有机合理的结合科学技术对路体景观进行治理。植物措施简单而经济，工程措施见效快，两者相结合可以优势互补，达到最佳效果。

1.4　地区性原则

高速公路穿越的地区较多，不同地区的自然景观有不同的结构、格局和生态特征，因此高速公路路体的植物景观设计要因地制宜地满足不同地区的功能要求，并使景观资源与自然系统相协调。

1.5　综合性原则

高速公路路体的植物景观设计是一项综合性研究工作，不是某一学科能解决的，也不是某一专业人员能完全理解景观内在的复杂关系并做出明智规划决策的，需要多学科的专业队伍协同合作进行不懈的努力，还要兼顾生态效益、经济效益和社会效益的协调统一。只有这样才能客观地进行高速公路路体景观的建设，增强设计的科学性和实用性。

2　高速公路中种植树种的功能

2.1　防风固沙

当风遇到树林时，受到树林阻力的作用，在树林的迎风面和背风面均可降低风速，但以背风面降低的效果最佳，因此在高速公路两侧，为了防风的目的而设置的防风林带时，应将防护区设在林带背面。而且防风林带的方向应与主风向垂直。一般种植防风带多采用三种植物结构，即密不易透风的结构，疏松结构和通风结构。

2.2　保持水土涵养水源

园林树木能够减少和减缓地表径流量和流速，因而起到水土保持涵养水源的作用。树林的林冠可以截留一部分降水量，据各地观测知，在东北红松林冠可以截留降水的3%～73.3%。在园林工程中，为了涵养水源保持水土的目的，应选择树冠厚大，截留雨量能力强，耐阴性强而生长稳定和形成吸水性落叶层的树种。

2.3　改善环境

高速公路小气候条件恶劣，植物树冠能阻拦阳光而减少辐射热，不同树种的遮阳能力亦不同。遮阳能力愈强，降低辐射热的效果愈显著。高速公路系统绿地景观建设的意义主要体现在建立了若干个既能克服高速公路沿线环境带来的不利影响，又能在高速公路正常使用状态下创造出满足视觉景观要求的理想绿地景观。

3 高速公路各个部分的植物配置与造景

3.1 公路主线的植物配置与造景

3.1.1 边坡绿化

边坡是对路面起支持保护作用的有一定坡度的区域。因此，边坡绿化防护的目的和结果，直接关系到路面的安全，这就要求在设计选用边坡防护材料时，必须考虑固土性能好、繁殖易、成活率高、生长快、耐干旱、耐瘠薄、耐粗放管理等要求的植物。例如，花灌木类：紫穗槐、柽柳、毛白蜡、蔷薇、迎春、连翘等；草皮类：狗牙根、结缕草、中华结缕草、野牛草等。不但可以防风固沙、避免水土流失，还可以使司机心理产生一种安全感。

3.1.2 中央分隔带绿化

中央分隔带是在道路中央对上、下行车辆起到隔开作用的区域，宽度一般在1～3 m，其目的之一是防止眩光，因此在植物配置时，色彩应随植物的高低产生变化，形成错落高低的层次。为保证司机视线开敞，主要种植草坪、低矮花灌木和剪形针叶树球，并通过不同标准段的树种变化消除司机的视觉疲劳及旅客的心理单调感。

3.1.3 两侧绿化带

两侧绿化带是指为了防止穿越市区的噪声和废气等污染，在道路两侧的绿化带。宽度不一，一般要求在10～ 30 m，通称“绿色通道”，所以在修建道路时要尽可能保护原有自然景观，并在道旁适宜点缀风景林群、树丛、宿根花卉群，以增加景色的变换，增强司机的安全感。同时，要求树种应多样性，生长年限长，管理粗放，针、阔叶树种混交，花、灌木树种搭配。例如，落叶树种可选杨树、柳树、槐树、白蜡、法桐、五角枫、银杏、黄栌、火炬等；常绿树种有雪松、蜀桧、龙柏、大叶女贞、云杉等。另外，公路两侧的绿化还可以增强道路的导向性。

3.2 立交区的植物配置与造景

立交区是高速公路的重要节点，地理位置十分重要。互通区绿化形式可以以观赏型的图案为主，在大小不同，形状各异的绿地中，利用不同植物材料的镶嵌组合，形成一个层次丰富，景色各异的花园绿岛，设计要点总结如下：① 采用大色块的缀花草坪为基础绿化，给人以视线开敞绿化有大气魄的效果。② 中心绿地注意构图的整体性，可用大手笔的剪型树和低矮花灌木做成一定的绿化图案。图案应美观大方，简洁有序，使人印象深刻。③ 小块绿地以疏林草地的形式群植一些常绿和秋色叶树，以丰富季相变化，反映地方特色。④ 在匝道两侧绿地的角部，适当种植一些低矮的树丛，或三五株小乔木，以增强出入口的导向性。⑤ 弯道外侧可适当种植高大的乔灌木作行道树，以诱导行车方向，并使司乘人员有一种安全感，弯道内侧应保证视线通畅，不宜种植遮挡视线的乔灌木。⑥ 在高速公路立交桥处，绿地布置要服从该处的交通功能，使司机有足够的安全视距。例如出入口可以有作为指示标志的种植，使司机看清路口，在弯道外侧，最好种植成行乔木，以诱导司机的行车方向，同时让司机有一种安全感。

3.3 服务区的植物配置与造景

高速公路的生活服务区主要供司机及乘客作短暂停留，满足车辆维修和加油的需要。设施主要有加油站、维修站等。其绿化可采用混合式布局，以大面积的缀花草坪为底色，通过植物造景，用花草树木柔和的线条去衬托建筑的形式美。如：① 中心大草坪喷泉区：以开敞的草坪为主，并适当点缀宿根花卉及地被植物，如铺地柏等，四周以一串红花带镶边。② 宾馆，旅店区：周围适当点缀针叶树，如云杉，丹东桧等及一些珍贵花灌木，并种植若干花卉带如一串红、矮牵牛等。③ 餐馆区：后面设有栅栏及铁丝网，种植攀缘植物，如山葡萄、地锦等进行垂直绿化，以遮挡有碍观瞻的厨房设施等。④ 加油站管理站游泳馆区：周围以草坪为主，适当种植若干常绿树，如云杉、黑皮油松等及一些花灌木丁香、连翘等。⑤防护绿地及预留地区：在最边缘区，种植一排樟子松，以界定服务区范围，并起防护作用，在预留地区种植山丁子、山楂等果树林，形成富有特色的绿化区域。

3.4　收费站管理办公区绿化

收费站管理办公区是高速公路管理人员办公的场所，是维持高速公路正常运行的指挥和调度中心。在办公区四周一定要有优美的环境，具有诗情画意般的园林小品来缓解工作人员的压力。绿化设计要求严肃、活泼、整齐划一，配置富有情趣的园林小品，尽可能创造一个优雅、整洁的办公环境。

任务14　铁路和乡村公路的植物配置与造景

知识目标

◆ 了解铁路绿化设计与乡村公路的绿化设计。

能力要求

◆ 具备铁路与乡村公路树种选择的能力。

铁路沿线绿化是绿色通道工程建设的重要组成部分。铁路沿线绿化的好坏直接影响到全国绿色通道工程建设的质量和效果。乡村公路两侧植物配置不一定都要求整齐、美观，应因地制宜，形式灵活多样。

1　铁路绿化设计

随着我国铁路事业的蓬勃发展和人们环保意识的日益提高，铁路的绿化越来越受到设计者和建设者的高度重视。对铁路进行绿化不仅可以减少铁路施工给沿线自然地形、地貌造成的破坏，而且还可以保护和改善当地环境，使之成为赏心悦目的自然景观，使司乘人员感到安全、舒适，从而提高铁路使用、运输的效果，更好地发挥铁路的各项功能。

1.1　铁路绿化设计的特点

铁路的绿化设计不同于一般的园林、城市或小区的景观设计，铁路绿化设计是带状绿化，它提供良好的行车环境，并且主要运用植物造景。而后者主要是区域性绿化，为居民提供优美的生活环境和休闲场所，造景手法较多，山、水、泉、石、地形、地物等均是造景要素。铁路绿化有以下几大特点。

1.1.1　动态性

铁路的服务对象是处于高速行驶中的司乘人员，其视点是不断变化的，绿化设计不仅仅是改善路容、美化环境，更要满足不断变化中的动态视觉的要求。

1.1.2　安全性

做好铁路绿化可起到诱导视线，防止眩光，缓解司乘人员疲劳等作用，有利于行车安全，更好地发挥铁路的使用功能。

1.1.3　多样性

铁路系带状构造物，其长度往往为几百上千公里，因所经过区域的地理位置、自然环境、土壤条件、社会环境、人文景观的不同，其绿化设计具有多样性。

1.2　铁路绿化设计的功能

铁路作为现代的交通设施，具有“快速、舒适、安全、高效、低耗”的特点，它对促进沿线区域经济快速、健康发展起着重要的带动作用，对其实施绿化是完善其使用功能的重要措施。

1.2.1　有利于保护生态环境和防止水土流失

做好铁路绿化设计，不仅可以大大改善铁路在建设期和运营期给沿线造成的自然景观、生态环境的局部影响，保护铁路用地内和相邻地带原有的植被，而且还有减少沿线环境受列车噪声、废气排放和夜间作业灯光等带来的各种污染及缓和沿线居民的情绪等功能。同时，铁路绿化还有利于防止路堑、路堤的冲刷、侵蚀和水土流失。

1.2.2　有利于行车安全

做好铁路绿化设计有助于列车安全、快速行驶，充分发挥铁路的使用功能，达到诱导视线作用，同时在铁路两旁进行绿化时，所选用的植被富于变化，且点缀花草灌木，不但能使司乘人员感到赏心悦目，缓解旅途疲劳，更有利于行车安全和舒适。

1.3　铁路绿化设计

铁路的路侧绿化原则上在于协调铁路环境，提高行驶的安全和舒适感。因此，在路侧绿化设计时，要充分考虑不同路段的具体情况加以设计，使其具有美化路容、引导视线、明暗过渡、协调景观以及防止水土流失等功能。

1.3.1　路堤地段的绿化

对路堤地段的绿化设计，通常采用在路堤排水沟外侧或护坡道种植乔木。同时，为克服单调，达到错落有致的效果，可将乔木与中灌木交替种植，排水沟以外的公路用地，采用植草加种植地被植物的方式予以地表绿化，从而形成远乔木、中灌木、近草皮加花灌木的三层绿化体系。

1.3.2　挖方路段的绿化

对挖方路堑的绿化，可采用在天沟外侧栽植常绿灌木，并且在常绿灌木之间栽种花灌木的方式进行绿化。

1.3.3　填、挖结合段的绿化设计

填挖结合段的绿化，要采用密集绿化的方式进行，树种不宜采用乔木，而应采用从乔木过渡到中灌木、矮灌木，过渡段的长度根据具体路段分别选用60～100 m，这样可以减少光线的变化对司乘人员的影响，起到明暗过渡的作用。

1.3.4　边坡绿化

铁路边坡绿化是铁路绿化的主体，在铁路上边坡采用草本或矮灌木护坡，防止雨水冲刷，不能种乔木，以保证行车安全。

1.3.5　车站绿化

车站是乘客候车、乘车的场所，绿化设计应采用以静态景观设计为主，动态景观与静态景观相结合的方法。可设置一些花坛、园林小品、喷泉等，通过花草树木、水景、石景、曲桥、亭廊等造景手法进行设计布局，为工作人员及乘客提供一个舒适、优美、亲近自然的工作、休息环境。

另外，在铁路两侧种植的乔木距铁路外轨不小于10 m，灌木不小于6 m。铁路通过市区或居民区，在可能条件下应当留出较宽的防护林种植乔灌木，林带宽度在50 m以上为宜，减少噪声对居民的干扰。铁路转弯处内径在150 m内不能种乔木，可种植草坪和矮小的灌木。在机车信号灯处1 200 m内不得种乔木，可种小灌木及草本花卉。

2　乡村公路的绿化设计

乡村公路是指主要为乡（镇）村经济、文化、行政服务的公路及不属于县道以上公路的乡与乡之间及乡与外部联络的公路。乡村涵盖广泛，即位于乡村地域范围内的一切道路。

2.1　乡村公路绿化的作用

2.1.1　美化环境和协调的作用

在景观方面起到美化环境和协调环境的作用。根据绿化布置的不同特点也能增加公路特征，起到区分的作用；在自然景观杂乱的地方建立起风格统一的背景，装饰不美的和突出美的景观，并与当地景观融为一体。

2.1.2　诱导作用

在交通安全方面起到诱导视线、防眩光、阻雪、稳定边坡、稳定山坡和冲沟、防止公路水毁，局部代替或增强防护设施的作用，可以建立起导向的标识，预告司机要加强注意的地方。

2.1.3　生态作用

在生态方面起到了改善沿线局部区域的小气

候、防止噪声扩散、阻挡灰尘和吸收有害气体的作用。

2.2　乡村公路绿化原则

① 安全性原则。② 预先及动态设计原则。③ 经济与生态均衡原则。④ 美学原则。

2.3　树种选择

适合乡村公路绿化的树种一般是耐受不良气体的影响、对土质和土壤水分要求不高，耐风、耐雪、耐光和耐寒的品种。为了使绿化种植尽快发挥作用，可选用速生树种。例如，槐树、杨树、黄栌、柳树、法桐、五角枫、刺桐、火炬等。

乡村公路绿化直接影响到路景的四季变化，可根据人们的视觉特征及观赏要求，处理好绿化间距、树木的品种、树冠的形状以及树木成年后的高度及修剪的问题。

2.4　栽植手法

乡村公路绿化的栽植手法有整形种植、自然风景式种植、自由式种植、生态种植，主要是从绿化、点缀景观角度来考虑种植形式。

整形种植重视平面设计，着重以人的审美观点做出各种不同人工造型，可以清楚地看到它的组成情况，它的栽植手法有对称栽植、直线栽植、图案栽植等。

自然风景栽植主要用于美化和烘托环境等。它模拟自然景色，比较自由，主要根据地形与环境来决定。

自由式种植，具有现代艺术新倾向，自由、活泼。

生态栽植，是运用生态学的观点进行栽植，适用于大面积绿化。不同树种的结合，会给道路带来韵律感和节奏感。

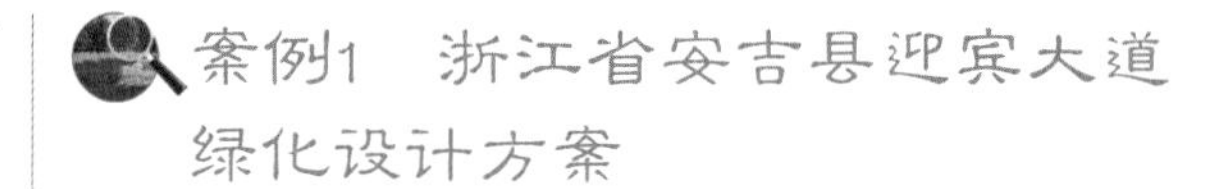

案例1　浙江省安吉县迎宾大道绿化设计方案

一、概况

安吉县迎宾大道南起小区路，北至浦源大道，全长 2 160 m。行道树为香樟，中央设宽阔绿化带。道路南段主要为新建现代商业住宅，北段为老城区商业住宅（图案例 1–1）。

图案例 1–1　安吉县迎宾大道鸟瞰图

二、设计构思

运用安吉所特有的文化符号：“竹、茶、山、水、云”，通过独特的艺术表现形式，使传统自然和现代城市联系在一起，进而成为设计的主旨（图案例 1–2）。

（1）模拟竹子优美的自然形态，将其融入整个设计之中，增添城市家具的独特风格，展示出当地富有特色的竹文化。

图案例 1–2　安吉县特色文化

（2）利用茶园独有的特点和茶叶的形态，用艺术的手法运用到设计之中，给人们带来视觉冲击力，彰显出茶韵和禅的意境。

（3）运用群山的虚实感和层次感作为设计灵感，利用简洁明快的线条作为设计元素，将群山峻美的姿态引入设计之中。

（4）构思源于中国传统山水画，用简洁流畅的曲线勾勒出水的柔美，以水弯曲的线条作为元素，将其运用在设计之中。

（5）把云彩的线条加入设计之中，将具有中国气息的云纹与山水等元素融合，让整个设计更为独特。

三、景观轴线

迎宾大道为本次设计的主要景观轴线，与其相交的城市干道为次要景观轴线，各个相交点为景观节点，使整个街道富有韵律感。以竹、茶为设计主线，分别结合山、水、云元素，在各个节点之中运用五个元素所提取出来的抽象纹样，组合融入城市景观之中（图案例 1–3）。

通过街道景观的整体设计，结合安吉的城市特征，构建起一个崭新的城市品牌：创造“自然、人文、历史”融为一体的新城市形象，将迎宾大道打造展现出“自然之美”，从而提升城市环境品味与风貌特色的目的。

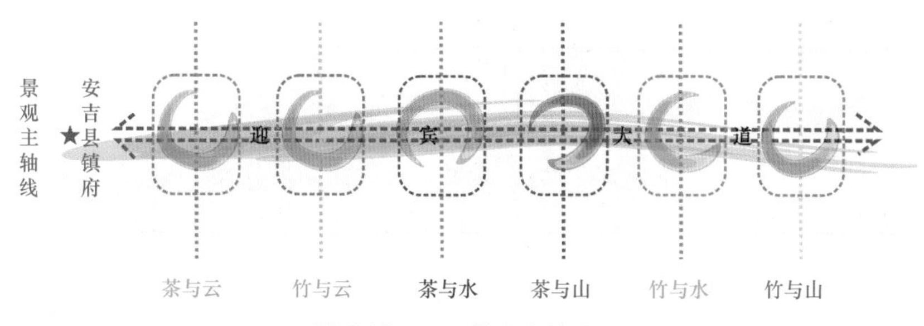

图案例 1–3　景观主轴线图

四、标准段景观设计

迎宾大道标准段主体植物以香樟为主，与绿篱结合形成带状绿化，再配以各色的花岗岩，既满足了功能需求，又美化了景观图（图案例 1–4）。

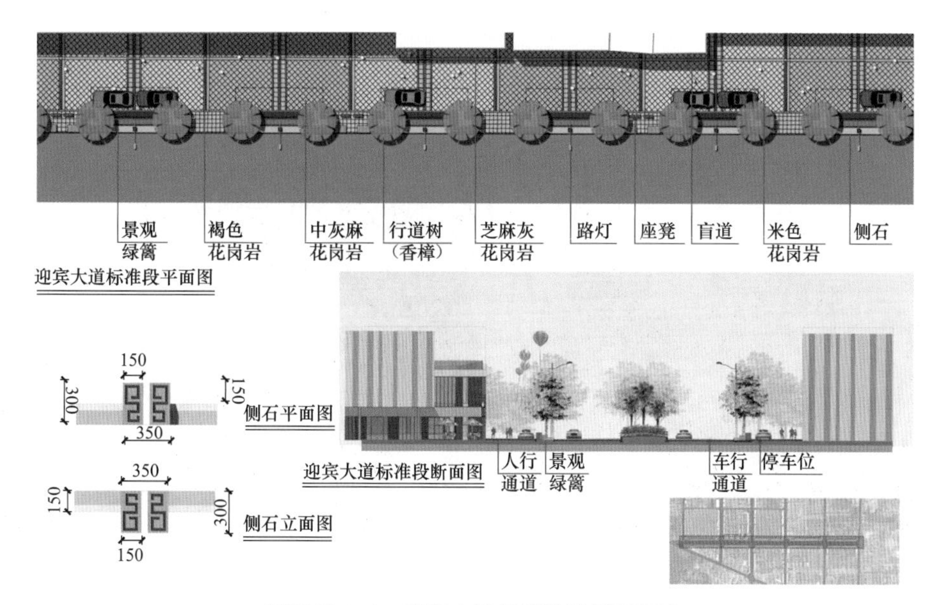

图案例 1–4　迎宾大道标准段的景观设计

五、景观节点

1. 竹山主题节点

该景观节点位于迎宾大道的入口处，处于小区路民迎宾大道交汇处。景观节点以竹、山为主题，利用假山的挺拔姿态，丛植形态优美的竹子作为背景，细腻的流水、争艳的繁花衬托刻有“中国竹乡”题词的假山叠石，营造中国古典园林宁静清雅的气氛，同时，也充分体现了设计的主题思想。主要植物配置：南天竺、红叶石楠、五针松等（图案例1-5至图案例1-7）。

2. 竹水景观广场

提取安吉特有文化符号，将传统竹制家具理念融入到城市景观小品设计中，通过艺术的表现手法，将影像投射到地面铺装上，感受城市光与影的对话（图案例1-8至图案例1-10）。

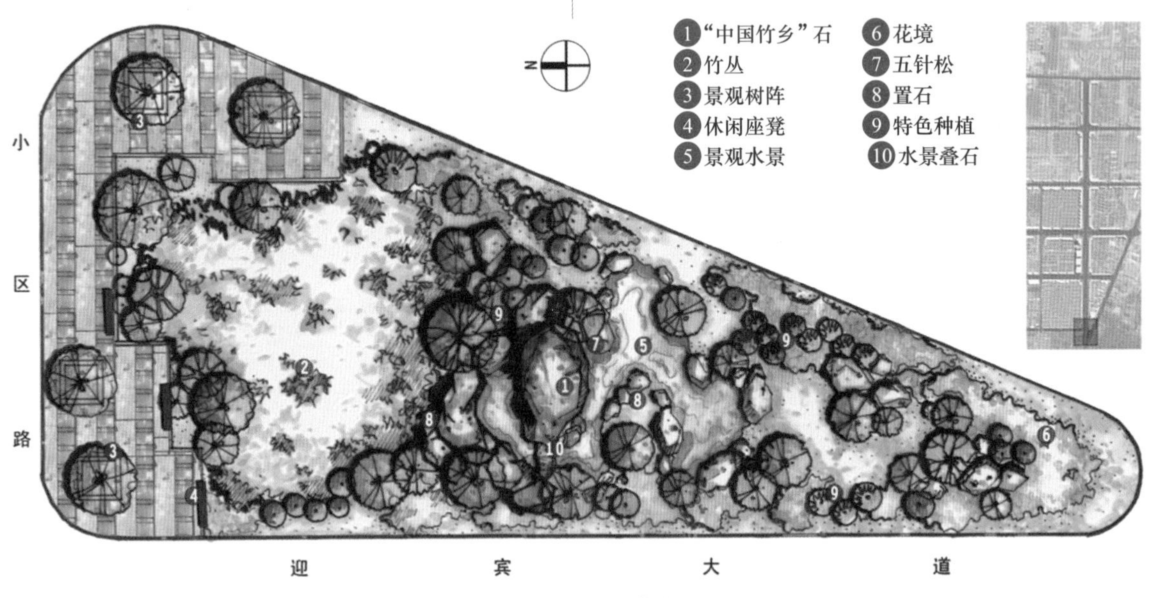

图案例1-5　竹山主题节点平面图

图案例1-6　竹山主题节点立面图

图案例 1-7　竹山主题节点效果图

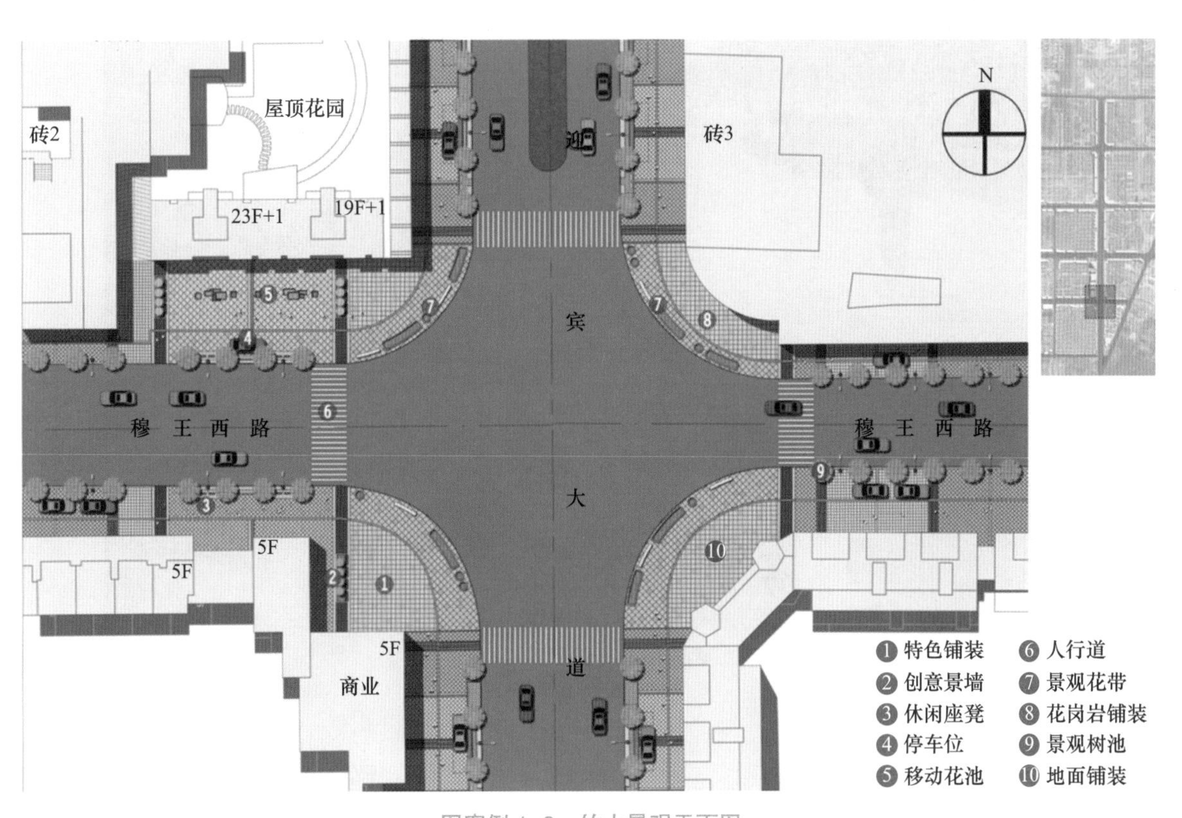

图案例 1-8　竹水景观平面图

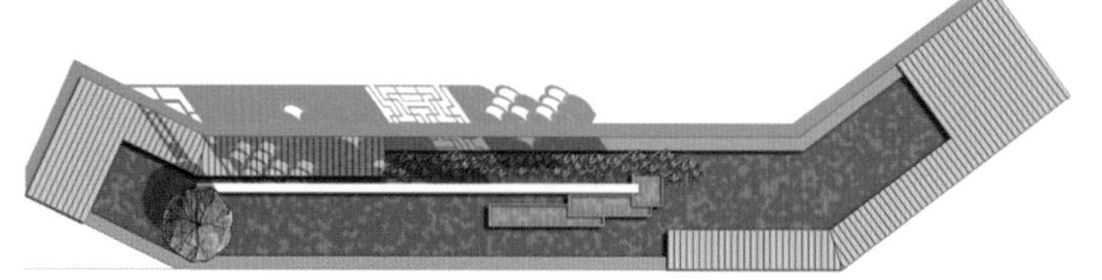

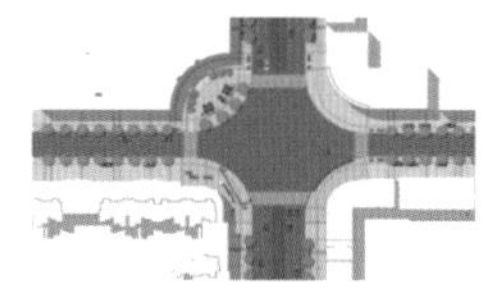

平面图

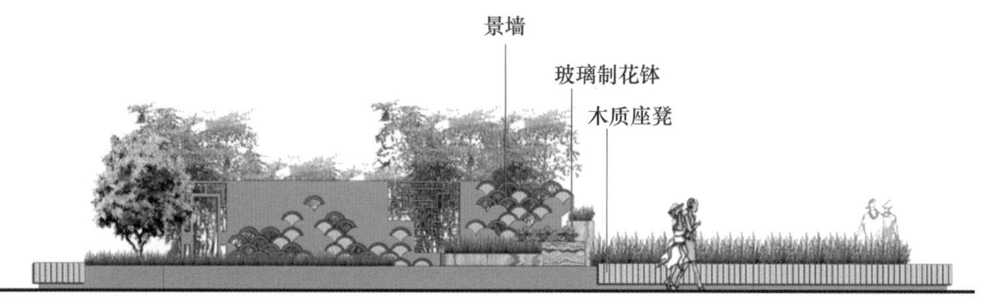

图案例 1-9 竹水景观立面图

❶ 透视图

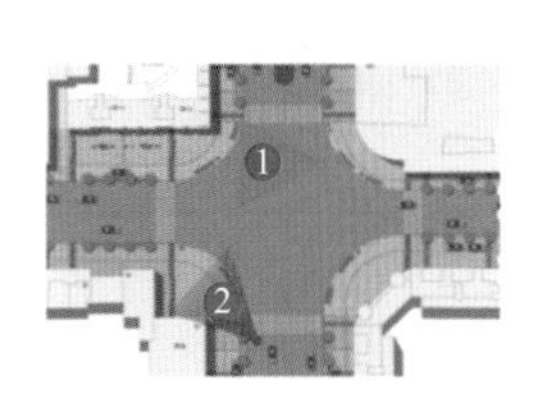

❷ 透视图

图案例 1-10 竹水景观效果图

3. 茶山主题广场

在景观设计中，提取茶文化，由简洁的几何线条表现花园独特的纹理和群山层峦叠嶂的意蕴，层叠的绿篱，马赛克图案的铺天盖地，让街道景观更为赏心悦目，富有趣味。广场上的景观绿化设计，主要采用“茶山”的形状元素，将绿篱设计成波状，形似茶山，再配上红花檵木等彩叶植物，加上景墙及景墙后竹类的烘托，茶山的意境悠悠唤出，景色优美（图案例 1–11 至图案例 1–13）。

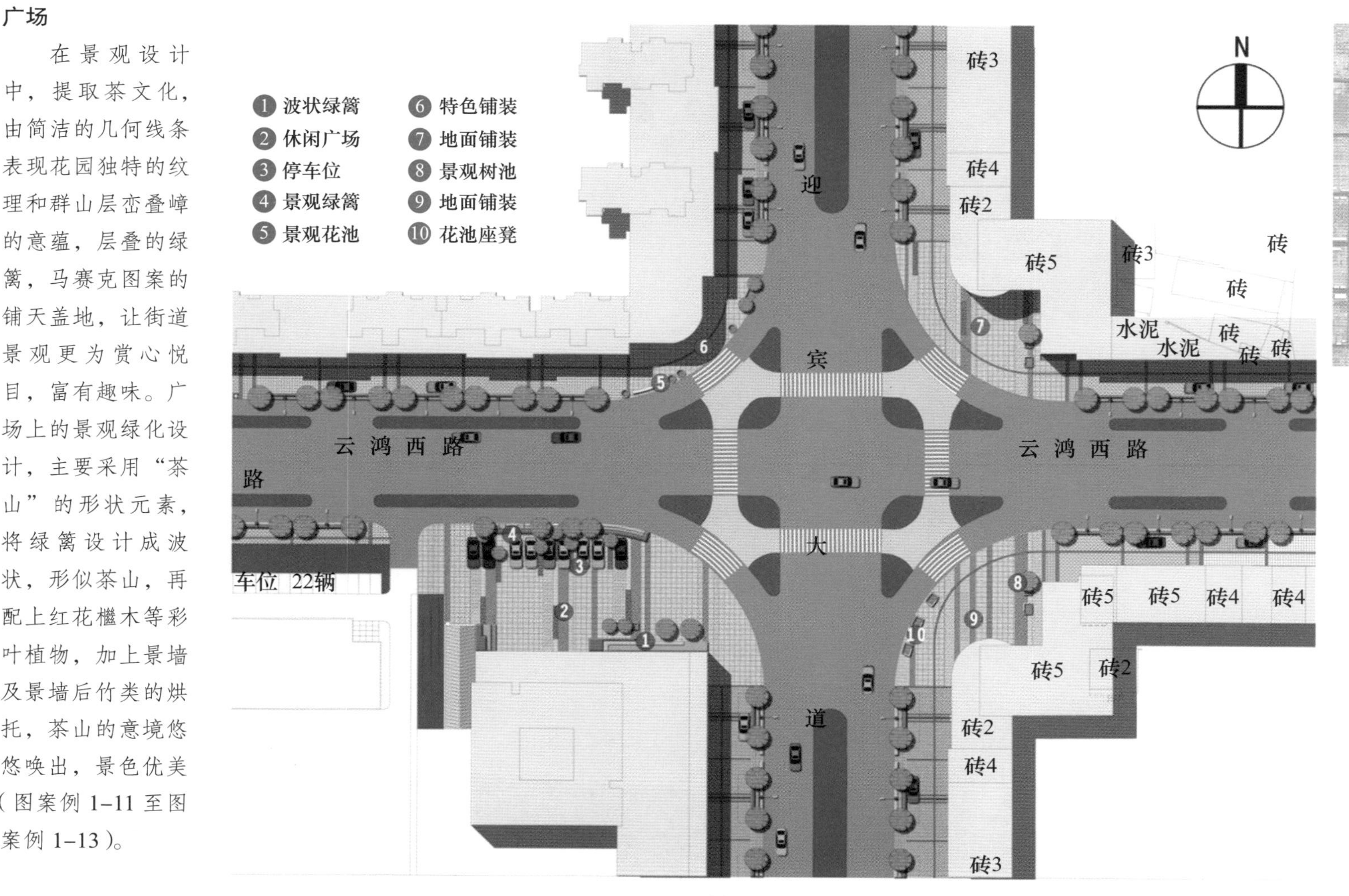

图案例 1–11 茶山主题广场平面图

图案例 1-12　茶山主题广场立面图

图案例 1-13　茶山主题广场效果图

六、种植设计

植被景观是迎宾大道道路景观建设的核心，而植被绿化风格的规划控制将对城市生态格局和经济可行性建设产生重大的影响，此道路景观设计采用线形排列方式，以形成现代、粗犷、自然、朴实的线形景观肌理。

1. 植物种植的原则

• 适地适树，道路绿地应选择适应道路环境条件、生长稳定、观赏价值高和环境效益好的植物种类。

• 道路绿地植物以特色文化植物为主景进行配置与造景。

• 道路绿地植物选择应从生物多样性的角度出发，在适地适树的原则下尽量丰富植物材料。

• 改变行道树树种单一的现象，确定骨干树种，确保道路绿化能体现出和谐统一又各具特色的整体风貌。

• 适当增加常绿树比例，促进道路绿地的环保及景观效果。增加中、低层树种和地被花卉，进一步丰富道路植物景观。

2. 特色树种选择

根据分析，由于迎宾大道植物的造景设计是以安吉县特色文化为主要线索，体现“竹、茶、山、水、云”的地域特色，因此，在植物选择上应尽量体现特色景观与其设计理念相符。树种选择有：香樟、银杏、五针松、山茶、南天竺、琴丝竹、红花檵木、小叶女贞、棕榈、红叶石楠及草本花卉等。

（本案例来自百度文库）

练习题及实训

情境教学5　参考答案

1. 填空题：

按照中华人民共和国《城市道路设计规范》（CJJ37—90）规定，我国城市道路分为四类：__________、__________、__________和__________。

在园林绿地规划中，按性质功能将园路分为__________、__________、__________。

名词解释：

人行道绿带、分车带、导向岛、花径。

问答题：

1. 谈谈行道树绿化带植物配置应考虑哪些问题?

2. 请谈谈城市道路的绿化布置形式，并绘出立面图。

3. 谈谈林荫道的造景的要点。

4. 简述园路的功能与特点。

5. 谈谈高速公路中种植树种的功能。

实训项目　城市道路的植物配置与造景

一、实训目的

（1）掌握道路绿化植物景观设计的原则；

（2）了解不同植物之间的搭配方法；

（3）掌握如何利用乔、灌、草及地被营造道路景观。

二、实训要求

（一）构思

1. 符合园林绿地的性质和功能要求　园林绿地功能很多，具体到某一绿地，总有其具体的主要功能。

2. 考虑园林艺术的需要

① 总体艺术布局上要协调；

② 考虑四季景色变化；

③ 选择适合的植物种类，满足植物生态要求；

④ 种植的密度和搭配。

（二）设计

1. 内容　两板三带式道路绿地设计。

2. 目的　掌管道路绿地的形式，种植设计的方式，树种搭配与组合等。

3. 工具　测量仪器、绘图、工具等。

4. 方法步骤

① 调查当地的土壤、地质条件，了解适宜树种选择范围。

② 对比当地其他道路绿地设计方案，不得雷同与仿造。

③ 测量路面各组成要素的实际宽度及长度、绘制平面状况图。

④ 构思设计总体方案及种植形式，完成初步设计（草图）。

⑤ 正式设计。绘制设计图纸，包括立面图、平面图、剖面图及图例等。

5. 作业　每人完成一套设计图纸，并附设计说明书一份。

三、实训任务

（一）设计地点

任选一条街道。

（二）设计要求

（1）合理搭配乔、灌木和地被草坪植物；

（2）绿篱、地被、草坪、色块、灌丛等的表示方法要正确，不能用单株植物来表示；

（3）注意色彩的搭配，画面尽量美观漂亮；

（4）注意基调树和骨干树种的配置和应用；

（5）注意与周围环境相协调；

（6）设计说明尽量详细（① 基本概况，如地理位置、生态条件、设计面积、周围环境特点；② 设计主导思想和基本原则；③ 方案构思）

（7）包括平面图、立面图，列出植物配置表。

四、评分标准（100 分）

序号	项目与技术要求	配分	检测标准	实测记录	得分
1	功能要求	20	能结合环境特点，满足设计要求，功能布局合理，符合设计规范		
2	景观设计	25	能因地制宜合理地进行景观规划设计，景观序列合理展开，景观丰富，功能齐全，立意构思新颖巧妙		
3	植物配置	20	植物选择正确，种类丰富，配植合理，植物景观主题突出，季相分明		
4	方案可实施性	20	在保证功能的前提下，方案新颖，可实施性强		
5	设计表现	15	图面设计美观大方，能够准确地表达设计构思，符合制图规范		
总分		100			

情境教学6　城市广场的植物配置与造景

知识目标

◆ 1. 了解城市广场植物配置与造景设计的基本知识。

◆ 2. 掌握城市广场植物配置与造景设计的形式和造景方法。

能力要求

◆ 1. 具有城市广场植物配置与造景设计的基本能力。

◆ 2. 能够利用理论知识进行城市广场现场植物配置与造景的施工能力。

任务15　城市广场的概念及特征

城市广场是现代城市空间环境中最具公共性、最富艺术魅力的开放空间。它不仅为城市的大众群体提供户外活动空间，同时其独特的三维结构也是城市空间构图的重要组成部分。城市广场及其代表的文化是城市文明建设的一个缩影，集中体现城市风貌，文化内涵和景观特色，并能增强城市本身的凝聚力和对外吸引力，进而可以促进城市建设，完善城市服务体系。

1　城市广场的概念

城市广场是为满足多种城市社会生活需要而建设的，以建筑、道路、山水、地形等围合，由多种软、硬质景观构成，采用步行交通手段，具有一定的主题思想和规模的结点（Nodes）型城市户外公共活动空间。而城市广场绿地，是指绿化环境较好、可供公众休闲、有较高景观效果和文化作用的城市绿色开敞空间，具有景观性、文化性、生态性，应满足生态、景观、文化、科普、防灾减灾等多种功能的综合要求。

2　城市广场的特征

具备公共性、参与性、多样性、生态性、互构性五个特征。

2.1　公共性

公共性是城市广场空间的基本特征。作为城市空间的重要类型，城市广场强调空间的向外性。这种开放性是针对私有空间、封闭空间而言的，强调公众可进入，而且是方便快捷地到达。城市广场是展现市民公共交往生活的舞台，人们在城市广场中开展多样化的休闲，娱乐活动，并进行各种信息的交流，这些都是以公共性为前提的。城市广场应具有良好的可达性和通达性，便于组织各种公共活动及个人行为的发生，体现其服务大众的职能。同时，城市广场空间是为社会大众服务的，而不会针对少数人群。

2.2　参与性

一个有活力的城市广场空间，应具有人与空间互动，相互作用产生聚集效应的能力，创造人与人，人与景观的互动性，使人充分参与到广场空间的事件中，人的活动不仅仅在简单的利用空间，同时也在创造空间，创造空间意境，获得场所共鸣，人与空间的互动构成了城市广场意境的全部内容。

2.3　多样性

城市广场空间应具备空间功能与形式灵活多样的特点，为不同的活动提供相应的场所，以保证不同的人群的使用需求，为了极大的丰富城市广场的空间形态，其组成形式呈现出多样化层级与序列。

2.4　生态性

城市广场是城市景观重要组成部分，应充分体现尊重自然，尊重历史，保护生态的特点。

2.5　互构性

城市广场空间是社会公共生活的“容器”，社会公共生活又是广场空间的内容，两者有一定的相互依赖性：一方面，广场空间为公共活动提供场所；另一方面，它也可以对人们的活动起到促发或限制的作用。也就是说，广场空间与人类活动之间有一种互构的关系：特定的空间形式，场所会吸引特定的活动和作用；而行为和活动也倾向与发生在适宜的环境中，甚至对环境产生能动的作用。

任务 16　城市广场植物配置与造景类型及原则

广场为人而设置，广场的性质、功能不同，广场的设计也会有所不同。我们在做广场植物配置造景以前，首先应确定广场的类型和功能，再结合当地环境条件选择植物，规划设计既要使植物配置与广场总体布局、景观立意相协调一致，又要使民众拥有更舒适、愉悦的活动空间。

1　城市广场分类

城市广场具有为城市提供了舞台，是城市环境的净化器，成为城市文化传承的物质载体的功能，因此广场的功能决定了广场的性质和类型。按城市广场按功能分为市政广场、纪念广场、商业广场、交通广场、休闲娱乐广场 5 类。

1.1　市政广场

市政广场是市民和政府沟通或举行仪式的重要场所。这类广场采用规则式布局，绿地面积相对其他性质的广场较小，以聚会、汇演等实用功能为主，景观功能和生态功能为辅。这类广场通常尺度较大，长宽比例以 4∶3、3∶2 或 2∶1 为宜。在规划设计时，应根据群众集会、游行检阅、节日联欢的规模和其他设置用地需要，同时合理地组织广场内和相连接道路的交通路线，保证人流和车流安全、迅速的汇集或疏散。典型的市政广场有北京天安门广场等。

广场的植物景观通常呈规则式或自然式。规则式常采用树列、树阵、绿篱、花坛、可移动花箱等形式；自然式常采用花境、花池、树丛、嵌花草坪、疏林草地、花带等形式。天安门广场作为北京的市政广场，常用于大型的节庆活动和汇演，其设计大气，空间开阔，广场上的植物景观设计为呼应广场轴线式的平面布局，采用规则式的植物景观设计，大量运用模纹花坛以及花境，体现广场的规则性和平整性（图 16–1 至图 16–3）。

1.2　纪念广场

纪念性广场是为了缅怀历史事件和历史人物而修建的一种主要用于纪念性活动的广场。纪念广场应突出某一主题，创造与主题相一致的环境气氛。它的构成要素主要是碑刻、雕塑、纪念建筑等，主体标志物通常位于构图中心，前庭或四周多有园林，供群众瞻仰、纪念或进行传统教育，如齐齐哈尔和平广场、美国二战纪念广场等。这类广场主体建筑物突出，比例协调，庄严肃穆，感染力强是其特点（图 16–4）。

图 16-1　北京天安门广场

图 16-2　某市政广场

图 16-3　法国市政厅周边广场

这类广场植物配置与造景方式应以烘托纪念气氛为主，按广场的纪念意义、主题来选择植物，并确定与之适应的配置形式和风格。纪念人物的广场常根据人物的身份、地位或生平事迹、性格特征选择有代表性的植物，如松、柏等常绿植物，采用规则对称式配植，营造雄伟、庄重、宁静的气氛，以示其精神永垂不朽、万古长青之意；纪念事物的广场则根据事物的性质不同，采用风格灵活多样的形式，纪念严肃的政治事件或悲壮的革命事迹常采用规则对称式布局，选用绿、蓝、紫、灰等庄严肃穆的色彩，以营造凝重的气氛；纪念喜庆的事件常采用自然式或混合式布局，选用红、黄、白、绿等热烈明快的装饰色彩以及暖色调植物，进行点植或不规则布局，营造热烈、欢快、自由、活泼的气氛（图 16-5、图 16-6）。

1.3　商业广场

现代商业环境既需要有舒适、便捷的购物条件，也需要有充满生机的街道活动，特别是广场空间，能为这种活动提供更为合理的场所。商业广场通常设置于商场、餐饮、旅馆及文化娱乐设施集中的城市商业繁华地区，集购物、休息、娱乐、观赏、饮食、社会交往于一体，最能体现城市生活特色的广场之一（图 16-7）。

植物景观设计在不遮挡行人视线的前提下，尽量提供种类丰富的植物景观供人欣赏，宜采用灵活多样的植物配置方式。树干分枝点高的乔木可以树池式种植并适当配以小型花坛、可移动花箱、花架等；宽阔地带的乔木树池，在不影响商贸活动的情况下，可设计成既可围护树干，又可

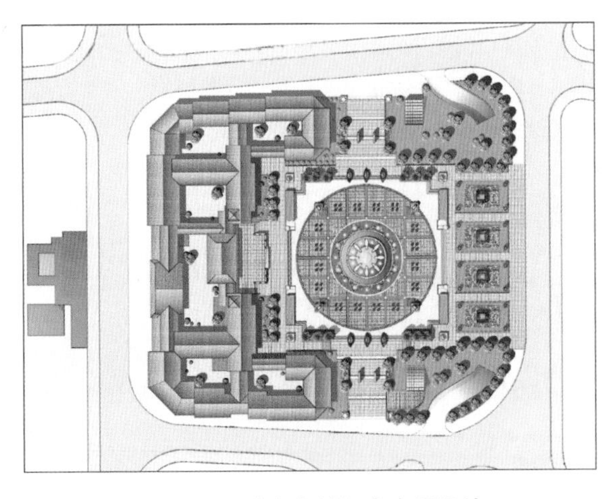

图 16-4 遵义老城纪念广场设计

图 16-5 南京雨花台广场绿化

图 16-6 南京中山陵广场植物配置

图 16-7 某商业广场

充当桌椅的花池，还可间空种植花灌木，这样一景多用可节约空间；基于安全考虑应人车分流，车行道可环绕广场周边，但与广场分开并在广场与车道之间设置行道树、绿篱、花境、花池、花坛等（图16–8）。

图16–8　北京西单广场植物配置

1.4　交通广场

交通广场是指几条道路交汇围合成的广场或建筑物前主要用于交通目的的广场，是交通的连接枢纽，起到交通、集散、联系、过渡及停车使用，可分为道路交通广场和交通集散广场两类。

植物配置与造景要求在不影响交通实用功能的前提下见缝插绿、见缝插景，使得景观效益和生态效益最大化。广场周边植物造景既要充分显示广场周边的围合感和完整性，又要保证司机视线通透和广场出入口的交通便捷、畅通。如以分枝点高的乔木作行列式配植，或以低矮的绿篱、花境、花池、花坛等形式配植，或多种形式混合配植。对于飞机场候机楼旁的广场应多种植大树冠的乔木，有助于减少飞机噪声。而客运码头因人流需要须进行开敞的植物景观布局，便于水上行船的人们方便地看到码头建筑物。车站、飞机场、码头是城市的大门，其植物景观设计应体现出地方特色和城市风格，体现出地域差异性（图16–9、图16–10）。

图16–9　福建长汀火车站站前广场

图16–10　内江高客站站前广场

1.5　娱乐休闲广场

娱乐休闲广场是城市中供人们休息、游玩、演出及举行各种娱乐活动的重要行为场所，也是最使人轻松愉悦的一种广场形式。它们不仅满足健身、游戏、交往、娱乐的功能要求，兼有代表一个城市的文化传统和风貌特色的作用。娱乐休闲广场的规模可大可小，形式最为多样，布局最为灵活，在城市内分部也最为广泛，既可以位于城市的中心区，也可以位于居住小区之内，或位于一般的街道旁。

此类广场绿地面积较大，植物景观丰富，夏季遮阳较好，是市民生活中不可缺少的休闲娱乐场所，如四川内江的大洲广场（图 16–11）、大千园广场（图 16–12）。植物配置与造景根据环境特点、各种活动空间需要和景观特征等综合因素来合理配植。将主景区配置成规则式，其他地方兼有规则式和自然式。休闲娱乐广场的植物配植常与地方文化相联系的，诸如民间故事、重大历史事件、地方名胜古迹之类的雕塑等文化艺术景观相结合。为体现多姿多彩的艺术景观，植物景观设计常用蟠扎、修剪、编织等整形方式创造各种形象生动的植物造型。

图 16–11　内江大洲广场植物配置与造景

图 16–12　内江大千园广场植物配置与造景

2　城市广场植物配置与造景的原则

城市广场植物配置与造景的关键在于强调科学原则、实用原则、艺术原则与文化原则的结合，根据当地环境条件选择植物，了解植物生长发育的生态需求，体现植物景观的科学性。同时应注重城市广场的景观特色的塑造，既要使植物配置与广场总体布局、景观立意相协调一致，又要挖掘广场文化内涵，使植物景观体现当地的文化特色。因此城市广场植物配置与造景应遵循以下原则：

2.1　系统性原则

城市广场绿地布局应与城市广场总体布局统一，成为广场的有机组成部分，更好地发挥其主要功能，符合其主要性质要求。

2.2　完整性原则

城市广场绿地的功能与广场内各功能区相一致，保证其功能和环境的完整性。明确广场的主要功能，在此基础上，铺以次要功能，主次分明，以确保其功能上的完整性。广场应该充分考虑它的环境的历史背景、文化内涵、周边建筑风格等问题，以保证其环境的完整性。

2.3　生态性原则

植物是有生命的，其生态习性以及与周围环境的生态关系决定了多种多样的生态要求，因此，植物造景必须将生态原则作为基础原则，满足植物正常生长的基本要求，并尽可能发挥植物改善城市环境的生态效应。在城市广场的植物造景中充分引入自然，再现自然，要注意选择适应城市环境、抗性强、养护管理方便的植物种类，适应当地的生态条件，为市民提供各种活动而创造景观优美、绿化充分、环境宜人、健全高效的生态空间。

2.4　特色性原则

应考虑与该城市绿化总体风格协调一致，结合地理区位特征，物种选择应符合植物区系规律，突出地方特色。

首先，城市广场应突出人文特性和历史特性。通过特定的使用功能、场地条件、人文主题以及景观艺术处理塑造广场的鲜明特色。同时，继承城市当地本身的历史文脉，适应地方风情、民俗文化，突出地方建筑艺术特色，增强广场的凝聚力和城市旅游吸引力。其次，城市广场还应突出其地方自然特色，即适应当地的地形地貌和气温气候等。城市广场应强化地理特征，尽量采用富有地方特色的建筑艺术手法和建筑材料，体现地方园林特色，以适应当地气候条件。

2.5　因地制宜原则

结合城市广场环境和广场的竖向特点，以提高环境质量和改善小气候为目的，协调好风向、交通、人流等诸多元素。同时，对城市广场场址上的原有大树应加强保护，保留原有大树有利于广场景观的形成，有利于体现对自然、历史的尊重，有利于对广场场所感的认同。

城市广场树种选择要适应当地土壤与环境条件，掌握选树种的原则、要求，因地制宜，才能达到合理、最佳的绿化效果。

2.6　突出主题原则

围绕着主要功能，明确广场的主题，形成广场的特色和内聚力与外引力。因此，在城市广场规划设计中应力求突出城市广场在塑造城市形象、满足人们多层次的活动需要与改善城市环境的三大功能，并体现时代特征、城市特色和广场主题。

任务 17 城市广场植物配置形式与造景方法

在漫长的城市发展过程中，广场始终是作为城市中重要的社会交往空间而存在的。从某种意义上讲，广场是市民心目中的精神中心之一，体现着城市的灵魂。广场的植物配置造景不是一幅画或一件展品，让人去参观、去欣赏，它必须要融入城市群众的生活，充满着市井图画和生活气息，这才是我们的追求。

1 城市广场规则式植物配置形式与造景方法

1.1 中心式

定义：在规则式园林绿地中心或轴线交点上单株或单丛栽植叫中心植。此类配置方式多用于以一点为中心，向四周发散的景观设计，如入口广场、街头小广场多数选择应用此类配置方式，以此来衬托中心点或中心主题。

图 17–1 将几棵同类植物集中栽植于中心点，以量的优势来突出视觉焦点的景观效应。在四川地区主要有银杏、香椿、水杉、蒲葵、假槟榔等直立类植物适合此类配置方式。

图 17–1 几棵同类植物栽于中心点

图 17–2 将一棵植物集中栽植于中心点，以单株植物的高大或优美来突出视觉焦点的景观效应。在四川地区主要有银杏、黄桷树、小叶榕、桂花、加那利海藻等独树成景的植物适合此类配置方式。

图 17–2 一棵植物栽于中心点

1.2 环形

定义：是指围绕着某一中心把树木配植成圆或椭圆、方形、长方形、五角形及其他多边形等封闭图形，一般把半圆也视作环状种植。此类配置方式是为避免成排种植的单调感，把几种树组成一个树丛，有规律地排列在一定地段上。可用花卉和灌木组成树丛，也可用不同的灌木或

（和）乔木组成树丛。

图 17-3 将不同类的植物作环形栽植，以植物颜色或叶形来区分环形的边界，再选择景观效应较好的植物以单株或群植的方式栽植于中心，富有很强的观赏性。在四川地区主要有红花檵木、西洋鹃、金叶女贞等小灌木或鲜花用于布置环形；用桂花、银杏等高大乔木、盆景、室内木本花卉作中心点栽植。

图 17–4 位于广场次入口处的环形植被，用植物绿篱包围竹的方式，强化了入口的引导感。在四川地区主要有小叶女贞、红花檵木、栀子、冬青等小灌木、小乔木作此类栽植。

1.3　左右对称配置

1.3.1　对植

是将两株树按一定的轴线关系作相互对称或均衡的种植方式，在园林植物中作为配景，起陪衬和烘托主景的作用。

图 17–5（左）广场内的幽静小道入口处将植物对植，同时结合小灌木、景墙，突出环境的幽深与静谧。

将对植在入口处进行应用有利于增强入口的引导性，特别是小径两边的应用将大大提高空间的纵深感。

图 17–5（右）办公广场两边植物以单株或阵列的方式对植，突出建筑的气派雄伟，同时也增强入口的引导性。四川地区此类栽植方式常用植物有银杏、桂花、银海藻、加那利海藻、楠木等高大优美乔木。

图 17–6 两株树木在一定轴线关系下相对应的配植方式（图片来自于艺术中国网）。

图 17–3　不同类植物作环形栽植

图 17–4　环形植被

图 17–5　对植

图 17-6 两株配植方式

图 17-7 列植

1.3.2 列植

是将乔木，灌木按一定的株行距成排成行地栽种，形成整齐，单一，其实大的景观。

图 17-7 沿街、入口种植高大乔木，整齐划一，对行人及车辆起到了较强的引导作用并且具备较强的气势。四川地区主要有法国梧桐、银杏、桂花、栾树、朴树、香樟、小叶榕、三叶树、水杉、楠木、含笑类、玉兰类等高大乔木。

1.3.3 排列式种植

这种形式属于整形式，主要用于广场周围或者长条形地带，用于隔离或遮挡，或作背景。单排的绿化栽植，可在乔木间加植灌木，灌木丛间再加种花卉，但株间要有适当的距离，以保证有充足的阳光和营养面积。在株间排列上可以先密一些，几年以后再间移，这样既能使近期绿化效果好，又能培育一部分大规格苗木。乔木下面的灌木和花卉要选择耐阴品种，并排种植的各种乔灌木在色彩和体型上注意协调（图 17-8）。

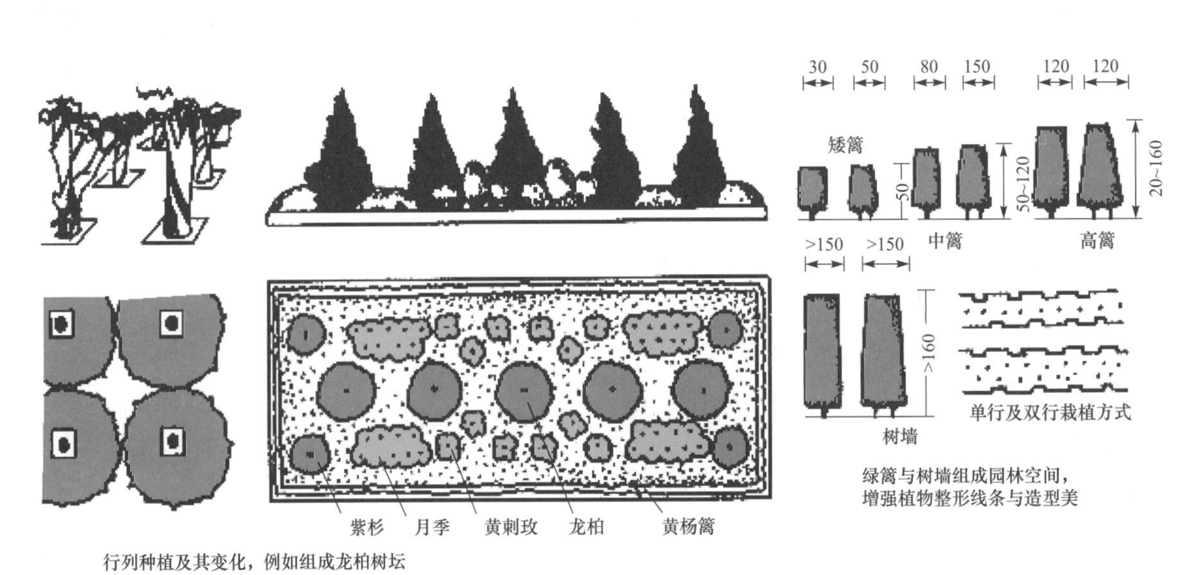

图 17-8 排列式种植（单位：m）

1.4　长方形配植

定义：为正方形栽植的变形，行距大于株距，兼有三角形栽植和正方形栽植的优点并避免了它们的缺点，是一种较好的栽植方式。图 17–9 将银杏、楠木、桂花等树种进行长方形配植，不仅有利于其自身的生长需求，同时也会增添广场的趣味性，为人们提供休息场所。

1.5　三角形配植

定义：三角形配植　株行距按等边或等腰三角形排列。每株树冠前后错开，可经济利用土地。图 17–10 为小叶女贞、樟树、红枫、杜英三角形配植。

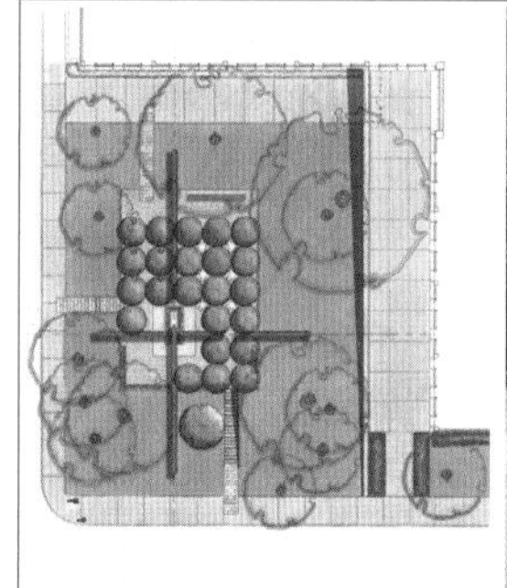

图 17–9　长方形配植

图 17–10　三角形配植

2　城市广场自然式植物配置形式与造景方法

2.1　定义

自然式配置，这种形式与整形式不同，是在一个地段内，花木种植不受统一的株行距限制，而是疏落有序地布置，从不同的角度望去有不同的景致，生动而活泼。这种布置不受地块大小和形状限制，可以巧妙地解决与地下管线的矛盾。自然式树丛的布置要密切结合环境，才能使每一种植物茁壮生长，同时，在管理工作上的要求较高。

2.2　植物配置形式与造景方法

2.2.1　孤植

有时为了构图需要，增强繁茂、茏葱、雄伟的感觉，常用 2 株或 3 株同一品种的树木，紧密地种于一处，形成一个单元，在人们的感觉宛如一株多杆丛生的大树。如四川地区宜于作为孤植树的树种有雪松、香樟、黄樟、杨树、枫杨、皂荚、重阳木、乌桕、广玉兰、桂花、七叶树、银杏、紫薇、白玉兰、碧桃、鹅掌楸、辛夷、青桐、桑树、白杨、丝绵木、杜仲、朴树、榔榆、香椿、蜡梅等。图 17-11 为榆树、三角梅桩头、榕树、五角枫孤植景观

2.2.2　丛植

丛植是指 1 株以上至 10 余株的树木，组合成一个整体结构。丛植可以形成极为自然的植物景观，它是利用植物进行园林造景的重要手段。一般丛植最多可由 15 株大小不等的几种乔木和灌木，可以由同种或不同种植物组成。

图 17-11　孤植

丛植分为：① 两株丛植：要有统一又要有变化，一般选同种树种，姿态大小要有变化。② 3 株丛植：最好选同种或外观近似的树种，不等边三角形种植，大小树靠近，中树远离（图 17-12）。③ 4 株丛植：不超过两种树种，不等边四角形或不等边三角形种植，3∶1 组合时，最大最小树与 1 株中树同组，另一种树做一组（图 17-13）。④ 5 株丛植：不超过两种树种，3 株或 4 株合成大组，其余做一组，其中最大株应在大组内，4∶1 组合时，最大或最小不能单独一边（图 17-14）。

图 17-13　4 株丛植

图 17-12　3 株丛植

图 17-14　5 株丛植

2.2.3　群植

群植又可以叫树群，从数量上看比丛植多，可达20～30棵。

图17–15①以杜鹃，大叶黄杨为近景，棕榈树和八角金盘为中景，雪松为远景，树型与体量的组合恰到好处，但色彩搭配略显单调。

图17–15②以银杏，冬青为近景，紫叶李为中景，香樟为远景，突显出丰富的层次，具备较强的观赏性。

图17–15③以金钟花，竹为近景，桂花和杜鹃花为中景，紫叶李为远景，前后及上下的层次均很丰富。同时，色彩搭配相当协调。

图17–15④将银杏、柳树、樟树、广玉兰、大叶黄杨群植，形成气势较强的树丛。但在色彩搭配上略显单调。

图17–15⑤将樟树，桂花，紫叶李，石榴等树木进行群植，形成气势较强的树丛，并且配以杜鹃加以点缀，丰富画面的色彩元素。

图17–15⑥将雪松、樟树、桂花、广玉兰、柳树等树木进行群植，配以杜鹃、金边黄杨、皂荚的点缀，植物种类和植物色彩繁多，形成一道天然的、绚丽的背景。

图17–15　群植

3　城市广场混合式植物配置形式与造景方法

在同一园林绿地中采用规则式与自然式相结合的配置方式称为混合式。

图17–16①建筑物处为规则式配置，远离建筑物为自然式配置；建筑物前采用列植、对植等规则式配置手法，建筑前的广场上则采取孤植、丛植等自然式配置手法。

图17–16②地势平坦处为规则式，地形复杂处为不规则式配置；广场上多采用中心式配植、环状配置等规则式手法，坡地上多采取丛植、群植的自然式配植手法。

图17–16③草坪周边运用规则式绿篱或树带，内部配置自然式树丛或散点树木；草坪周边规则式种植金钟花、八角金盘等植被，内部自然式种植紫叶李、桂花等植被。

小结

规则式配置：

优点是严谨规整，一定要中轴对称，株行距固定，同相可以反复连续，在一定场所中能够充分体现植物的气势。

不足是过于强调几何形态，缺少一定的自然

图 17-16　混合式

形态，在有些场所中容易显得呆板、单调，缺乏美感。

自然式配置：

优点是如同树木生长在森林、原野、丘陵所形成的自然群落，表现的是自然植物的高低错落，有疏有密，多样变化。充分尊重植物的自然生长形态，具备更强的观赏性。

不足是若对树形、体量、色彩的选择与搭配不当，将会使得效果不佳（画面凌乱等），严重时会影响到植物彼此之间的生长。

混合式配置：

优点是将以上两者的优点集于一身并且避免了两者的部分缺点，更具有观赏性，在规则与自然的对比中求统一，艺术价值较高。

不足是体量、色彩、树型的选择难度将更加高，搭配的难度也将更加高，自然与规则两者的关系也不易处理。

植物配置的形式与树种见表 17-1。

表 17-1　植物配置的形式与树种

<table>
<tr><th colspan="4">规则式配置</th></tr>
<tr><td colspan="2">辐射对称配置</td><td colspan="2">左右对称配置</td></tr>
<tr><td>中心式</td><td>杉木</td><td>对植</td><td>桂花，红花檵木、大叶女贞、紫叶小檗</td></tr>
<tr><td>环形</td><td>小叶黄杨</td><td>列植</td><td>杉木、柏木、杜鹃、樟树、一串红、桂花、黄金竹、冬青、杜英、红花檵木</td></tr>
<tr><td>多角式</td><td></td><td>三角式配置</td><td>小叶女贞、红枫、杜英、樟树、白玉兰、乐昌含笑</td></tr>
<tr><td>多边形</td><td></td><td colspan="2"></td></tr>
<tr><th colspan="4">自然式配置</th></tr>
<tr><td>孤植</td><td colspan="3">杉木、罗汉、小叶女贞、栾树、石榴、桂花、榆树、樱花、海棠、石楠、金叶女贞
金边黄杨、龙柏</td></tr>
<tr><td>丛植</td><td colspan="3">大叶黄杨、棕榈树、紫叶李、香樟、冬青、八角金盘、杜鹃花、金钟花、红花檵木、凤尾竹、皂荚、斑竹、金边黄杨、夹竹桃、棣棠</td></tr>
<tr><td>群植</td><td colspan="3">水杉、香樟、栾树、广玉兰、雪松、柳树、银杏、桂花树、小叶女贞、红叶石楠</td></tr>
<tr><td>林植</td><td colspan="3"></td></tr>
<tr><td>散点植</td><td colspan="3">三色堇、矮牵牛、甘蓝、罗汉松、紫薇、贴梗海棠、铁树</td></tr>
<tr><th colspan="4">混合式配置</th></tr>
<tr><td colspan="4">金钟花、八角金盘、银杏、桂花、冬青、紫叶李、柳树、樟树、水杉、雪松、栾树</td></tr>
</table>

续表 17-1

植物应用类型	
风景林木类	杉木、龙柏、紫叶李、杜英、夹竹桃、桂花、石榴
防护林类	水杉、栾树、枫树、梧桐、樟树、榆树
行道树	银杏、水杉、广玉兰、大叶女贞、樟树、杜英、栾树、枫树、夹竹桃、梧桐、银杏、柳树
孤植树	杉木、罗汉、小叶女贞、栾树、石榴、桂花、榆树、樱花、海棠、石楠、金叶女贞、金边黄杨、龙柏
绿篱	南天竹、凤尾竹、紫叶小檗、红花檵木、金边黄杨、金叶女贞、小叶女贞、桂花、杜鹃花、金丝桃、冬青
垂直绿化类	金钟花、杜鹃花、凤尾竹

案例2 内江大洲广场植物配置与造景

一、现状介绍

四川省内江市大洲广场（图 16-11）是四川省内江市的一个城市亮点，大洲广场位于内江城区沱江河之滨，与国画大师大千纪念馆和西林公园太白楼隔江相望。广场用地呈星月形，东西长于 1 100 m，南北宽 96 ~ 165 m，占地面积 14 万 m^2，工程总投资 3 500 余万元，绿化率达 75% 以上。是一个集体休闲、娱乐、观光集会为一体的大型综合性城市广场和绿化中心，也是西南地区最大的休闲广场之一。

整个广场由中心广场区、精致花卉区、风铃广场区、花架树林区、水之剧场、儿童活动区、老年活动区及服务中心等 15 个不同功能的小区组成。

大洲广场建设分为三期实施，一期建设于 2000 年 3 月开始拆迁修建，主体工程于同年底竣工，附属配套设施于 2001 年 6 月底完成；二期建设于 2002 年 8 月动工，2003 年 1 月底全面完成；三期建设于 2003 年 10 月动工，同年 11 月建成。

二、广场主要植物景观组成

绿化树种拟选用生长健壮，病虫害少，易于养护品种，绿化栽种时拟成团、成丛并分层种植，同时根据配置的疏密搭配有意识地形成开放与郁闭的空间对比，选用各种不同的植物进行绿化，乔灌木的接合，分层的种植，整个广场有着不同的层次感。落叶，常绿香樟、银杏、桂花、垂柳，红枫在不同的季节，有着不同的色相和季相，让人们可以感觉到不同季节的气息。栀子花、杜鹃、茶花、迎春等，为广场在不同的季节，有不同的韵味。同时满足园林绿化的“四化”原则。

1. 中心广场区

以硬地铺砖为主，由入口广场、1 100 m^2 的音乐喷泉水池、两侧双曲回廊、花台、花池、纪事碑、石灯、石柱等组成，中心广场四角配植 6 株气势磅礴的百年以上小叶榕古树，两边种植了高 1.2 m 以上的铁树、2.5 m 以上的海藻、桂花、假槟榔及红花檵木、杜鹃、花叶良姜等花灌木，形成了独特的中心广场景观。

2. 绿化花卉区

位于中心广场两侧，总面积约为 70 000 m^2。大面积的草坪、高大乔木、花灌木有 25 个品种 30 余万株相间其中，绿地中央 300 m 长廊与中心广场相连。主要应用的植物有银杏、香樟，以长方形栽植方式植于大草坪之中，加那利海藻、黄桷树、小叶榕作为孤赏树种独植于各个重要节点，红花檵木、杜鹃、月季、女贞等花灌木配合草坪种植成板块，形成丰富的植物景观层次。

3. 露天表演场

位于广场西侧，为一个半围合的圆形剧场，面积为 1 500 m^2，能同时容纳 3 000 余人。

4. 儿童游乐区

位于露天表演场一侧，总面积 5 000 m^2，其中绿化面积 3 500 m^2，栽植 13 个品种的乔木、灌木、花卉 3 万余株，主要有桂花、黄桷树等乔木及以红花檵木为主的鲜艳的色块构成儿童娱乐区独特的植物景观。

5. 园林小品景区

紧靠西林大桥头，景区内建有喷泉、瀑布、涌泉、小溪流水、石桥，水面面积约 500 m^2。植物配植和曲径小道具有中国园林风格。种植了 55 个品种的乔、灌木、花卉 2 万余株，主要应用了银杏以树阵方式栽植；楠木对称的栽植于入口两侧；栾树整齐划一的植于主干道一侧及其他乔木、小灌木共同构成园林小品区优美的园林植物景观（图案例 2-1 至图案例 2-4）。

图案例 2–1　香樟林

图案例 2–2　中央广场花卉区

图案例 2–3　花架区

图案例 2–4　大州广场草坪休闲区

案例3　南京市鼓楼广场植物配置造景及景观小品实例分析

简介：鼓楼广场属于市民集会广场，供市民集会、庆典、休息等活动使用，是南京市的主要城市广场之一，它体现了一个城市的风貌和灵魂，展示了现代城市生活模式和社会文化内涵。

鼓楼广场的魅力在于植物与景观小品能够较好结合广场环境，发挥广场的休闲性能，给人一种轻松的氛围。

环境分析：鼓楼中心广场位于南京市鼓楼区的中心地段，东临北极阁广场，南靠北京东路，西面是鼓楼公园，北面为电信大厦，是南京第一个市民休闲广场，总面积27 148 m²，绿化面积16 402 m²。周围建筑的围合以及植物绿化考虑季相使其别具风味，绿化树种种类及绿化层次逐渐丰富，也给广场带来生机和活力。广场以中央喷泉水池为中心，半圆形为主要设计元素，形成东西走向的主轴线。东面为硬质铺装地带，是游客的主要活动区域，广场尽头由卵石砌健身小路、伞状花架和花钵，草坪勾勒出绚丽的花瓣图案。西侧为大面积绿化草坪，在树林从中设置石凳，供游客休息，广场也因此更加富有画面感。

一、植物造景篇

（一）植物种类配置分析

植物种类 ①

棕榈和金丝桃。优点是植物多注意层次感，棕榈与金丝桃上下两个层次，比较清晰。缺点是没有注意养护使得棕榈不同区域生长不良。可以在花期时将棕榈的花减掉，每年定时剥掉棕榈树干上的枯枝。

植物种类 ②

草坪，毛鹃，矮生紫薇，紫叶李和桂花，香樟，银杏（图案例3-1）。优点是选用新型植物矮生紫薇，由于它的株型较小，适宜做自然色块，在夏秋季开花，用在这里增加了色彩和层次感。在该配置中层次清晰，植物种类丰富。缺点是在该植物配置中桂花为球形，后面最好搭配云片型高大乔木（银杏、榉树），香樟为密叶型植物，挡住了后面的银杏，同时与前面桂花层次感区分不强应该除去，也还可在桂花前面搭配红枫，体现形状的变化。

植物种类 ③

从下往上为：沿阶草、红叶石楠、红花檵木（图案例3-2）。优点是这样的植物配置线条感有着强烈的对比，沿阶草种在最下端，很好的遮住了红叶石楠杂乱无章的枝条，起到了遮丑的作用。缺点是红花檵木与红叶石楠叶色相近，在颜色上显得较为单一。

图案例 3–1　草坪、毛鹃、矮生紫薇、紫叶李和桂花、香樟、银杏配置

图案例 3–2　沿阶草、红叶石楠、红花檵木配置

植物种类 ④

日本五针松、瓜子黄杨、红枫、银杏（图案例3-3）。优点是在水景旁边栽种日本五针松，刚好切合五针松的习性，使得五针松生长良好。缺点是绿篱养护不良，使得观赏起来不美观。

植物种类 ⑤

彩叶络石、金边麦冬、金叶六道木、灌丛石蚕、鸡爪槭、金边麦冬、玉簪，香樟、八宝景天、佛甲草（图案例3-4）。优点是该区域植物种类丰富，在颜色和层次感上也较为合适。

图案例 3-3 日本五针松、瓜子黄杨、红枫、银杏配置

图案例 3-4 彩叶络石、金边麦冬、金叶六道木等配置

植物种类 ⑥

葱莲、月季（图案例 3-5）。优点是月季花型好看，颜色艳丽与绿色葱莲搭配，颜色及层次不一致，别有韵味。缺点是月季不好养护，病虫害较多，而且需要在花期多做修剪，不然株型过长，影响美观。应该选用好养护的植物。

图案例 3-5 葱莲，月季配置

植物种类 ⑦

从下往上：沿阶草、瓜子黄杨、洒金千头柏、紫叶小檗、香樟、雪松、银杏（图案例 3-6）。优点是植物高低错落，颜色有深绿、暗绿、浅绿、紫色等，有灌木丛、乔木、灌木球的结合，显得层次分明。缺点是雪松与银杏同属高大乔木，两个层次不分明，银杏显得多余。

图案例 3-6 沿阶草、瓜子黄杨、洒金千头柏等配置

（二）总体分析

1. 绿化层次方面

鼓楼广场在植物配置方面采用乔、灌、草复层绿化形式，主要有三个层次，第一层为高大乔木层（广玉兰、樟树、桂花、女贞、银杏、合欢、杨树、雪松、法桐、棕榈、槐树等）；第二层为小乔木层（红枫、月季、海棠、南天竹、山茶、杜鹃、金丝桃、小檗、红花檵木，瓜子黄杨，石楠、千头柏、紫薇、海滨木槿等）；第三层为草坪、地被。多层次的配置克服了广场的单调，而且对不同的空间环境配置适宜的植物品种，通过绿色植物将空间连接，达到寓情于景，寓意于景，使整个广场景色丰富多彩而又协调统一。

2. 颜色季相方面

广场中在季相与颜色方面考虑的比较的周到，多用漂亮多变的观赏花木，如叶色紫红的红叶李、红枫，秋季变红叶的槭树类，变黄叶的银杏以及黄色的香樟等。也搭配颜色艳丽的观花植物以及地被使广场颜色丰富加大观赏期，还有常绿树与落叶树的搭配，加上四季树种的结合可使春夏秋冬四季皆有可观。

3. 形态搭配方面

植物造景上利用植物不同的形态特征，在线条、高低、姿态、叶形等方面进行合理配置，形成了丰富的植物景观。

4. 环境切合方面

广场在入口以及边缘处选用了高大的乔灌木作为障景，再使用一些错落有致的灌木把市民吸引到广场的中心，广场的中心大多配置一些草坪和低矮的时令花卉，使广场显得空旷自由，方便了市民在此活动。在建筑周围用了大量的高大的色调深的松柏类的植物，形成绿色屏障，也很好的衬托了前景，切合了广场的环境。

但是，鼓楼广场还有需要改进的地方，例如鼓楼的地被植物比较少，地被植物的自身特点是种类繁多，枝叶花果富于变化，色彩丰富，季相特征明显，形成不同的景观效果，并且有高低、层次上的变化。鼓楼草坪景观比较单一，我们可以运用多种开花地被植物与草坪配置，形成高山草甸景观。广场中还有一处落差的地方，这一块，现状中的植物没有主次，显得也有点凌乱不堪，可以利用地形来配置植物，在选择植物方面可以考虑植株的高矮，在高处可以种植雪松等高大的植物作为背景，而在低处可以种植一些低矮的花卉，再过渡到一些灌木，利用植物做到层次强烈的视觉感。

二、景观小品篇

1. 花钵

（1）材质　鼓楼广场花钵材质多为石材（图案例 3-7）。

（2）分析　优点是花钵多为石材所做，摆在广场这种开阔的地方，经久耐用，不易损坏。花钵上雕刻不同的花纹，显得大方美观。花钵内搭配三色堇等花卉，功能突出，造型美观。缺点是花钵多为半球形，形状过于单一，部分花钵不能与环境完美配合，浪费了花钵的观赏功能。花钵内植物多为一种，应配置不同类型的颜色美观的花卉。

图案例 3–7　花钵造景

2. 座椅

（1）材质 木质与铁质，木质与大理石的结合（图案例 3-8）。

（2）分析 优点是木质座椅与广场环境切合，颜色也与广场主色调搭配得当，充分发挥供人休息的特性，提供了一个很好的休闲场所。放置在道路两侧，适合人们观景。缺点是座椅材质上、形状上比较单一，可以富于变化，从而不光行使特性，也能成为广场一景。座椅之后的植物配置较矮小，不能很好地遮阳纳凉、阻隔喧嚣。

3. 灯具

（1）材质 铁质、玻璃（图案例 3-9）。

（2）分析 优点是灯具黑白色调为主显得简洁大方，提供照明，与周围植物配合恰当。缺点是灯具形状都为方圆形状，在设计方面略显单调，使得在观赏方面比较欠缺。

图案例 3-8 休息设施景观

图案例 3-9 照明设施景观

总体分析

鼓楼广场在景观小品方面，主要以简单的设计为主题，运用简单的材质及形状，也为广场增色不少。景观小品、环境和植物配置也起到的相得益彰的作用。小品的景观用途与功能也得到了很好的发挥。使得游客既观赏到了美景也得到了小品带来的便利。但是，还是有些方面需要改进，比如入口处的花钵，放在大型花架的旁边，很难引起人们的注意，使得它失去了它的观赏作用。还有就是广场中有些座椅并没有遮阳的树木，没有足够的枝叶来遮阳，使得游客没办法在广场长时间休息，因此应该多种一些遮挡的乔木，保证游客舒适的休息。在小品的设计方面还可以多做点变化、用点心思，用不同形状、样子的小品使广场不显得单调，在观赏方面增色。

练习题及实训

单选题：

1. 下列不适合广场的植物是（　　）。

A. 绿萝　B. 香樟　C. 银杏　D. 桂花

2. 下列哪个不属于规则式植物配置方式（　　）

A. 对植　B. 环形栽植

C. 长方形栽植　D. 孤植

多选题：

1. 广场植物配置的方式有（　　）

A. 自然式　B. 规则式

C. 混合式　D. 三角形栽植

2. 下列哪些属于自然式植物栽植的方式有（　　）

A. 孤植　B. 群植　C. 丛植　D. 对植

填空题：

1. 城市广场有五大特征，分别是__________、__________、__________、__________、__________。

2. 城市广场按功能分为五类，分别是__________、__________、__________、__________、__________。

名词解释：

城市广场、城市广场绿地。

问答题：

1. 浅谈城市广场植物配置与造景的原则。

2. 浅谈城市广场规则式植物配置形式与造景方法。

情境教学6　参考答案

实训项目　城市广场植物配置与造景

一、实训目的

1. 掌握城市广场植物的布置原则；

2. 掌握城市广场植物的配置方法及技巧。

二、实训要求

能熟练运用所学理论和专业知识按期完成任务书规定的任务。功能和空间布局合理；有自己独到的见解，突出创新；图面表达完整；设计说明条理清晰、文字通顺；能真实准确地表达设计思维过程和设计理念。

（一）设计一份城市广场绿化配置图（图实训项目）

（二）要求

1. 绘制室内植物配置的平面图，用A4图纸。

2. 有植物名录表。

3. 植物配置合理得当。

4、图幅整洁，图线清晰。

（三）设计成果

1. 总体规划图：比例（1∶200）～（1∶300），A3号图（标注尺寸）。

2. 绿化设计图（含彩色平面图）：比例、图幅同总体规划图（提供CAD设计图）。

3. 单位整体或局部的效果图（彩色图）。

4. 设计说明书，包括分区功能及植物设计景观特征描述。

5. 植物名录及其他材料统计表。

6. 绿化工程预算方案。

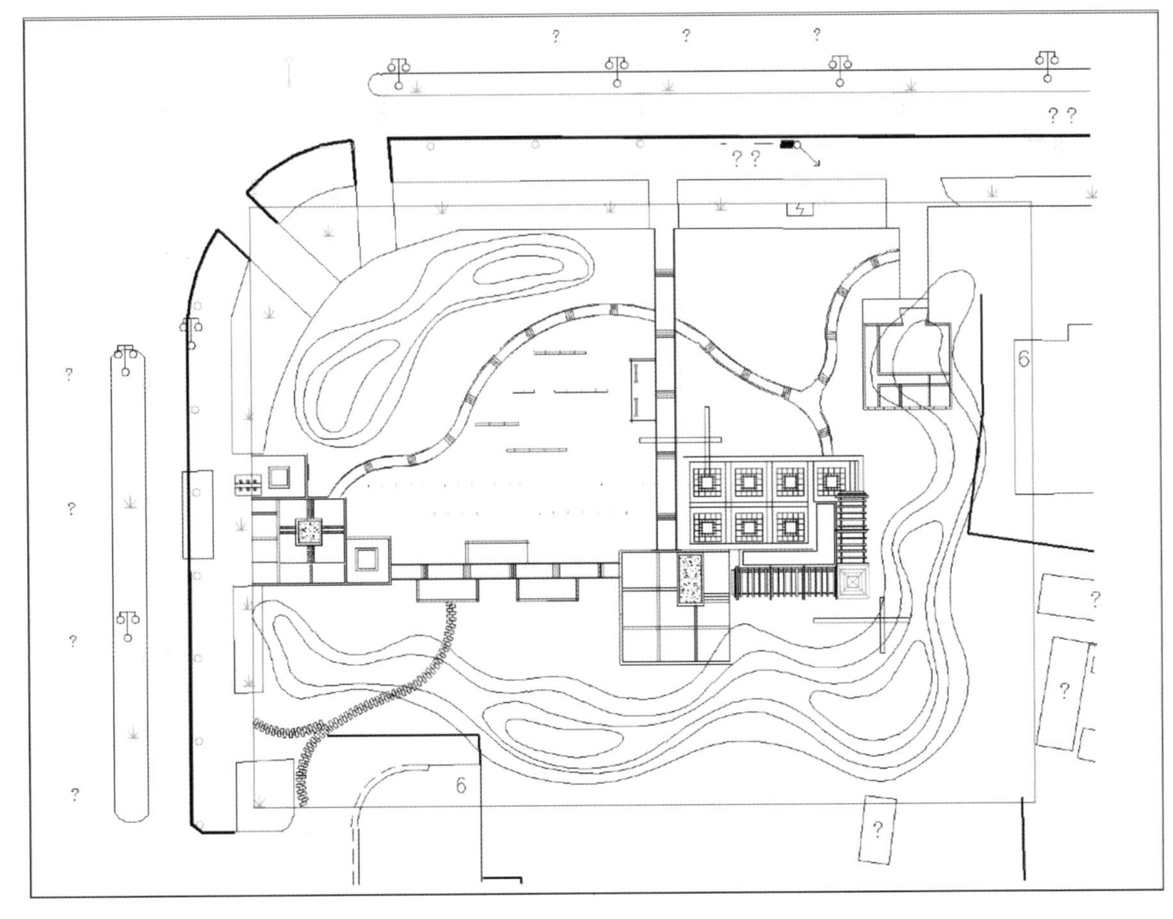

图实训项目 城市广场绿化未配置图

三、评分标准（100 分）

序号	项目与技术要求	配分	检测标准	实测记录	得分
1	功能要求	20	能结合环境特点，满足设计要求，功能布局合理，符合设计规范		
2	景观设计	25	能因地制宜合理地进行景观规划设计，景观序列合理展开，景观丰富，功能齐全，立意构思新颖巧妙		
3	植物配置	20	植物选择正确，种类丰富，配植合理，植物景观主题突出，季相分明		
4	方案可实施性	20	在保证功能的前提下，方案新颖，可实施性强		
5	设计表现	15	图面设计美观大方，能够准确地表达设计构思，符合制图规范		
总分		100			

情境教学 7 建筑的植物配置与造景

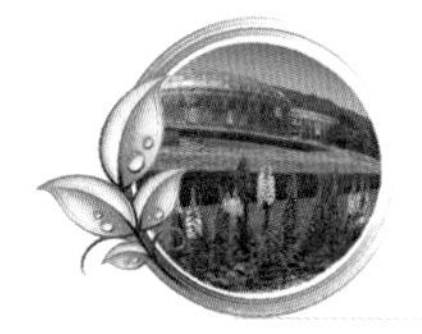

任务 18 庭院及屋顶花园植物配置与造景

知识目标

◆ 1. 了解庭院植物配置与造景设计的基本知识。

◆ 2. 掌握庭院植物配置与造景设计的原则和方法。

能力要求

◆ 1. 具备庭院植物配置与造景的基本能力。

◆ 2. 能够进行庭院植物配置与造景。

本章导读

本章主要介绍了植物在庭院景观中所起的作用；庭院植物造景的原则和方法；庭院植物配置设计及屋顶花园的植物配置与造景。

简单地说庭院就是建筑物前后、左右被包围的那部分场地，它是建筑主体向外延伸和扩展的一部分私人空间，在这里屋顶花园也可归类为庭院的范畴。庭院既能美化环境，也能作为家庭生活环境的外延和补充；也可以作为完美的私人社交活动场所；还能根据兴趣、爱好 DIY，为自己营造独特的活动空间。

“宅中有园，园中有屋，屋中有院，院中有树，树上见天，天中有月。不亦快哉！”林语堂笔下这般舒适典雅的院落，在高楼林立的现代都市里似乎难寻踪影，但却正是我们所向往的世外桃源。

庭院景观赏析

1 植物在庭院景观中所起的作用

1.1 保护、改善庭院小环境的作用

植物的吸碳释氧能力，蒸腾作用等，可以起到局部净化空气、除尘、降噪和调节湿度的作用。另外，某些芳香植物还具有杀菌驱虫的功能。

1.2 庭院美化作用

众所周知，植物能美化生活空间，为庭院增添意蕴与情趣。如经精心配置使其疏密有致、主次分明、自然对比，并与传统文化相结合，便能达到“虽由人作，宛自天开”的意境，愉悦人们的性情，陶冶人们的情操。

1.3 庭院空间构筑作用

植物是一种立体的构件事物，不同种类、大小、高度、色彩、质感的乔木、灌木和地被植物，可以通过具体实施构筑性种植，充当地面、围墙、顶平面，起到遮挡、围合、分隔、引导和拓展空间的作用，形成诸如开敞、半开敞、封闭、垂直等不同空间形式。

2 庭院植物造景的原则和方法

2.1 功能性原则

庭院是人们主要的户外活动空间，在保证美观的同时应着重追求实用性，满足功能方面的要求。因此需要我们通过不同植物，不同配置方式的相互配合，营造出符合庭院空间设计需要的空间。比如我们可以用草坪或者低矮地被物创造出开放、舒适的活动空间。另外，庭院与其他园林景观最大的区别就在于它有更强的私密性，在造景过程中常利用灌木行植或者是带植，形成围合界面创造出静谧的私人空间，又避免了实体围墙的死硬感，减少了建筑成本。

2.2　形式与美原则

2.2.1　秩序原则

在庭院植物配置中提到的秩序，其实是一种由植物不同种植方式而构成的视觉上的秩序，是形成某种配置风格或思想的基础。在秩序的建立中有对称、均衡和成组三种方式。

对称就是在某一对称轴两边，植物完全成镜像地布置，形成平衡。实现对称最简单的方式就是对植，在设计中大量对植可以营造出一种规矩、简洁、庄重的感觉，形成我们经常看到的规则式风格。

均衡相对于对称来讲可以理解为不对称，即在庭院植配中植物要在主体景物的中轴线上形成左右均衡、相互呼应的状态。

成组和其他类型的植物配置类似，就是一种组合植物材料的方法。无论是规则式还是自然式，植物配置就是成组方式将相同类型的植物种在一起，并以对称或均衡的形式来实现的。

2.2.2　统一与协调原则

统一与协调就是将建筑与庭院、乔木与灌木、水景与草地等看起来毫无联系的部分和谐地统一起来，组合成一个整体。这种整体的形成需要通过在庭院植物景观中设置主体，重复和联系来实现。

主体的产生通过孤植、群植等方式形成整个植物景观的焦点，而庭院中的其余元素都将附属于它，就像人的脊柱连接着身体各个部分一样，给人浑然一体的感觉。

重复就是在整个设计中反复使用同种或相似的植物元素，因为它们有很多共同之处，能产生强烈的视觉统一感。

联系就是将设计中各种植物元素链接在一起。利用一些相似的灌木或是地被植物填充到空隙当中作为过渡，以加强这些孤立的空间之间联系，进而形成统一。

2.2.3　比例与尺度原则

庭院植物配置还应注重比例与尺度，包括空间与景物的比例、植物与环境之间以及各种植物之间的比例关系。例如，垂直空间小的庭院不易种高大乔木，否则会明显压缩其使用面积；具有观赏性的低矮植被应布置在观赏点周围 1～3 m 的范围内，因为 1 m 之内视线容易被忽视，3 m 之外画面易变形；体量或尺度相差太大的植物元素不能放在一起，中间必须要有过渡；小庭院里的植物应选用相对矮小的，因为人处在高大、郁闭的树丛里会感到很压抑；如果利用扩大草坪面积来增加空间感，而不能用其他植物来掩饰边界，会导致空间更加封闭；由植物色彩体现出来的尺度也是相当重要的，色彩饱和度高的亮色系，看起来边界明显，而饱和度低的冷色系则看起来更加深远，感觉较前者面积更大。

2.2.4　对比原则

协调统一的植物配置设计，虽然看起来完整、舒畅，倒也平淡无奇。适当地运用一些对比，顿时会让你的设计有趣而充满生命力。

横竖对比。孤植乔木与成列种植的灌木，在草坪的铺垫下就能形成典型的横竖对比，进而提升庭院整体画面感。

体量对比。笔直的雪松与人工修剪的黄杨球配植在一起，既突出了雪松的挺拔，也显示出了黄杨的规整与可爱；当花大色艳的蜀葵和星星点点的六月雪搭配在一起时，让人在感受到热烈幸福的同时体会到了一丝楚楚可怜。

色彩与明暗对比。在庭院中植物产生的色彩主要是靠叶片和花的颜色，为了达到烘托景物的目的，我们常用明、暗或冷、暖色的植物来进行对比。如火红的鸡爪槭映衬在湛蓝的天空下，远远望去显得分外妖娆；美丽的蝴蝶兰在白色的围墙前面则更显立体与生动。

质感对比。在植物配置中，质感是指不同植物组合在一起所显现出来的粗细程度上的感觉。如在细腻的草坪中点缀几株美人蕉，可以轻松打破宁静；在光洁的园路两旁夹植一些玉簪，走在上面会让人更活泼、有趣；在庭院边上还可以用枝叶细小的凤尾竹、小琴丝竹来柔化坚硬的围墙边界，增强空间感。

2.2.5　季相变化原则

春季繁花似锦、夏季绿树成荫、秋季硕果累累、冬季枝干虬劲，这是大自然一年四季最美的景色。同理，要想四季皆有景，庭院景观更显生气，选择具有季相特征的植物必不可少。如表达春意的紫荆、海棠；点缀夏景的荷花、栀子；渲染秋色的槭树、黄栌、卫矛；欣赏冬景的蜡梅、红瑞木、茶梅等。尤其是当今有很多设计过于追求即时成景，很少布置落叶树种，而恰恰是这类树种，叶色丰富，时序景观变化最为明显。

2.3　适地适树、因地制宜原则

植物是一种生命体，其生长发育过程与所生存的环境有着紧密的生态关系，只有满足这些生态要求，做到因地制宜，才能使它正常生长、成景。如碧桃喜阳光，耐旱；耐高温的宜种在建筑的南侧，耐阴的八角金盘常配植在树下或墙边。其中应特别重视乡土植物的配置，这类植物适应能力强、生长快、成本低，不仅能为植物景观快速成型打下基础，还可以体现当地的自然风貌和地域特征。

3　庭院植物配置与造景设计

在实际造景工作中，通常会依照庭院植物景观中，植物所体现出的作用和配置的不同阶段来进行。可以这样说，庭院整体的布局与植物配置的总体思想是相辅相成的。

3.1　构筑性种植

构筑性种植就是将乔木或灌木等通过一定的方式整合在一起，起到构建骨架、划分空间的立面配置方式。它决定着整个庭院空间的形状和结构，是植物景观营造成败的关键。

3.1.1　乔木

在庭院的植物运用中，大型乔木一般不用，中等大小或是小乔木运用最为广泛。首先我们会根据实际需要对乔木进行筛选，形状和大小是最为重要的。其次是常绿或是落叶树种，还要考虑树的颜色和质感。最后我们会将同种或不同种乔木成组、成群的进行配置，形成各种可用的构筑空间。例如，庭院需要更高遮挡或分隔、围合空间的话，可将侧柏排成一组，形成障景树；当然也可以选择日本晚樱这类落叶树种，夏季枝叶广展形成宽阔的树冠，遮阳效果好；冬季落叶能透射出宝贵阳光，形态各异的枝条也颇具观赏性。在建植时间距一定要预留充分。

3.1.2　灌木

同样，灌木也对庭院空间构筑与塑造起着重要作用，其中绿篱就是一种常见的形式。例如，可以用日本珊瑚树、黄杨、十大功劳、接骨木等形成高低不同的绿篱围合在建筑周围，不仅起到屏障的作用，还可以强化或软化建筑线条，将建筑与庭院景观融合在一起。对于一些不规则的庭院，在四周可设置绿篱淡化实际边界，重塑庭院空间。另外，还可以将圆弧形、直线形、折线形的绿篱设置在庭院内部，以此来遮挡视线或引导游览，狭长的区间能形成动势，而弧形围合则能创造出恬静的效果。

另一种常见形式就是将灌木、草花等种在种植台（槽、池）里。这种形式一定程度上可以弥补某些植物在高度、造型、色彩方面的不足，能较为方便地创造出高差变化，将植物与硬质景观进行有机结合，进一步强化植物的空间构筑能力。而且适当抬高种植标高，有利于植物排水，这点在夏季暴雨季节尤为重要。

在空间的构筑方面，需要特别注意的是构筑性种植，无论乔木还是灌木都必须进行适当、有节奏地重复布置，能加强不同分区彼此间的联系，突出植物空间构筑效果。

3.2　焦点种植

造景中，常会选择一些造型别致、树冠宽大，同时具有季相特征、极具观赏性的乔木，孤植或群植在草坪中、庭院的一角，或与山石搭配形成视觉焦点。例如，白玉兰冬天树形轮廓分明，初春硕大的白花独上枝头，煞是美丽；造型奇异的蒲葵、棕榈能给庭院增添一丝南国风情；梨树也是一个不错的选择，春天繁花似锦，秋天果实累累；另外还有樱桃、石榴、蜡梅等。灌木可采用贴梗海棠、榆叶梅、山茱萸、南天竹、红檵木等，根据自身特点既可单株栽植，也可以群植形成整体景观效果。其实如有中性颜色或均匀质地的绿篱作为背景，任何植物都可以作为焦点。例如把女贞做的绿篱和薰衣草前低后高的配置，紫色的薰衣草与嫩绿的女贞形成鲜明的对比，就能成为焦点景观。

当然庭院里焦点不是唯一的，我们可以用组合的乔灌木或者与其他构筑物相结合来形成两个或多个焦点，再将它们整合在一起，从而避免了画面的单调乏味，达到“处处有景，步步景异”的效果。但宜少不宜多，多了会造成焦点不突出，杂乱无章，并要注意与周围事物的协调和联系。

3.3　装饰性种植

3.3.1　廊架

廊架是用木材、竹材、金属、钢筋混凝土制成的有顶通道，是可供人休息、作为景观点缀的一种建筑体。在配植的时候要考虑到廊架上枝条和叶片的密度，过稀不足以遮挡阳光，过密则导致通道内过于阴暗，让人非常压抑，通常密度在阳光下能形成斑驳阴影时为最佳。

3.3.2　墙立面

对于空间有限的庭院来讲，墙立面是有巨大潜力的绿化空间。例如在墙的上部可以设置简单的种植槽，种植迎春、云南素馨等蔓枝性植物，枝条垂掉下来可以遮挡住死硬的墙头，亮黄色的小花则突显春机盎然。用爬山虎装饰墙面，避免夏季太阳对墙面的炙烤，秋季火红的叶片更是一道亮丽风景。当然也可以通过悬挂花容器这种简单的方式来进行装饰。

3.3.3　水景

人是亲水的动物，向往自然是我们的本性。纵观当今庭院设计，都无一不设置水景来提升魅力和自然气息，无论是静态的水池还是动态的喷泉对庭院的美化与氛围的营建都起着十分重要的作用。水景的植物设计既要满足植物在湿生环境里的在生态适应性，又要遵循形式与美的法则，关键是要与水景的风格协调一致。如规则式的水景与喷泉一样，由于常作为庭院的视觉中心，往往需要将精巧的外观显露出来，因此配置不宜过于复杂，常在水景平台上放置几处盆栽起烘托作用即可。自然式的水景通常模仿山中的溪流小瀑，在庭院中显得时隐时现，忽藏忽露，使庭院犹如水墨画般诗情画意。

3.3.4　桌椅周围

应重视人们活动空间周边的植物配置，除保证安全性、私密性以外，还可在休闲活动区周围栽种诸如香蜂草、罗勒、栀子、茉莉等低矮的香花植物。这样，既有秀美景色可赏，又能杀菌防虫，香风习习，仿佛有置身世外桃源的感觉。

3.3.5　花境

在庭院装饰中，花境以宿根花卉、一二年生草花或球根花卉作为材料，在院路两旁、建筑物四周、林中山石下，进行带状、斑块状、簇团状自然混交布置，也可穿插配置到树丛和绿篱周围。常用的花境配置组合有月季—薰衣草—瓜叶菊；蜀葵—六月雪—薄荷—地被菊；木槿—凤仙花—天竺葵—四季海棠—白车轴草；剑麻—向日葵—金盏菊—松叶景天等。花境的布置让人感到花团景簇、郁郁葱葱、香气馥郁，不但表现出植物个体自然美，又展示了植物群落的群体美，大大提升了景观品质。

3.4　草坪

草坪是庭院中最大的植物铺地材料，能为植物造景设计提供统一的基底。相对硬质铺装来讲，草坪更适用于弧形和流线型布置，且价格便宜，人容易亲近。运用最多的有两种形式：第一种是规整的养护型草坪。通过撒播混合草种建植而成，也可以直接铺设草皮。这类草坪表面细腻平整，可以更好地衬托其他构景元素。由于有较强的耐践踏性，人们还可以在上面行走活动，可谓美观和实用并举。第二种是粗犷的缀花草坪。

例如白车轴草、红花酢浆草、麦冬、佛甲草、葱兰等，田间野草花也经常使用。这类草坪星花点点、姿态万千特别具有乡间野趣，而且几乎不需要养护，这对于繁忙都市人来说尤为重要。当然劣势也是显而易见的，就是不耐践踏，缺乏参与性。不过，近年来有些既耐践踏又极具观赏性的地被植物得到了推广和应用，例如金叶过路黄、地稔、连钱草、马蔺等。

4 屋顶花园植物配置与造景

随着城市的高速发展，绿化用地日趋减少。屋顶花园，这种既能提高绿化率，改善人居环境，又能为人们提供新的休息场所的绿化形式在当前的城市建设中悄然兴起。

然而，屋顶花园源于露地庭院，却又高于露地庭院，涉及屋顶荷载、防水排水、改良种植土等多项有别于露地造园的技术难题。基于上述问题，屋顶花园以建筑荷载安全为前提，一般很少设置大量的山石、水景、种植池等构建物，因此植物景观在屋顶花园建造中有着至关重要的地位。

对于屋顶花园植物造景的原则、方式和方法都与庭院是一脉相承的，这里不再一一赘述。值得说明的是，由于屋顶环境条件恶劣，风大、光照强、昼夜温差大、土壤又瘠薄，植物应选择喜阳耐热、耐旱、耐瘠薄的浅根性植物。通常以低矮草本地被植物覆盖屋面，如佛甲草、垂盆草、凹叶景天、天门冬、红叶景天等，并用观赏花灌木点缀，如木槿、百里香、月季、南天竹、凤尾兰等。乔木不宜多植，应选择抗风、抗污染能力强的常绿小乔木。总体来说，植物配置要以乡土植物为主，设计时要特别注意采用不同叶色、花色，不同高度的多种植物搭配，做到平易近人，兼顾景观效益与生态效益。

此外，我们也可充分利用立体种植方式，进行垂直绿化。具体方法可以在墙角或搭建棚架栽植紫藤、旱金莲、牵牛、三角梅等攀缘型观赏植物，也可种植葡萄、丝瓜、番茄等藤本蔬果类植物，既增加了绿化面积，又提升了生活气息。对于有些由于技术限制，不适宜建设的局部地方，也可灵活采用种植箱、花钵等形式来进行装饰。

案例4 庭院植物景观优秀设计案例分析

本案是一个高档住宅庭院植物景观设计，整个植物的选择和配置注重细节，形式简洁而美观，植物丰富而不失大雅。不仅体现了美感和科学性，关键能与庭院风格相适宜，营造出了人与自然和谐交流的独特氛围，并且始终延续着业主对生活的理解，体现出了其优雅的品位。

纵观庭院，植物造景是由四周向中间围合的方式来进行的。这种布置方式用柔质的植物材料缓和了庭院的实际边界，虚实对比中扩大了原本不大的庭院面积。在庭院空间塑造上，设计者在角隅、墙边以及主要的视觉焦点的周围都重复布置了大叶黄杨、红檵木、海桐三种灌木球，在大片白色米石的衬应下，勾勒出植物景观整体的空间和布局，形成了景观基调。然而相近的质地和不同的大小和色彩，使得统一又不失动感。

由于周边有较多建筑采光不是很好，因此庭院中没有种植高大乔木，以免遮挡阳光，妨碍业主的活动。植物景观的视觉焦点是一棵笔直的石榴树，喜阳的石榴树配植在庭院中央最合适不过。到了夏季榴花似火，秋天果挂枝头，想到漫步庭院就能欣赏到如此美景，该有多么的惬意（图案例 4-1）。

在建筑的一侧特意种植了一棵白兰花，树冠绿叶葱葱与邻居家的树木连成一片，不仅将临近房间的围墙隐藏起来，还形成了树林的效果，扩展了庭院空间。不过，单株的配置是为了避免对通风采光的过度影响。一旁的垂枝梅，枝条潇洒飘逸与白兰花遥相呼应。其下运用蜘蛛抱蛋、桃叶珊瑚、红花檵木、山茶形成对比，变化趣味。再与沿阶草、铺地柏等地被物搭配，做到了乔灌草配置层次分明，高低错落有致，情趣盎然（图案例 4-2）。

图案例 4-1 庭院全景 李辉 设计 / 施工

图案例 4-2 围墙绿化

角落的凉亭下挖有一小池，以黑白鹅卵石铺床，池岸置石与吉祥草、络石、松叶景天、半枝莲等交错布置。午间在亭中休息，能让你完全融于清新、自然的氛围当中，美不胜收、身心愉悦（图案例 4-3）。

隐藏在草地里的踏石保证了庭院各个区域的链接，避免道路对空间的分割。使人们可以在植物景观中随意穿行，尽可能地创造出人与植物亲近、交流的机会，这充分体现出设计者“以人为本”的思想（图案例 4-4）。

园林小品的合理运用，起到了画龙点睛的作用。日式的竹管滴水、石灯以及石水池，虽然小巧，但玲珑精美、配置得体，提高了庭院景观本身的欣赏价值。色彩明亮的矮牵牛种植在一组组花钵中，随处摆放，布置灵活，时刻保持着景色欣盛不衰（图案例 4-5）。

图案例 4-3 庭园绿化一角

图案例 4-4 庭园道路绿化

围墙是整个庭院植物景观的亮点。垂直装饰的各色蔓性月季以古典园林风格的漏窗白墙为背景，跃然纸上，和传统的四季桂一起则更显质朴与幽静（图案例 4-6）。

图案例 4–5 园林小品

图案例 4–6 垂吊植物

围墙与楼梯间的死角，用吉祥草进行遮挡（图案例 4-7）。

图案例 4–7 庭园死角绿化

庭院深处的木质平台蜿蜒曲折，下方配置着八角金盘、蜘蛛抱蛋、栀子、月季、凤仙、三色堇等，草本、木本植物交相辉映。其中还植有一株蜡梅，夏季枝繁叶茂、挡风遮阳，为亭中人们亲密交谈提供了私密场所。霜雪寒冬却又傲然开放，色似蜜蜡，香味沁人心脾。其姿、形、色、香吸引着来访宾客每至于此都会驻足观赏、交流，与蜡梅“惟有蜡梅破，凌雪独自开”高尚品质产生内心的共鸣。平台的转角处还植有几株鸡爪槭，远望去绚丽多彩的枝叶欲盖弥彰，似乎挡住了通往凉亭路，却形成了欲扬先抑的空间形态（图案例 4-8）。

图案例 4-8　植物与园林小品

任务 19　宅旁绿地植物配置与造景

知识目标

◆ 1. 了解宅旁绿地植物配置与造景设计的基本知识。

◆ 2. 掌握宅旁绿地植物配置与造景设计的原则和方法。

能力要求

◆ 1. 具备宅旁绿地植物配置与造景的基本能力。

◆ 2. 能够进行宅旁绿地植物配置与造景。

本章导读

本章主要介绍了宅旁绿地的特点、类型；宅旁绿地植物造景的原则；宅旁绿地植物造景的方法。

宅旁绿地是居住区最基本的绿地类型，包括宅前、宅后，以及建筑本身的绿化用地，与居民的日常生活关系非常密切，是居民日常户外休息、活动、社交、观赏的良好场所。合理地设计宅旁绿地，能对整个居住小区住宅建筑起到美化、装饰、标示的效果。

随着小区建设的日益发展及居民对环境要求的不断提高，住宅建筑的形式及宅旁绿地的空间组合也更加多样。如何根据住宅周边自身的特殊环境，合理选择植物，提高绿地率与绿化覆盖率；如何在植物造景中采用适宜的植物景观配置形式，做到既有丰富的植物种类，又有整体统一的效果，创造生态环境良好的人居生活户外空间是宅旁绿化设计首要面临的问题。

1　宅旁绿地的特点

1.1　贴近居民，领有性强

宅旁绿地是送到家门口的绿地，常为相邻的住宅居民所享用，有较强的领有性。不同的领有形态，居民所具有的领有意识也不尽相同。离家门愈近的绿地，领有意识愈强，反之愈弱。居住小区公共绿地要求统一规划、统一管理，而宅旁绿地则可以通过植物种类、疏密、高低色彩等不同形式的搭配，为居民创造各种不同的植物景观，使这不同的领有性得到应有的满足，而不必推行同一种模式。

1.2　绿化为主，形式多样

宅旁绿地多以绿化为主，绿地率达 90%～95%。宅旁绿地较之小区公共集中绿地相对面积较小，但分布广泛，是小区绿化的基本单元，且住宅建筑的排列不同，形成了宅旁空间的多变性，所以绿地因地制宜也就形成了丰富多样的宅旁绿化形式。近年来，随着住宅建筑的竖向发展，绿化也同步向立体、空中发展，如台阶式、平台式、底层架空式（图 19–1）和连廊式等住宅建筑的绿化形式越来越丰富多彩，大大增强了宅旁绿地的空间特性。

图 19–1　将绿化延伸至架空层内（来源互联网）

1.3　以老人、儿童为主要服务对象

宅旁绿地的最主要使用对象是学龄前儿童和老年人，满足这些特殊人群的游憩要求，是宅旁绿地绿化景观设计应遵守的原则，绿化应结合老人和儿童的心理和生理特点来配置植物，合理组织各种活动空间、季相构图景观及保证良好的光照和空气流通。

1.4　植物配置存在制约性

现代居住小区为了提高容积率，多采用多层或高层的建筑类型，使得宅旁绿地的光照受到影响，在南面存在阴影区，不利于阳性植物的生长。其次，各种管线埋设、消防、视觉卫生等因素，对植物的选择与布置也形成一定的制约。

2　宅旁绿地的类型

宅旁绿地是住宅内部空间的延续和补充，它虽不像公共绿地那样具有较强的娱乐功能，但却与居民日常生活起居息息相关。宅旁绿地反映了不同居民的爱好与生活习惯，在不同的气候与环境条件下，不同时期出现不同的绿化类型。

2.1　宅旁绿地的平面空间类型

2.1.1　树林型

以高大的树木为主形成树林，大多为开放式绿地，居民可在树下活动。树林型一般要求宅旁绿地的面积较大，它对住宅环境调节小气候的作用比较明显，但缺少花草配置，在层次和色彩上显得单一。

2.1.2　花园型

在宅间以篱笆或栏杆围成一定范围，布置花草树木和园林设施，可以是规则式也可以是自然式，有时形成封闭式花园，有时形成开放式花园，色彩层次较为丰富。在相邻住宅楼之间，可以遮挡视线，有一定的隐蔽性，为居民提供游憩场地（图 19–2）。

图 19–2　花园型宅旁绿地（摄于成都南山和苑小区）

2.1.3　草坪型

以草坪绿化为主，在草坪边缘适当种植一些乔木和花灌木、花草之类（图 19–3）。这种形式多用于高级独院式住宅，有时也用于多层或高层住宅。这种类型对草坪养护管理要求较高，若管理跟不上，种后两三年就可能失去理想的绿化效果。

图 19-3　草坪型宅旁绿地（来源互联网）

2.1.4　棚架型

以棚架绿化为主，采用开花结果的蔓生植物，有花、葡萄、瓜豆和可作中药的金银花、枸杞等，既美观又实用，较受居民喜爱。

2.1.5　篱笆型

在住宅前后用常绿或开花植物组成篱笆，如用宽约 80 cm 的桧柏、珊瑚树、凤尾竹等组成 1.5～2.0 m 及以上的绿篱，分隔或围合，形成宅旁绿地（图 19-4）。还可以用开花植物形成花篱，在篱笆旁边栽种爬蔓的蔷薇或直立的开花植物，如扶桑、蔷薇等，形成花篱。

图 19-4　绿篱形成的宅旁绿地（来源互联网）

2.1.6　园艺型

根据居民的爱好，在宅旁绿地中种植果树、蔬菜，一方面绿化，另一方面生产果品蔬菜，供居民享受田园乐趣（图 19-5）。这一类型的宅旁绿地一般私有化，多用于独院式住宅，一般种些管理粗放的果树，如枣、石榴等。

图 19-5　园艺型宅旁绿地（来源互联网）

2.1.7　停车场型

居住区停车位有部分设置在建筑旁边，分布在车行路单侧或两侧。由于停车位需求数量剧增，两楼间绿地有限，所以停车位铺装和车行道占用了大量绿地。这样的宅旁绿地在主要满足停车使用功能的前提下，应进行充分绿化，并且对防尘、降噪有一定的作用（图 19-6）。

图 19-6　停车场型宅旁绿地（来源互联网）

2.2　宅旁绿地的立体空间类型

2.2.1　窗台绿化

窗台种植池的类型，要根据窗台的形式、大小而定。最简单的窗台种植是将盆栽植物放在窗台上。可用于窗台绿化的材料较为丰富，有常绿的、落叶的，有多年生的与一二年生的，有木本、草本与藤本的。根据窗台的朝向等自然条件和住户的爱好选择适合的植物种类和品种。由于盆栽植物种植变换方便，窗台绿化往往会有植物开花络绎不绝，五彩缤纷的效果如图 19-7 所示。窗台绿化用藤本植物，开花时显得清新浪漫。

图 19-7　窗台绿化（来源互联网）

2.2.2　阳台绿化

现代住宅小区为迎合人们对绿色、环保的追求，开始设计风景绮丽、风格各异的阳台风景，在我国一些城市如北京、上海、广州等，将阳台绿化作为城市绿化的新亮点，已经被越来越多的城市居民所接受（图 19-8）。把植物种到自家阳台上，兼具绿化美化效果和生态功能，如能做到合家经营这个小园，则不仅可以丰富生活情趣，更有助于增进家庭和谐。

图 19-8　广州金碧华府高层住宅的空中花园（来源互联网）

2.2.3　墙面绿化

墙面绿化是一种占地面积少而绿化覆盖面积多的绿化形式（图 19-9）。墙面绿化要根据居住区的自然条件、墙面材料、墙面朝向和建筑高度等选择适宜的植物材料。墙面绿化植物材料绝大多数为攀缘植物。经实践证明，墙面材料越粗糙，越有利于攀缘植物的蔓延与生长，反之，植物的生长与攀缘效果较差。为了使植物能附着墙面，可用木架、金属丝网辅助植物攀缘在墙面。在市场上可以选购到各色各样的构件，砌成有趣的墙体表面，让植物茂密生长构成立体花坛，为建筑开拓新的空间。

图 19-9　爬山虎做墙面绿化植物（摄于南京大学）

3　宅旁绿地植物造景原则

3.1　坚持生态性与经济性原则

宅旁绿地关系到一个小区居民的生活质量，同时也影响着小区绿地系统整体效益的发挥。如对古树名木加以保护和利用，既能发挥最大的生态效益，又能节约建设成本；选择易活的乡土树种来植物造景，不仅提高了植物的存活率，也减轻了后期养护管理的负担；位于厂矿附近，大气质量不是很好的住宅区必须注重选择抗污染的树种，在尘埃物来源的风口上必须种植高大乔木等。在生态优先的前提下，植物的选择还应该顺应市场的发展需求及地方经济状况，提倡朴实简约，反对浮华铺张，尽量选用抗性强、耐修剪、好养护的植物，可以降低后期维护费用。

3.2 植物造景体现人性化需求

宅旁绿地作为人们使用频率较高的景观绿地，其设计要适合居民的需求，向更为人性化的方向发展。植物配置和人的需求完美结合是植物造景的最高境界，因此，园林绿化所创造的环境氛围要充满生活气息，满足不同的居住人群的需求，营造人文关怀的景观效果。

3.3 以植物造景为主，结合其他园林要素

宅旁绿地应以植物造景为主，如果布置有座椅及供安静休息的场地或者小型的园林小品等，植物的配置要与之有机融合，形成良好的休息观赏环境。另外，绿化配置时要注意比例与尺度，避免由于树种选择不良而造成拥挤、狭窄，树木的高度、大小要与绿地的面积、建筑间距、层数相适应。

3.4 植物造景体现艺术性

宅旁绿地的植物配置与造景在艺术布局上要与整个居住区绿化相协调，而且要与周围城市园林绿地相衔接。巧妙地利用植物的形体、线条、色彩、质地进行图，并通过植物的季相及生命周期的变化，构成一幅活的动态图，给人以视觉、听觉、嗅觉上的美感。此外，植物造景还可以通过借鉴绘画艺术原理及古典文学，实现园林意境的营造，既丰富了居住区植物景观的色彩和层次，又增添了居住区的生机和情趣。

3.5 装点建筑，绿化内外互相渗透

宅旁绿地是住宅室内外自然环境与居民紧密联系的重要部分，通过室内外一体绿化，将宅旁绿地、庭院、屋顶、阳台、室内的绿化结合起来，更能促使居民在生活中感受绿色空间，享受大自然。在住宅小区绿化设计时，可将建筑实体作“底”，绿化元素作“图”，将绿化立体化，使用多种攀缘植物，如地锦、五叶地锦、爬山虎等，来绿化建筑墙面、屋顶、各种围栏与矮墙，提高居住区立体绿化效果，发挥更大的生态效益。

4 宅旁绿地植物造景的方法

4.1 科学选择绿化树种

4.1.1 因地制宜，适地适树

宅旁绿地作为居住区绿地的一部分，在做植物配置与造景时，要本着因地制宜的原则，充分考虑当地的气候特征和土壤特征来选择树种。居住小区在房屋建设时，对原有土壤破坏极大，建筑垃圾多，绿化土层薄，加之生活污物、污气的排放，使植物的生态环境受到影响。因此，在植物选择上应首先选择耐贫瘠、抗性强、管理粗放的乡土树种，同时结合种植速生树种，保证种植成活率和环境及早成景。如在成都，银杏、雪松、香樟、栾树、广玉兰、枫香、红枫、榉树、朴树、樱花、桂花、冬青等都是宅旁绿地中常见的树种。

4.1.2 尊重生长环境

由于植物栽植受建筑人工环境影响大，植物的选择还应考虑建筑物的朝向。南向窗前不要有植物的遮挡，尤其是常绿植物，在冬季对阳光遮挡，会有阴冷之感，一般应栽植低矮的灌木和落叶乔木，夏天可遮阳，冬天又可享受阳光的温暖。建筑物东西两侧是人们夏日纳凉、冬日取暖的好去处，应以落叶乔木为主。建筑物北面，可能终年没有阳光直射，因此应尽量选用耐阴观叶植物。而在建筑物的西面，需要种高大阔叶乔木或进行墙面绿化，对夏季降温有明显的效果。另外，墙面绿化在朝南墙面，可选择爬山虎、凌霄等，朝北的墙面可选择常春藤、扶芳藤等。

4.1.3 体现保健功能

现代人越来越追求健康生态的生活方式，而宅旁绿地是与居民关系最紧密的生态环境。在树种选择上，除了满足观赏需求，应尽量选择保健植物，因为这些植物能分泌杀菌素、抗生素等化学物质，抑制和杀死病毒、细菌，有利于居民的身心健康；有些还能分泌对人体有益的物质，这些物质通过嗅觉和触觉被人体吸收，从而达到防治疾病的目的。例如香樟能散发芳香性挥发油，

帮助人们祛除风湿、止痛等。长期在银杏树下锻炼对胸闷心痛、痰喘咳嗽等均有疗效。还有一些抗污染的植物，如榕树、蒲葵、樟树、白千层、夹竹桃等，可以吸收空气中二氧化硫、氟化氢、氯气等有害物质，有利于净化空气。现在，越来越多的小区在景观设计主题上，也将保健型植物（表19–1）考虑进来，受到居民的广泛好评。

表19–1 保健型树种一览表

树种	习性	类型	药用部位	保健效用
银杏	阳	乔木	叶、果	润肺、养心
喜树	阳	乔木	根、果	抗癌
白玉兰	阳	乔木	花	湿散风寒、清脑
香樟	阳	乔木	叶、茎	温中散寒祛风行气
雪松	阳	乔木	茎、花	祛风止血、润肺
湿地松	阳	乔木	花	祛风止血
龙柏	阳	乔木	叶、果	安神调气镇痛
桧柏	阳	乔木	叶、果	安神调气镇痛
广玉兰	阳	乔木	花	湿散风寒
枇杷	阳	乔木	叶	安神、名目
桂花	阳	乔木	花、果	平肝益肾
含笑	阳	灌木	根、花	清热解毒行气化浊
丁香	阳	灌木	茎、花	止咳平喘
木槿	阳	灌木	根、茎、花	清热解毒
玫瑰	阳	灌木	花	和气行血解郁
日本海棠	中	灌木	果	祛风湿和脾敛肺
枸骨	中	灌木	叶	净血、退虚热
月月桂	中	灌木	叶、果	清脑安神
女贞	中	灌木	茎、叶	清肺
蜡梅	中	灌木	根、花	止咳平喘
麦门冬	阴	草本	根	清心润肺
石蒜	阴	草本	根、茎	消肿解毒
栀子	阴	灌木	根、果	清热解毒
八仙花	阴	灌木	根、花	理气、解痛

4.2 植物景观和建筑相协调

建筑环境与绿化景观存在着互为衬托、互为融合的关系。住宅建筑在形体、风格、色彩等方面是固定不变的，没有生命力，多是几何硬线条。因此，需用软质的绿化植物的高度、体量、色彩、质地来衬托、弱化建筑形体生硬的线条和丰富外墙立面景观。同时建筑也因植物的季相变化和植物不同的配置形式，使其构图变得灵动而富有生气。

4.2.1　高度

对于低层的建筑，一般总高不超过 15 m，建筑尺度比较小，住户多以近景作为窗外的风景，这就要求宅旁绿地不能种植过于高大的乔木，以免影响室内采光和住户的观景视线，多以观花小乔或花灌木为主；对于多层住宅建筑，楼高一般在 15～18 m。这样的高度，在楼内产生了俯视视线，楼外产生仰视视线，宅旁绿地的绿化应当弱化建筑的高度感，那么种植高度为 7.5～10.5 m 的大乔木；对于高层住宅建筑，兴建于在大城市、特大城市甚至超大城市里，这种建筑体量过大，不仅给居住区环境带来压力，还令“身居高位”的人们丧失园林的亲切感，绿化仅仅变成低层居民日常享用的香饽饽，高层住宅建筑宅间绿地一般比较大，种植高度为 10 m 以上的大乔木，能够使植物与建筑相协调，既丰富建筑的立面效果，也能改善建筑缺乏绿色的现状，改善生态环境。如图 19-10 所示，高耸的乔木与高大的建筑搭配，相得益彰。同时宅旁绿地注重大乔木、灌木、地被层次的搭配，体现了整体稳重感。

图 19-10　高层建筑宅旁绿地植物高度（成都外滩小区）

4.2.2　体量

植物的体量大小直接影响着宅旁绿地的空间结构和设计布局，也影响植物与建筑是否和谐。低层住宅形成的园林空间，没有过高的人工突起物，与植物结合密切，住宅就好像天然融入了大自然之中。宅旁绿地中植物不能太多，太密，要注重细节，与园林环境中的人的尺度相一致，真正形成丰富而细腻的宜人的园林景观。如图 19-11 所示，底层别墅的宅旁绿化，植物配置以低矮的草本植物为主，搭配丛植灌木或灌木球，不可太密。多层住宅中，建筑与乔木的高度相近，树木成年后，能够基本覆盖建筑以外的部分，建筑与植物都不占主导地位，一同成为被欣赏的主题，总体的体块关系属于镶嵌关系。高层住宅园林环境的营造，很容易受到建筑体量的影响，使园林景观规划设计中的体量偏大，因此宅旁绿地的绿化要充分结合宅间绿地、中心绿地等的绿化，使之形成紧密连接的整体，为居民提供活动场所和审美享受。如图 19-12 所示，高层住宅为了增加建筑的稳定感，宅旁绿化面积往往较大，也可结合宅间绿地、中心绿地等绿化。

图 19-11　底层住宅宅旁绿化（龙湖燕南山）

图 19-12　高层住宅宅旁绿化（绿城·青山湖玫瑰园）

4.2.3　色彩

植物的色彩丰富，季相变化明显。要使植物与建筑协调，还应该对其色彩进行合理的搭配。建筑的外墙面色彩暗淡时，应选用色彩较明快的植物；建筑的外墙面为浅色时，应选用偏深绿色的树种，形成一种“粉墙花影”的画面。灰白色墙面前，宜种植红花或红叶植物；红色墙面前，宜种植开白花或者黄花的植物。如图 19-13 所示，白色墙面前的绿色和彩叶植物合理的搭配，仿佛一幅绘在白纸上的风景画。

图 19-13　白色墙面前的绿化（来源互联网）

4.2.4　质感

植物的质感，是指单株植物或群体植物直观的粗糙感和光滑感。单个叶片的大小、形状、外表以及小枝条的排列都是影响观赏质感的重要因素。根据植物的质感在景观中的特性和潜在用途，可将植物分为粗质树、中质树和细质树。对于粗犷的建筑外立面，应选用叶片较大、叶面较粗糙、枝干浓密粗壮、生长松疏的粗质树，如梧桐、七叶树、枫杨、泡桐、广玉兰等。如图 19-14，细腻的白色建筑立面前种植广玉兰、美人蕉、蒲葵等粗质树。厚重的文化石前绿化用修剪整齐的细质小灌木。又如图 19-15 所示，大叶的花叶良姜与细小的草坪形成强烈的质感对比。对于精致细腻的建筑外立面，应选用叶片较小、小枝较多且整齐密集的细质树，如榔榆、合欢、水杉等。而中质树多用来起过渡作用，调和粗质树与细质树间强烈的对比。

图 19-14　不同材质建筑立面外的植物配置（来源互联网）

图 19-15　植物质感的对比（来源互联网）

4.3　植物配置巧妙运用艺术手法

4.3.1　主次分明，疏朗有序

宅旁绿地的植物配置景观要表现出自己的特

色，应该做到主次分明，即主要突出某一树种进行栽植，其他树种进行陪衬（图 19-16）。往往选用树冠丰满，株型漂亮的植物作为主要树种，有韵律的排列，或者搭配灌木、草花等，形成组团景观，吸引人们注意。疏朗有序，即自然地进行栽植，以达到“虽由人作，宛若天开”的景观效果。

图 19-16　宅旁绿地植物配置疏朗有序（重庆蓝湖郡・西岸小区）

4.3.2　群落丰富，层次分明

居住区绿地面积往往有限，要想提高绿地面积，在进行植物配置时，应该注重种类和层次的搭配，乔木、灌木、草本花卉、藤本植物有机结合，常绿与落叶、速生与慢长相结合，组成层次丰富、适合该地自然环境条件的人工植物群落（图 19-17、图 19-18）。经研究证明，居住区绿化中采用乔木 + 灌木（耐阴植物）+ 草花 + 草坪的模式更利于植物群落的稳定性，可最大限度地提高总叶面积及绿化覆盖率，同时丰富景观层次。因此，在做植物设计时，不妨多采用这样的模式。在重庆，就有不少居住区宅旁绿地采用散植二乔玉兰 + 散尾葵—木芙蓉 + 山茶 + 棕竹—红花檵木 + 海桐 + 杜鹃的植物配置模式，景观效果极佳。另外，宅旁绿地空间有限，要增大绿量，还可以借用建筑立面，做垂直绿化。攀缘植物除绿化作用外，其优美的叶形、繁茂的花簇、艳丽的色彩、迷人的芳香及累累果实等都具有独特的观赏价值，在丰富植物群落和体现景观多样上占据不可替代的地位。

图 19-17　丰富的植物群落（成都蔚蓝卡地亚小区）

图 19-18　丰富的植物层次（重庆蓝湖郡・西岸小区）

4.3.3　强调季相变化

在植物造景过程中，突出一季景观的同时，要兼顾其他三季景观，做到四季都有景可赏。如把常绿树与落叶树的比例控制为 1∶3，乔木与花灌木的比例控制为 1∶1。早春时期，樱花、桃花以常绿树为背景，避免花量大、常绿量不足的缺点；而在其他季节，其他花灌木相继开花，延长花期，丰富植物景观，使人们在不同季节欣赏到不同的景色。

4.3.4　围合空间的合理应用

宅旁绿地所设计的空间环境应根据住户需要，做成不同形式，有封闭型（四周全被遮挡）、半开放型（有开阔视野，有封闭视线）、开放型（视线通透）。要营造不同的围合空间，可以利用乔、灌、地被等植物的高低、大小、疏密的不同来完成。如密植的树丛，树带、篱垣形成封闭空间能给人以隐蔽、宁静、安全的感受；绿荫当庭的孤植乔木形成封顶开平的半开放空间；明快的缀花草坪或低矮的观花灌木形成的开放空间为居民的沟通交流、户外活动提供方便的交往场所。合理组织空间多样的变化，可以满足不同年龄、不同喜好居民活动的要求，丰富邻里沟通的生活内容，改善住宅楼封闭疏远的人际环境。

4.3.5　林缘线和林冠线的合理处理

林缘线是树冠在平面上垂直投影的线，林冠线是天空与树冠的交接线。进行植物造景时，要充分考虑植物的外部轮廓和立体感，合理应用起伏曲折的地形，创造优美的林缘线和林冠线，从而打破建筑群体的单调和呆板感（图 19-19、图 19-20）。主要的方法包括：一是选用不同树形的植物，包括塔形、柱形、球形、垂枝形等，如雪松、水杉、龙柏、香樟、广玉兰、银杏、龙爪槐、垂枝碧桃等，构成变化强烈的林冠线。二是选用不同高度的植物，构成变化适中的林冠线。三是利用地形高差变化，布置不同的植物，获得相应的林冠线变化。四是通过花灌木近边缘栽植，如利用矮小、茂密的贴梗海棠、海桐、杜鹃、金丝桃等密植，使之形成自然变化的林缘线。

图 19-19　宅旁植物形成的自然式林冠线
（来源互联网）

图 19-20　宅旁植物形成的规则式林冠线
（来源互联网）

4.3.6　突出良好的文化环境氛围

宅旁绿地的植物景观若赋予艺术意蕴，会产生良好的美学效果，环境的熏陶也会加强居住区文化软环境建设，形成文明的氛围。如竹子在中国传统文化中象征刚直不阿，有骨气，有气节；合欢的小叶昼开夜合，象征夫妻恩爱和谐，婚姻美满；梧桐树是灵气的代表，传说能引来凤凰；桂花“桂”音谐“贵”，有荣华富贵之意，在民间习俗中被视为祥瑞植物，我国历来将科举高中称为“月中折桂”“折月桂”。

4.4　植物景观和居民生活的融合

4.4.1　满足居民休闲活动的需要

宅旁绿地的主要服务对象为附近住宅居民，尤以老人、儿童游憩活动时间最长，植物景观设计应考虑老人、儿童的生理、心理特点。如晨练、遛鸟、下棋等积极休息活动处，种植庇荫效果好的落叶乔木；交谈、赏景、阅读等安静活动处，种植一些树形优美、花香、色彩宜人的树木以及时令花卉，为居民提供舒适园林环境；在儿童区，选择色彩明快、耐踩踏、抗折压、无毒无刺的树木花草，如红叶石楠、红花檵木等，不宜种植有毒、带刺以及易引起过敏的植物，如夹竹桃、月季、玫瑰等。如图 19-21 所示，儿童活动区周边种植山茶、桂花、红枫、矮牵牛等香花、彩叶植物，更受儿童喜欢。在散步区，以季相构图明显的自然带植乔、灌、花、草复层种植形式为佳，有利于人们心情的放松；在连接入口的通道，可形成台阶式、平台式和连廊式等绿化形式，让居民一路由绿色、花香送到家门口（图 19-22）。

图 19-21　宅旁绿地儿童天地的植物配置与造景
（成都春江花月小区）

图 19-22　宅旁绿地廊架的植物配置与造景
（摄于成都蔚蓝卡地亚小区）

4.4.2　满足居民个性化的需要

一个居住小区中住宅楼房往往外形相似，而居民总希望自家门前景观能够与众不同，回家时或者朋友来访时都更易识别，如可以通过廊架上栽植不同的植物作为住宅楼的标识（图 19-23）。这就需要设计师一方面通过建筑的布局，营造丰富多样的宅旁绿地空间；另一方面通过个性化的植物景观设计，强化视觉、嗅觉、触觉、听觉感受，增强绿地空间的可识别性，提升居民对于家和周围园林环境的归属感。早在 20 世纪 70 年代，在北京玉渊潭附近的南沙沟住宅区中，就曾经尝试用宅间不同的园林树种对住宅楼进行标识的做法，这种宅间绿地多样化的思路，今天仍然值得我们借鉴。

图 19-23　住宅入口用花架来增强可识别性
（摄于成都春江花月小区）

4.5　种植设计的合理性和安全性

宅旁绿地贴近居民，应特别具有通达性和实用观赏性，在进行宅旁绿化配置时，要充分考虑光线、通风、湿度等因素，近宅处多种植草坪或低于窗台高度的低矮灌木，如变叶木、花叶假连翘、沿阶草、桂花、花叶鹅掌柴、朱蕉、雪茄花、黄金榕、九里香、文殊兰、肾蕨、福建茶等，使住房能保持良好的通风和采光，同时也可避免昆虫轻易进入室内（图 19-24）。高大的乔木或灌木的种植一般要间隔建筑门窗 5 m 的距离，南方地区的部分小区也有在宅旁种植乔木的，但多数种植棕榈科植物（如大王椰子、假槟榔、蒲葵等）或一些落叶乔木（如木棉、鸡冠刺桐等），以达到通风透气的效果；此外，也有些小区在房

图 19-24 近宅处的植物配置不影响建筑采光

宅西面种植阔叶植物（小叶榕、洋蒲桃等）以利于遮阳。

靠近公路边的宅旁以种植高大乔木或紧密灌木丛为主，不仅保证了住户的私密性，也能达到隔音、防尘、美化的效果（图 19-25）。如果宅旁绿地为停车位的，应选择干直、冠大、叶茂的乔木，形成浓荫，适宜人和车停留（图 19-26）。树木间距应满足车位、通道、转弯、回车半径的要求。树木分枝点的高度应满足车辆净高要求，微型和小型汽车为 2.5 m，大型和中型客车为 3.5 m，自行车停车场也应充分利用树荫遮阳防晒。庇荫乔木枝下净高应大于 2.2 m。

最后，住宅附近管线比较密集，有自来水、污水管、雨水管、煤气、热力管、化粪池等各种管线，树木的栽植要避开管线（表 19-2），留够距离，以免影响植物的正常生长。如果宅旁小道同时是小区消防通道，植物种植也要为其留够距离，可做成隐形的消防通道（图 19-27）。

表 19-2 树木与建筑、建筑物水平间距参考

名 称	最小间距 /m	
	距乔木中心	距灌木中心
有窗建筑物外墙	3.0	1.5
无窗建筑物外墙	2.0	1.5
道路侧面外缘、挡土墙脚、陡坡	1.0	0.5
人行道	0.75	0.5
高 2 m 以下的围墙	1.0	0.75
高 2 m 以上的围墙	2.0	1.0
天桥、栈桥的柱及架线塔、电线杆中心	2.0	不限
排水明沟边缘	1.0	0.5
路牌、指标牌、宣传栏	1.2	1.2
警亭	3.0	2.0

图 19-25 宅旁绿化（来源互联网）

图 19-26 停车位的植物配置

图 19-27 植物的栽植要为消防通道留够距离

案例5 杭州华润·翠庭小区宅旁绿地景观分析

杭州华润翠庭地处杭州下城区华丰板块，由7幢小高层组成，最高为9层，最大限度的满足业主居住舒适度，华润·翠庭拥有独特的中央坡景绿地，在7幢建筑之中构建起一个完整的院落空间，使得户户中央庭院，家家可观风景。同时开放式宅间公共绿化、个性化宅旁绿地、大面积的中心花园、精致的景观小品，共同构成了小区独具魅力的立体景观系统。

华润翠庭以31种珍贵乔木、36种常绿灌木的交差错落、郁郁葱葱，围合出处于7幢建筑核心位置的中央生态坡景绿地，户户中庭，家家观景，使华润翠庭业主无论处于任何一栋建筑的家中，都不会有视线的阻挡，均可直面成片绿地和林林总总的植被，享受家家观景的美妙（图案例5-1）。华润翠庭的景观设计不仅使户户中庭，而且立体多变，层次丰富。小区拥围组团式的绿化景观，石径穿越草坪，不同树型的乔木群以外轮廓线的节奏变化和色相变化形成从矮到高多层次、大空间的立体景观空间组合，并以凉亭、花架、桌椅等景观小品点缀其中，步移景异，一草一木，一石一水，都是精心布置，深入考量。窗外大花园，楼下小庭院，人性绿化达到极致。

图案例5-2和图案例5-3中，宅旁绿地面积较大的地方，注意开阔变化，在密植的植物组团之间留出相对开阔的草坪面积，或者利用石头、水景等景观元素作变化，植物组团在不同位置植株错落程度和组合方式不尽相同，景观多样性油然而生。

图案例5-4表示宅旁绿地面积较小，又与小区内重要的交通道路相邻，植物尽可能地采用低矮的灌木和地被，不影响住宅的采光和通风。为了与道路另一侧整齐高大的行道树形成均衡效果，宅旁绿地中可以等距地种植大乔，但要注意的是，大乔的位置不能在完全挡住楼上的窗户或阳台。

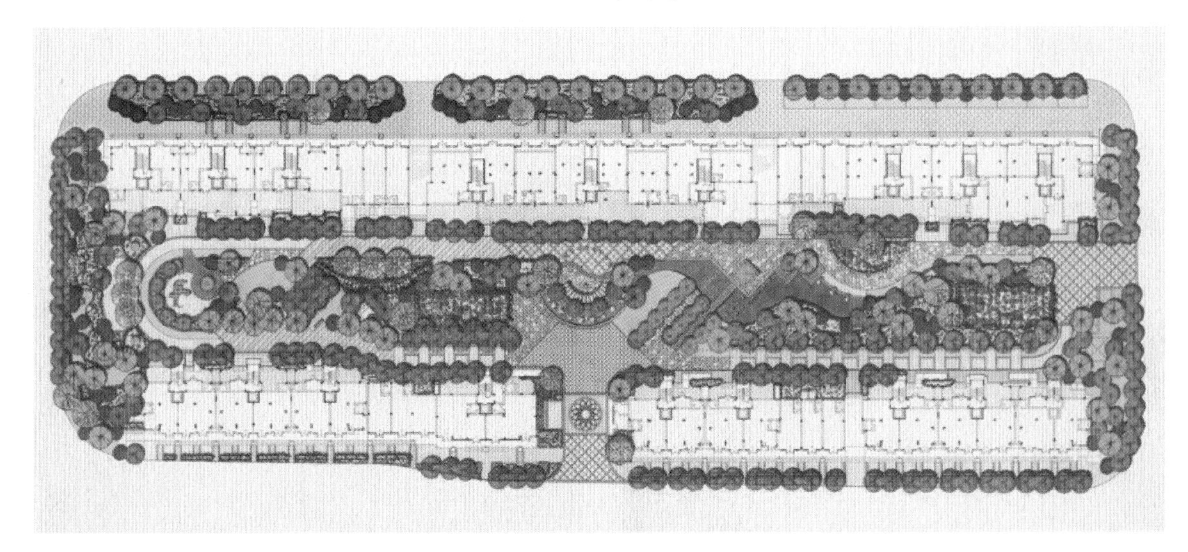

图案例5-1 华润翠庭总平面图

图案例 5-2　宅旁绿地

图案例 5-3　宅旁绿地

图案例 5-4　宅旁绿地

图案例 5-5 和图案例 5-6 表示宅旁绿化和中庭的植物配置景观要协调一致。宅旁绿化和中庭景观之间尽管有道路做分割，但是植物配置的自然和连贯要使整体效果看起来似断未断，和谐统一。这样整个小区的绿化视觉效果会显得更大，更舒适。

图案例 5-5　中庭绿化

图案例 5-6　中庭景观

任务20　公共建筑植物配置与造景

知识目标

◆ 1. 了解公共建筑植物配置与造景的功能。

◆ 2. 掌握各类公共建筑的特点。

◆ 3. 掌握各类公共建筑植物设计的要点。

能力要求

◆ 1. 具备各类公共建筑绿地植物配置与造景的基本能力。

◆ 2. 能够进行各类公共建筑绿地植物配置与造景。

本章导读

本章主要介绍公共建筑植物配置与造景的功能；各类公共建筑的特点；各类公共建筑植物设计的要点。

公共建筑作为人与社会交流的一种场所，遍布人们社会生活的各个角落。在《民用建筑设计通则》中，公共建筑被定为供人们进行各种公共活动的建筑。事实上，公共建筑包含办公建筑（如写字楼、政府部门办公楼等），商业建筑（如商场、金融建筑等），旅游建筑（如旅馆、饭店、娱乐场所等），科教文卫建筑（包括文化、教育、科研、医疗、卫生、体育建筑等），通信建筑（邮电、通讯、广播用房）以及交通运输类建筑（机场、车站建筑、桥梁等）。

公共建筑具有公共性、开放性，室内外空间人流量大且建筑结构复杂等特点。近年来，各种类型的公共建筑越建越多，其自身的绿化水平对整个城市环境的影响也越来越大。在进行植物设计时需要考虑建筑总体的规划布局、多种功能关系以及室内空间的组合形式等多方面的问题。

1　公共建筑植物配置与造景的功能

1.1　生态功能

近年来，随着城市的建设和经济的发展，城市公共环境嘈杂、街道车流繁忙、空气污染严重，环境治理工作刻不容缓。众所周知，绿色植物具有以下生态功能：保持水土；产氧吸碳（维持大气成分稳定）；调节城市“热岛效应”、增加空气湿度（改善小气候）；净化空气、吸尘滞尘、消减噪声。在城市公共建筑绿地中，植物是城市生态系统中最活跃、最有生命活力的部分，它能在一定程度上有效地调节处在其自身和周围城市区域的气候环境，增强城市绿色空间和附近局部地区的环境容量，促进城市生态平衡。

1.2　景观功能

不同种类的园林植物有着不同的树冠、枝干叶、花果等，植物配置以其特有的点、线、面、体形式以及个体和群体组合，在公共建筑空间环境中形成具有生命活力的植物景观。植物的融入不仅为城市景观增添了丰富的层次，也对硬质的城市空间（建筑立面、地面铺装等）起到了软化和装饰的作用，使其更有亲和性。

1.3　交通指示功能

建筑里的人与外界交流主要体现在交通上，在公共建筑边缘空间中，各种类型交通在此集中，交通量小的建筑尚且单纯，交通量大的则具有较为复杂的交通活动。这就要求公共建筑绿地的植物配置既要与建筑物的具体使用有良好的功能关系，又要与城市道路绿化形成有序的联系。尽可能减少人流之间、车流之间及人流与车流之间的交叉和干扰，做到各种交通流线清晰醒目、方便短捷。此外，植物配置还要为人流、车流集散空间留够场地，尊重交通先行。

1.4 休闲功能

公共建筑绿地空间要充分体现对自然环境与社会环境的尊重，作为公共建筑的组成部分，它必须符合建筑自身的性质和风格形式，体现建筑的整体感与和谐美，还应体现出对人的关怀。因此，要考虑人们进出时的各种行为需求，在室内室外设置停留时必要的服务设施，植物配置要紧密配合这些设施。如休息坐凳旁边种植落叶大树，夏季遮阳，冬季采光；人们集中停留地前方视线内用植物组团，增添视线美感；与雕塑小品有机结合，增添场所文化内涵，强化时代风格等。

2 各类公共建筑的植物设计

2.1 办公建筑

办公建筑的创建是为了给人们提供高效率工作的环境。办公建筑及其外环境是体现一个城市的经济实力和对外展示的窗口。很多城市办公建筑集中的区域，已经成为一个城市的名片，如纽约曼哈顿、伦敦金融城、东京新宿、香港中环等，都代表了城市中最前沿的设计，具有明显的时代感。植物景观作为办公建筑外环境的重要组成因素，也应该与时俱进，形成鲜明的时代感和特有的风格魅力。

2.1.1 办公建筑内外的植物环境特点

现代办公建筑一般为高层建筑，有些更是位于城市的黄金地带，然而这一区域往往用地紧张、建筑密度高、光照异常、交通流量大，形成了这一区域的特殊小气候，对植物景观产生很重要的影响。目前，办公建筑其视觉风貌呈现出强烈的现代感和风格化特征。如雷姆·库哈斯主持设计的中央电视台新办公楼、马岩松的广州双塔、贝聿铭的中银大厦等等，这些优秀的建筑对其外环境中的植物景观风格的塑造形成绝对的影响。另外，城市中大多数人一天中的大部分时间都是在办公楼中度过的，工作和社会竞争的压力使人们处于紧张和亚健康的状态。为了缓解压力，一味提高绿化率，已经远远不能满足上班族的审美方式，他们需要更能符合自己身份和品位具有一定风格的植物景观。

2.1.2 办公建筑植物设计要点

植物作为景观创作的一个组成部分，与其他要素的有机结合是最终目的。在对办公建筑外环境植物景观进行设计的时候，应该对基地的特征有所理解，并将这些特性融入植物景观之中，形成具有地域特色，并与建筑风格相统一，与办公人员行业特征相符合的植物景观。

2.1.2.1 以生态为基础体现地域文化 植物生态习性的不同及各地区气候条件的差异，致使植物的分布呈现地域性，不同地域环境形成不同的植物景观都具有不同的特色。同时，由于办公建筑外环境的特殊小气候的形成，如果不符合植物的生态特性，植物就不能生长或生长不良，也就更谈不到景观的塑造。我国地域辽阔，气候迥异，根据不同地域条件选择适合生长的植物种类，营造具有地方特色的景观。例如北京的国槐、侧柏，深圳的叶子花，攀枝花的木棉，都具有浓郁的地方特色。在办公建筑外环境中运用具有地域特色的植物材料营造植物景观对弘扬地域文化和陶冶情操都具有重要意义。

2.1.2.2 与建筑的融合 我国城市建设中，大多先有建筑，后再考虑景观环境的美化。因此办公建筑植物景观的风格塑造要考虑与建筑风格相符合。当代各种建筑流派、主义与思潮的并存，呈现出百花齐放的局面。例如现代主义、解构主义、后现代主义以及第三世界建筑风格等都在我国办公建筑中有所体现。对建筑的流派和风格进行了解并对其主要设计手法有所掌握并融入植物景观设计中。如扎哈·哈迪德主持设计的北京银河 SOHO（图 20-1）是一个办公建筑综合项目，建筑是解构主义作品，建筑外是一组组起伏的装饰草坡顺应与建筑流畅的曲线，场地中同样设置与建筑风格如出一辙的种植池，整个建筑外环境在总体布局和细节上都达到了与建筑完美的融合，设计师用这种活泼的植物语言代表了 SOHO 一族的自由与浪漫精神。

图 20-1　北京银河 SOHO 鸟瞰图（来源互联网）

2.1.2.3　与行业特征相符合　不同行业的办公建筑环境植物景观在风格上需要结合本行业的身份和特色。行政办公建筑外的环境需要反映政府部门的庄严、严谨和亲民、廉洁等特点，植物景观一般在空间上处理得较为开敞简洁，不宜采用过多华丽色彩和跳跃线条，另外，适当采用有廉洁、坚韧气质的植物来造景，能更好地表现行政办公建筑的文化气息。商务办公建筑的环境中，雄厚的财力和极强的信赖感才是其应传递给人们的第一印象。植物景观应呈现出稳重、高档和诚信内涵，植物的色彩、形象应当在统一的前提下，进行适当的点缀和装饰，来丰富视觉感受。科研办公建筑周围的植物设计应该和置身之地的单位、园区有一些区别，建筑外围可以用植物来划分空间，显现科研办公建筑的独立性。

2.2　商业建筑

商业建筑空间作为城市公共空间是不可或缺的一部分，在城市经济的发展、人们生活水平的提高、城市形象的改善方面都有重要的作用。现代城市的商业建筑，不再仅仅是人们购物的场所，更多的是集购物、餐饮、休闲、娱乐于一体的商业综合体（图 20–2、图 20–3）。作为一站式购物的“天堂”，城市商业综合体景观设计的时候很有必要考虑购物者需求。往往购物者，经过一段时间的购物消费，身体会觉得比较疲惫，如果前期的景观设计考虑到休息设施的设计，那么购物者经过短时间的休息就又可以重新的投入到商业活动中去。那么，如何在商业建筑的公共空间里，为人们创造一个清新舒适的生态小环境，既能舒缓疲劳，又能赢得顾客的青睐，植物的配置造景将发挥重要的作用。商业建筑植物设计要点：

图 20-2　上海南京路步行街商业建筑

图 20-3　万达广场商业综合体（来源互联网）

2.2.1　植物品种选择

根据当地的地域特征，优先选择乡土和管理较为粗放的树种。温带地区以落叶乔木为主，亚热带地区以常绿树种为主。同时考虑树种的生态习性和经济价值。植物色彩要鲜明亮丽，造型要简洁大方。用不同颜色、质地、高度和阴影变化的植物，制造丰富的景观层次，令消费者赏心悦目，情绪高昂。如图 20–4 所示，左边的行道树绿化带用乔、灌、草错落有致的搭配，既发挥了较好的隔离作用，又有美观价值。右边的步行街中央绿化带花坛中种植造型优美的乔木和草花，简洁大气，提高档次。

图 20–4　成都金牛区万达广场的花坛植物造型（来源互联网）

2.2.2　植物配置形式

商业建筑外环境景观的绿化主角是植物，乔木具有高大的体形，以粗壮的树干、变化的树冠在高度上占据空间；而灌木成丛生状态，临近地表，给人以亲切感；花卉具有花色艳丽、花香馥郁、姿态优美的特点，是街道景观的亮点。图 20–5 为色彩艳丽的植物有机组合，主次分明，吸引顾客，鲜艳的花卉衬托热闹气氛。

图 20–5　色彩艳丽的植物有机组合（来源互联网）

2.2.3　注重乔木种植

高大的乔木绿化不仅可以在夏季为人们提供充足的树荫，增加空间的亲切感，还可为人们带来其他植物种类所无法相比的生态效益，适量的乔木种植是保证空间所需“绿量”和提高广场与人们之间“亲和力”的有效措施。图 20–6 为步行街中央绿化带大乔木的种植，为人们提供了庇荫的场所。

图 20–6　苏州石路步行街（来源互联网）

2.2.4　注重季相变化

植物的季相种植可以丰富商业综合体景观，因此植物的选择和配置应该考虑季相变化，使商业街区一年四季都呈现生机勃勃的自然景观。另外，季节多变型景观还可以为城市商业综合体带来足够的人气，无形中带动其购物和休闲功能的繁荣和发展。

2.2.5　注重室内绿化

常见的商业建筑，尤其是大规模的购物休闲中心，通常会运用自然景观元素装饰室内空间，以植物为主体的景观设计既适应了花样不断翻新的商品，改善室内环境和空气质量，也使得室内空间增加生气。在城市的大型购物休闲中心室内景观营造中，通常采用成片的室内景观和公共大厅以及休息餐饮区结合在一起。在交通节点，如电梯上下口处视面积大小适当配置绿色景观，给人们视觉带来自然享受。购物休闲空间平时人口相对比较密集，室内空间相对封闭，造成内部空气质量相对较差，空气流通不好，因此设计时可以考虑多选择吸收二氧化碳能力较强的植物，如棕榈、天门冬、吊兰等改善室内环境。在结合公共休息座椅的植物景观设计中，尽量不要裸露培养土在人能接触到的范围内，防止污染。

3 旅游建筑

旅游建筑是指现代旅游业的经营者们为了满足旅游者食、住、行、游、购、娱六大需要而投资兴建的建筑以及利用传统建筑中其他功能退化、游娱功能突出的那些建筑的总和。大自然风景资源异常丰富，孕育着独特而绚丽的山水奇葩。这就为旅游建筑提供了得天独厚的先天条件。充分发掘和利用大自然之美，优选最佳最美处修建旅游建筑，既是自然人化的需要，更是人化自然的选择。我国大部分旅游建筑都身处自然风景区或人文风景区中。随着经济的发展，时代的变迁，城市中逐渐兴起度假型旅馆、酒店等面向更高消费层次、消费群体的游客。如三亚热带滨海度假酒店（图 20–7）以及坐落在各个大中城市里的各类星级酒店等。即使旅游建筑的形式、风格呈现多样性发展，植物设计始终是旅游建筑绿地景观设计中尤其重要的内容。城市里的旅游建筑，虽不能寄情山水，啸傲林泉，但求舒适起居、欢畅饮宴、悠闲游赏、怡养身心，旅游建筑绿地为人工自然，可构成一种特定的环境、氛围与情感，提升旅游建筑的形象，完善其品质。

图 20–7 三亚银泰度假酒店（来源互联网）

3.1 植物设计与建筑总体协调

旅游建筑绿地总体的园林艺术布局应该是建筑和环境协调一致，以创造一个舒适怡人的旅游休闲环境，绿化部分必须配合建筑的形式和风格。如成都的锦江宾馆，周边密植树木，园内各景区和景点之间结合地形地貌进行有疏有密、有开有合的植物配置，形成密林、疏林和缀花草地等不同景观。优美的园林环境成就了锦江宾馆为花园宾馆的美誉；再如三亚亚龙湾铂尔曼度假酒店（图 20–8），建筑风格是东南亚风格，在植物造景上，选择有热带风情的椰子树、槟榔树、鸡蛋花、大叶的草本植物，如旅人蕉科、美人蕉

图 20–8 三亚亚龙湾铂尔曼度假酒店（卢熹 摄）

科、天南星科的植物，还注意了彩叶树种的搭配，比如红桑、变叶木等，成功营造出一个美轮美奂的天堂。而一些地方特色的旅游建筑则要符合民俗风情，形成富有诗情画意的旅游休闲场所。如西安大唐芙蓉园芳林苑酒店（图 20-9），古色古香的唐代建筑与自然简洁的绿化环境相结合，形成大唐芙蓉园内一个独具特色的唐文化主题精品酒店。

图 20-9　西安芳林苑酒店（源于芳林苑酒店官网）

3.2　植物配置满足各种功能要求

旅游建筑大小各有不同，酒店植物造景的功能必须要满足游客的休息和娱乐的需要，同时还应该照顾到各方面旅游者的爱好及游览赏景的需要。力求通过因地制宜造景的方法，形成建筑内不可缺少的园林气息、游览空间。比如庭院可用高低错落的绿色植物和花廊花架等将整个空间分隔成大小不同的园林空间，各个园林空间中又有各自独特的景观。主路连接各个花园，各花园中再有园林小路，连接各个景点，形成一个完整的游览路线。各园林空间以绿化为主，各种乔木、灌木、花卉、草坪等高低错落，前后配置适宜，以烘托其中的主体设施，使游客对每个空间既可以动态观赏，又可以静态观赏，满足客人游览、赏景和休息等需要。

3.3　植物配置体现人文历史

旅游建筑一方面为游客提供周到的休闲娱乐服务，另一方面为向游客宣传本国或者本地区的文化历史。建筑的植物造景就是要推动园林与历史文化的相互渗透，让人们在了解历史传统的同时也进一步了解自己。绿地景观设计就是要在历史人文背景上做深层的探索，历史文化廊、历史人物雕塑都可合理安排，植物配置可用国树国花、市树市花、传统名花或者古树名木来宣传文化历史。对于一些特色型旅游建筑因主题不同，在选择植物上也可以有所偏重，比如以中国传统古典园林为手法的可以选择文化性较强的植物，如牡丹、梅花、菊花、荷花、蜡梅、玉兰等。而对于要打造热带风光的酒店就可以尽量选择棕榈科植物。

3.4　植物配置内外兼修

室内植物能够耐受室内弱光照、低湿度、空气流通差等不良的环境，常年呈现绿色，在室内空间里营造出美丽的自然景观。旅游建筑一向重视室内的绿化，尤其是酒店，在大堂布置绿植，能够营造出舒适、高档、精致的氛围，提升酒店形象，完善其服务品质。中庭也是室内外绿化的结合点，大多数的旅游建筑在中庭室内植物造景绿化设计中继承了中国传统园林的设计手法。例如假山、流水、灌木丛等，把自然景观移植到室内，给人以置身室外、亲近山水的真切感觉。图 20-10 为酒店室内植物的应用，不仅有生态改善作用，还能分隔空间。

图 20-10　酒店室内盆栽植物（来源互联网）

4　科教文卫建筑

科教文卫建筑是有特殊功能的公共建筑，他包含了文化类公共建筑、卫生类公共建筑等。使用者都是目的明确的需求者。这里，我们把常见的文化类公共建筑和卫生类公共建筑的植物配置与造景做如下阐述。

4.1 文化类公共建筑

是指用于文化活动内容的公共建筑。包括博物馆、公共图书馆、美术馆、剧场等具有文化活动服务，传播文化并提供文化消费的公共建筑。文化建筑的主要功能是满足人们精神文明的需要，在建筑绿地空间处理上更加突出它的文化功能，创造比较浓郁的艺术气氛和文化气息。植物配置与造景同样也是景观处理中常常强调不容忽视的。

文化建筑植物配置的指导思想是用一些有文化内涵的植物体现一定的文化和艺术氛围。建筑周围植物配置可以在强调植物的造景功能和实用功能的同时，突出生态效益和环境效益。内部不同空间的绿化设计，则重在烘托文化建筑的外形特征和强调文化氛围。如浙江大学紫金港校区（图 20–11），校园内建筑很多边缘空间以竹子为主题创造竹林景观，采用借景的手法，将室外的竹景“借”到室内，使室外自然景观被纳入室内观赏者的特定视野，从而使人模糊室内外的空间界限，产生开阔的心理感受。尤其是建筑周围环境的处理上充分体现出竹子的魅力，多了一点自然野趣和幽静，少了一点人工造作，漫步其中给人以宁静淡雅的感觉。此外，在浙江大学新校园环境设计中大量运用的植物种植群落的概念，形成了复层结构，满足了校园环境生态功能和教学功能。

图 20–11 浙江大学紫金港校区建筑外的竹林景观（来源互联网）

再如中国美术学院在入口空间的绿化处理上，也很有讲究（图 20–12）。入口立柱前后整齐排列，丰富了空间的层次，而在立柱后栽植两列竹子，在构图中形成有序的间隔。高大的白色立柱与绿色植物，在色彩上体现和谐一致，在高度上形成高低呼应，统一绿色景观植物元素的线形配置，增强了空间环境的统一感，强化了入口空间的气派。建筑外立面，让藤本植物自然垂落，像一幅植物组成的绿窗帘，整个空间的组合散发着艺术的气息，与中国美术学院的艺术氛围融为一体。

图 20–12 中国美术学院入口空间植物配置（来源互联网）

4.2 卫生类建筑

卫生类建筑是指医院、疗养院和相关的其他保健单位的建筑。这类公共建筑主要用于防病治病、疗养休闲等，为特定的人群提供服务，具有特殊性。在此，我们以医院为例，介绍这类建筑的植物配置与造景。

医院绿化建设的目的是卫生防护隔离、阻滞烟尘、减弱噪声，创造一个幽雅安静的绿化环境，以利于病人尽快恢复健康，医院的植物设计需注意以下内容。

4.2.1 选择保健型植物种类

为了创造洁净、清新、安全的环境，不宜选有飞絮飞毛的树种，以免伤害有呼吸道疾病的人，带刺、多汁、有毒的植物容易伤及儿童，也应予以避免。如松科、柏科、槭树科、木兰科、忍冬科、樟科等植物，这些植物对结核杆菌等病菌有很好的抑制作用；白皮松、桧柏、油松、龙柏、银杏、圆柏、侧柏、碧桃的杀菌力较强。

4.2.2　充分发挥绿地生态效益

对绿化用地很少的医院，应多用攀缘植物，如爬墙虎、牵牛花、凌霄花等，以增加绿化覆盖率；绿化基础好的医院，应在普及绿化的基础上重点提高，逐步更换上一些寿命长、观赏价值高的树种，如罗汉松、香樟、桂花、茶花等。室外植物的配置可以多考虑复层结构，提高绿量，发挥更大的生态效益。但距建筑近的地方，植物要稀疏，以免影响建筑通风采光。

4.2.3　植物配置要有明显的季节性

植物配置要有明显的季节性，使长期住院的病人能感受到自然界的变化，季节变换的节奏感宜强烈些，使之在精神、情绪上比较兴奋，从而提高药物疗效。常绿树与落叶树保持一定的比例，一般在 1∶1 左右，这样，冬季的景观才不至于太萧条而影响病人的心情。另外要多采用开花的小乔木和花灌木，利用植物的丰富层次感及绚丽色彩营造一个整体、和谐的医院空间。

4.2.4　植物景观和各功能区协调

医院的功能区划分明显，功能性突出，植物配置应该先满足这些功能，再做美观上的处理。

主入口区的植物景观应简洁明快，大方自然，一般采用规则式布局。例如在医院大门两侧的墙内外应栽植树形整齐的龙柏、雪松和棕榈等树种，并点缀花灌木，使医院大门整齐美观。

门诊部是病人就诊的场所，人流量大且高峰期集中，需要有较大面积的缓冲场地，场地及周围应做适当的绿地布置，可布置花坛、花台，花木的色彩对比不宜过于强烈，应以素雅为宜。场地内疏植一些落叶大乔木，其下设置坐凳以便病人休息和夏季遮阳。

住院区要求创造的安静、宁静的环境氛围，同时这也是医院景观的一个视觉中心，绿地面积相对较大，应该充分利用地形，把植物和其他园林元素有机结合，形成具有较高观赏价值的休息绿地。如陕西省人民医院的住院区（图 20–13），花草树木和亭廊、雕塑的结合，为病人和医务工作者营造了一个花园式的医院环境。

图 20–13　陕西省人民医院住院部植物配置（来源互联网）

传染病区住着患传染疾病的人，往往会有抑郁、恐惧、焦躁等心理表现，发病时还会有独特的病理心理。考虑到传染病区的特殊性，最好将其定位为封闭式的小型花园，既为病人提供方便的休息场所，又能够保证其安全性。在植物造景上，巧妙运用借景、框景、障景等造园手法，起到增大空间、加大景深的作用。植物色彩宜采用稳定情绪的绿色、粉色、淡蓝色，有助于病患心情稳定。

医院围墙处采用整形绿篱或乔木列植的方式，形成一个垂直型的隔离带。在围墙的镂空架上攀爬的爬山虎亦可起到良好的隔音、隔离污染的效果，围墙处栽植抗污染力强的植物，还能够有效地对粉尘或汽车尾气进行净化或隔离。

5　交通运输类建筑

交通运输类建筑以交通服务功能为主，通常包含了火车站、地铁站、机场、汽车站等城市交通枢纽。交通建筑爆发性人流逐步增多，建筑内外都需有一定面积的广场以供人流聚集和疏散，并同时为人群的等候、休息、交谈等需求创造舒适的场地。因此，绿化设计要求在满足人流、车流、物流的同时，也为广大的市民和旅客提供能够亲近自然、陶冶情操、愉悦身心的场所。植物配置造景往往要求在交通广场和建筑内部的绿化空间里，做精心的设计。

5.1 广场的植物配置与造景

植物配置应注意与建筑形象一致，并与城市道路绿化连为一体。最好有较强的方向引导性，为来来往往的旅客指示方向。如售票厅和进站口相邻，则用绿篱或乔木列植，划分空间。平面处理上采用流畅的曲线构图形式种植色块，显得大方、简洁。立面上，应该栽植能形成绿荫的乔木，结合广场上的公共设施，为人们提供舒适宜人的休息场所。

5.2 出入口的植物配置与造景

车站出入口是人们对于车站或城市最直观的印象，植物配置方案应符合空间的整体表现要求，结合出入口建筑，形成开敞或半开敞的空间。同时，还可以考虑把城市文化也纳入其中。如北京首都机场T3航站楼内部，有两座精巧别致的中国园林小品，其中一座是微缩了江南园林的“吴门烟雨”（图20–14），步移景迁、褐柱白墙、飞檐翘角、丛丛修竹，点缀在国际进出港的候机大厅，格外引人注目。

图20–14 北京首都机场T3航站楼内的“吴门烟雨”（来源互联网）

再如成都天府广场地铁总站（图20–15），周边以商贸、办公为主，上下班人流很大。地铁站出入口与天府广场相结合，有利于各种人流的聚集与疏散。图20-15①为广场栽植的桂花、海桐球等多种乔灌木，以及时令花卉和草坪，不仅具有观赏性，更具有实用性，为广场空间的划分起到重要的作用。图20-15②为花坛，花坛中种植低矮的植物，显得开敞，有利于人流集散。

图20–15 成都天府广场地铁总站平面图（来源互联网）

5.3　室内植物配置与造景

在交通建筑内部空间设计中往往将水、植物、雕塑等引入室内来改善室内空间的生态环境、增加空间活力、提高空间的文化品位和气质。需要注意的是，景观设计要有明确的指示性，植物种植能够保证交通流线上的顺畅，确保视线高度不被阻挡。由于人们在这里只是作短时间的休息，因此植物的设计应该简洁利落，宜选用形态规则的植物，如棕榈科的植物（图 20–16），再配合休息座椅设置花坛等（图 20–17），体现轻松和明快的效果，使等候乘客放松焦虑的情绪。在某些角落，可以选用盆栽的形式来实现绿化效果，方便管理和维护，并为大尺度室内空间营造生态清新的内部环境，提供生机。

图 20–16　成都东站内的植物绿化（来源互联网）

图 20–17　绿化结合座凳（来源互联网）

练习题及实训

任务 18　庭院植物配置与造景实训指导书

一、实训目的

通过实地考察，具体分析一处庭院植物景观实例：

1. 感知植物在庭院景观中所起的作用；

2. 能够具体分析实例中的植物造景设计遵循了哪些原则和方法；

3. 掌握常用庭院植物的形态特征、生态习性以及配置的方式（不少于 30 种）。

二、实训要求

1. 用文字或用现状图的方式，描述和分析所考察庭院的自然环境条件（光照、地形、土壤、风等）、服务对象以及所达到的各种经济技术指标；

2. 画出所考察庭院的植物功能分区图和植物种植规划图；

3. 调查庭院所运用的植物种类以及配置的方式、方法；

4. 指出所考察庭院植物配置的特点和不足，提出意见或建议，并依照本实例的地形、环境试着自己设计一个植物造景方案。

三、评分标准

序号	项目	配分	评分标准	得分
1	实训要求 1	15	能详细、完整的描述环境条件等所要求的内容，并有适当的分析	
2	实训要求 2	20	制图完整、清晰，能够准确表达实例的设计意图	
3	实训要求 3	15	能够准确认知所考察庭院运用的植物种类	
4	实训要求 4	50	方案中植物选择得体、配置方法合理，能满足基本设计原则	
总分		100		

任务 19　宅旁绿化植物配置与造景实训指导书

一、实训目的

通过实地考察，具体分析某居住小区宅旁绿化的植物景观实例：

能够具体分析实例中的植物造景设计遵循了哪些原则和方法；

分析宅旁植物造景的手法，并说明是否合理。

二、实训要求

1. 用文字或用现状图的方式，描述和分析所考察小区的自然环境条件（光照、地形、土壤、风等）、服务对象以及所达到的各种经济技术指标；

2. 调查小区宅旁绿化植物，并用相机拍摄植物造景照片，分析植物种类以及配置的方式、方法；

3. 指出所考察植物配置的特点和不足，提出意见或建议，并依照本实例的地形、环境试着自己设计一个植物整改方案。

三、评分标准

序号	项目	配分	评分标准	得分
1	实训要求 1	10	有调查照片，能详细、完整的描述环境条件等所要求的内容，并有适当的分析	
2	实训要求 2	15	能够准确分析考察地所运用的植物种类和配置方法	
3	实训要求 3	25	能够恰当地分析植物配置的特点和优劣	
4	实训要求 4	10	整改方案中植物选择得体、配置方法合理，能满足基本设计原则	
5	实训要求 5	40	制图完整、清晰，能够准确表达设计意图	
总分		100		

单选题

1. 相对不宜在庭院过多栽植的植物种类有（　　）

A. 灌木　B. 一年生花卉　C. 高大乔木

D. 小乔木

2. 下列植物种类一般不宜进行廊架装饰的是（　　）

A. 日本黑松　B. 常春藤　C. 凌霄

D. 叶子花

3. 下列庭院常用植物之中，不是彩叶植物的是（　　）

A. 鸡爪槭　B. 金边黄杨　C. 变叶木

D. 落新妇

4. 下列不是植物在庭院中所能起的作用的是（　　）

A. 增加二氧化碳含量　B. 调节空气湿度

C. 降温　D. 划分空间

5. 迎春、棣棠、连翘通常开什么色系的花（　　）

A. 紫　B. 黄　C. 红　D. 白

6. 白玉兰、栀子、女贞、火棘通常开什么色系的花（　　）

A. 紫　B. 黄　C. 红　D. 白

7. 下列植物通常不是斑叶植物的是（　　）

A. 卫矛　B. 蜘蛛抱蛋　C. 桃叶珊瑚

D. 吊竹梅

8. 下面哪一种植物一般不在冬季开花（　　）

A. 茶梅　B. 贴梗海棠　C. 仙客来

D. 一品红

9. 庭院常见植物中下列不是先花后叶的植物是（　　）

A. 二乔玉兰　B. 紫荆　C. 梅花　D. 夹竹桃

10. 关于进行庭院植物造景，下列哪一项是相对经济、有效的方式（　　）

A. 配置更多高大乔木

B. 大量引进外来优秀树种

C. 大量运用各种乡土植物

D. 大面积种植草坪

11. 宅旁绿地中高大的乔木或灌木种植一般要间隔建筑门窗（　　）的距离。

A. 3 m　B. 4 m　C. 5 m　D.6 m

12. 宅旁绿地的特点有哪些（　　）

A. 贴近居民，领有性强

B. 绿化为主，形式多样

C. 以老人、儿童为主要服务对象

D. 以上都有

13. 旅游建筑绿地植物配置要注意哪些（　　）要点

A. 植物设计与建筑总体协调

B. 植物配置满足各种功能要求

C. 植物配置体现人文历史

D. 以上都有

14. 医院的植物设计在植物选择上，应尽可能地选用（　　）植物种类。

A. 观赏型　B. 芳香型　C. 高大型

D. 保健型

问答题：

1. 浅谈宅旁绿化时要使植物与建筑协调，在色彩上应该怎样搭配。

2. 谈谈宅旁绿化中如何实现种植设计的合理性和安全性。

3. 浅谈交通运输类广场的植物配置与造景设计要点。

情境教学7　参考答案

情境教学 8　水体的植物配置与造景

任务 21　水面的植物配置与造景

知识目标

◆ 1. 熟练水面植物艺术构图的方式及生态习性。

◆ 2. 掌握水面植物工程设计及生态群落营造方法。

能力要求

◆ 1. 具备水面植物配置与造景的基本能力。

◆ 2. 能够进行水面植物配置与造景。

本章导读

古典园林中常用来衬托水景的植物不外乎荷花、睡莲、萍蓬、菖蒲、鸢尾、芦苇等种类，但有限的材料却能给人们创造出意境深远的景观效果。特别是荷花、睡莲，更是传统衬托水景不可缺少的材料。

水面景观低于人的视线，与水边景观呼应，加上水中倒影，有限的材料却给人们创造出意境深远的景观效果，最宜观赏。水中植物配置用荷花，以体现"接天莲叶无穷碧，映日荷花别样红"的意境。但若岸边有亭、台、楼、阁、榭、塔等园林建筑时，或设计种有优美树姿、色彩艳丽的观花、观叶树种时，则水中植物配置切忌拥塞，留出足够空旷的水面来展示倒影。水面植物大多为水生植物。水生植物是指生长在水体环境中的植物，包括草本植物和木本植物，从广泛的生态角度来讲还包括沼生和湿生植物，其种类繁多、色彩丰富，是园林绿化的重要组成部分，并具有生长速度快、分布广、繁殖快、病害少、用途大等特点。

1　水面植物在园林中的作用

水生植物的茎、叶、花、果都有观赏价值，种植水生植物可打破园林水面的平静，为水面增添情趣，丰富园林的景观效果，创造园林意境；还可减少水面蒸发，净化水体、改良水质。水生植物生长迅速，适应性强，栽培粗放，管理省工，并可生产蔬菜、药材和廉价的饲料等，如莲藕、慈姑等。

2　水面植物的种类

水面植物按其习性可分为以下几类：我国水系众多，水生植物资源非常丰富，仅高等水生植物就有 300 多种，按其生活习性、适生环境，可分为挺水性植物、浮叶性植物、沉水性植物和漂浮性植物四大类。

2.1　挺水性植物

又称沼生植物，它们通常生长在水边或水位较浅的地方。其根长在水里，但叶片或茎挺出水面。有一些挺水植物也能在水面下长沉水叶。这类植物应用于水景园的岸边、湿地，宜种植在不碍水上游憩活动，同时又能增添岸边风景的水体中。如荷花、菖蒲、水葱、荸荠、慈姑、芦苇、千屈菜、鸢尾、鱼腥草等。

2.2　浮叶性植物

它们大多生活在深水域环境中。其根茎生于水底的泥土中，叶片有长长的叶柄支撑着，浮在水面，叶片呈宽大的圆形或椭圆形。如睡莲、王莲、芡实等。

2.3　漂浮性植物

全株漂浮在水域中，不需自泥土中生出。这类植物一般繁殖迅速，在深水、浅水中都能生长，植物体漂浮于水面，可随风浪漂泊游动。这类植物可作为静水面的点缀装饰，也可在大的水面上增加曲折变化。如凤眼莲、浮萍、槐叶莲等。

2.4　沉水性植物

它们完全沉浸在水中，多生长在水中较深的地方，根长在水里，叶子常呈线性、带状或丝状。有一小部分沉水植物，它们的根会随波漂浮。如椒草、水车前、水榕、皇冠草等。

3　水面植物配置艺术

3.1　水面植物的选择应以乡土植物品种配置为主

水生植物尽管种类繁多，但切忌滥用。不同地域环境选择不同的植物品种进行配置，以乡土植物品种进行配置为主。在人工湿地建设时更应把握这个观点。而对于一些新奇的外来植物品种，在配置前，我们应该参考其在本地区或附近地区的生长表现后再行确定，防止盲目配置而造成的施工困难。

3.2　种植水面植物时，种类的选择和搭配要适宜

选择时要充分了解各种水生植物的生长特性，注意株型大小、色彩搭配与植株的观赏风格等协调一致，以及与周围环境相互融合。可以是单纯一种，如在较大水面种植荷花等；也可以几种混植，混植时的植物搭配除了要考虑植物生态要求外，在美化效果上要考虑有主次之分，以形成一定的特色。在水体中种植水生植物时，不宜种满一池，使水面看不到倒影，失去扩大空间作用和水面平静感觉；也不要沿岸种满一圈，而应该有疏有密，有断有续。一般在小的水面种植水生植物，可以占 1/3 左右的水面积，留出一定水中空间，产生倒影效果。

3.3　不同的水位深度选择不同的植物类型及植物品种配置栽种

水生植物有各自适宜生长的水深范围，但选择植物种类时，我们应把握这样的两个准则，即栽种后的平均水深不能淹没植株的第一分枝或心叶和一片新叶或一个新梢的出水时间不能超过 4 d。这里说的出水时间是新叶或新梢从显芽到叶片完全长出水面的时间，尤其是在透明度低，水质较肥的环境里更应该注意。

3.4　不同土壤环境条件下选择不同的植物品种栽种

土壤养分含量高、保肥能力强的土壤栽种喜肥的植物类型，而土壤贫瘠、沙化严重的土壤环境则选择那些耐贫瘠的植物类型。静水环境下选择浮叶、浮水植物，而流水环境下选择挺水类型植物。

3.5　不同栽植季节选择不同的植物类型栽种

在设计时，设计者应该考虑各种配置植物的生长旺季以及越冬时的苗情，防止栽种后出现因植株生长未恢复或抗寒性差而不能正常越冬的情况。因此，在进行植物配置选择时，应该先确定栽种的时间范围，再以此时间范围及植物的生长特性为主要依据，进行植物的设计与选择。

案例6　自然水体水生植物设计——江南水乡河道水面植物配置分析

"江南好，风景旧曾谙；日出江花红胜火，春来江水绿如蓝。能不忆江南？"江南，自古就享有人间天堂之美誉。这里河湖交错，水网纵横，小桥流水、古镇小城、田园村舍、如诗如画。但随着江南现代经济的发展，河道早已失去往日的风采，为了再现江南，各地对河道都进行了生态系统恢复，种植水面植物，净化水系，提升景观效果，具体做法是：在硬质驳岸的河段使用飘浮种植床（钢丝固定），根据床设计存重、水质及河面大小选择相应的植物（图案例 6-1,

至图案例 6-3）。

图案例 6-1　种植水面植物

图案例 6-2　在自然驳岸的河段种植莲藕等经济性水生植物

图案例 6-3　在自然驳岸的河段仿生水面

植物群落配置应注意：

① 自然界水面均为群植，不会以单株的形式出现。

② 运用匀称对比手法，创造高低错落和谐有致的自然风景。

③ 适当穿插一年四季的开花植物，使自然植物群落更具野趣。

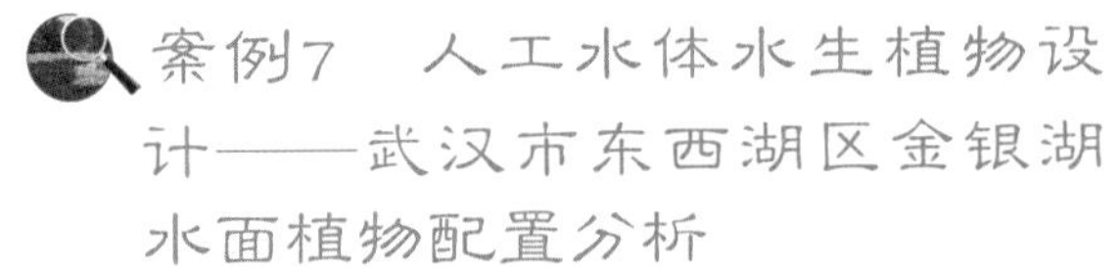

案例7　人工水体水生植物设计——武汉市东西湖区金银湖水面植物配置分析

近年来，在高档住宅区和大型公共绿地中配置人工湖的建设大量涌现，水景成为高档住宅和公共绿地中主要视点。但有些人工湖忽视水生态的建设，其生态自净能力脆弱，一旦受到污染物的冲击，水质迅速恶化，景观效果大为降低，甚至成为臭水汇集之地。用物理、化学法治理，只能暂时缓解水体的恶化程度。若用换水来改善水质状况，在水资源匮乏的今天，既不经济又不利于可持续发展。目前已有研究者对生态工程措施治理富营养化的水体进行过理论研究，并已成功地应用于实际治理工程。但此类应用主要在大型的天然水质恶化的治理，将其应用于小型人工湖治理的实例尚未见报道。因此在建设人工水景时，应首先考虑水体内生态系统的设立，然后根据实际情况配置水生湿地植物和水生动物并在水中添加微生物。有条件时应配置相应的设备，促进水循环。

武汉地区已建成和拟建的人工湖，按其设计思路不同主要有两种。一是以水泥为底质，水泥驳岸，不设置底栖动物和水生植物。此类人工湖景观呆板，缺乏自然情趣，自净功能薄弱。一旦受到大量污染物的冲击，水质迅速恶化，易引发藻类大量繁殖，透明度下降，水生动植物大量死亡，形成污水库。二是仿造天然湖泊，对人工湖景观进行生态设计，将水体的自然生态属性、水面的开阔奔放与大环境绿化的背景融为一体。湖以泥为底，并配置既有抗污吸污能力的环保型植物群落，又有模拟自然的观赏型植物群落。湖中适量放养具有净化功效的动植物，人为建立水生生态系统，抑制藻类的繁殖，在藻类大量繁殖前，设法不让其形成优势物种，从而控制产生富营养化。此类人工湖只要维持其生态系统平衡，可防止水质恶化。

人工湖的生态设计实例

武汉金银湖公园位于武汉市东西湖区金银湖，是武汉市面积最大的城市湿地公园之一，国家城市湿地公园。建于2001年，占地面积77 hm^2，其中半岛型陆地17 hm^2，湖面60 hm^2，湿地面积占公园91%。是一座以水生植物为主的自然生态郊野型湿地公园，免费向市民开放。

金银湖公园沿岸配置柳树、迎春花；水边配置了黄花莺尾、再力花、千屈菜、花叶芦竹等挺水植物；水面配置了睡莲、荷花、荇菜等浮水植物；水中配置了轮藻、眼子菜、苦草等沉水植物；水体中还放养了鱼、鳝等上层鱼类，同时底层放养了少量螺类。这样构成了初级水体生态系统。在这样的系统内水质能保持良好，并且物种种类和数量都在增加。图案例7-1水面配置了睡莲、荷花、荇菜等浮水植物；水中配置了轮藻、眼子菜、苦草等沉水植物。

图案例7-2水面配置了黄花莺尾、再力花、千屈菜、花叶芦竹等挺水植物。图案例7-3水面配置了睡莲、荷花。

图案例7–1　金银湖公园水面（1）

图案例7–2　金银湖公园水面（2）

图案例7–3　金银湖公园水面（3）

任务22　水边的植物配置与造景

知识目标

◆ 1. 熟练水边植物配置艺术。
◆ 2. 掌握水边植物生态群落营造方法。

能力要求

◆ 1. 具备水边植物配置与造景的基本能力。
◆ 2. 能够进行水边植物配置与造景。

本章导读

水是园林中不可缺少的并富有魅力的景观要素，具有增加湿度、调节温度等生态作用，古今中外的园林对于水体的运用非常重视，尤其中国古典园林几乎“无园不水”。园林中有了水就增添了生机和动感，也赋予园林波光粼粼、水影摇曳之美。因此，在园林景观设计中，重视水体的造景作用、处理好园林植物与水体的关系，可以营造出引人入胜的景观。

水边植物的作用主要在于丰富岸边景观视线，增加水面层次，突出自然野趣。北方常常植垂柳于水边，或配以碧桃樱花，或片植青青碧草，或放几株古藤老树，或栽几丛月季蔷薇、迎春连翘，春花秋叶，韵味无穷。南方水边植物的种类就相对丰富些，如：水松、蒲桃、榕树类、红花羊蹄甲、木麻黄、椰子、蒲葵等棕榈科树种、落羽松、垂柳、串钱柳、乌桕等，都是很好的造景材料。

1　色彩构图

淡绿透明的水色，是调和各种园林景物色彩的底色，如水边碧草、绿叶，水中蓝天、白云。但对绚丽的开花乔灌木及草本花卉，或秋色却具衬托的作用。南京白鹭洲公园水池旁种植了落羽杉和蔷薇。春季落羽杉嫩绿色的枝叶像一片绿色屏障，衬托着粉红色的十姐妹，绿水与其倒影的色彩非常调和；秋季棕褐色的秋色叶丰富了水中色彩。上海动物园天鹅湖畔及杭州植物园山水园湖边的香樟春色叶色彩丰富，有的呈红棕色，也有嫩绿、黄绿等不同的绿色，丰富了水中春季色彩，并可以维持数周效果。如再植以乌桕、苦楝等耐水湿树种，则秋季水中倒影又可增添红、黄、紫等色彩。图22–1为杭州植物园山水园湖边的香樟春色叶色彩丰富，有的呈棕红色，也有嫩绿、黄绿等不同的绿色，丰富了水中春季色彩，并可持续数周。图22–2为栽植乌桕、苦楝等耐水湿树种，则秋季水中倒影又可增添红、黄、紫等色彩。

图22–3为色淡绿透明的水色，是调和各种园林景物色彩的底色，如水边的碧草、绿叶，水中蓝天、白云。但对绚丽的开花乔灌木及草本花卉或秋色却具衬托的作用。

图22–1　湖边的香樟春色叶色彩丰富

图 22–2　湖边的乌桕、苦楝

图 22–3　调和各种园林景物的水色

2　线条构图

平直的水面通过配植具有各种树形及线条的植物，可丰富线条构图。

高大的钻天杨与低垂水面的柳条与平直的水面形成强烈的对比，而水中浑圆的欧洲七叶树树冠倒影及北非雪松圆锥形树冠轮廓线的对比也非常鲜明（图 22–4）。

平直的水面，通过配植具有各种树形和线条的植物，可丰富线条构图（图 22-5）。我国园林中水边主张植以垂柳，造成柔条拂水，湖上新春的景色。此外，在水边种植落羽杉、池杉、水杉及具有下垂气生根的小叶榕均能起到线条构图的作用。另外，水边植物栽植的方式，探向水面的枝条，或平伸，或斜展，或拱曲，在水面上都可形成优美的线（图 22–5）。

3　透景与借景

透景与借景水边植物配置切忌等距种植及整形式修剪，以免失去画意。栽植片林时，留出透景线，利用树干、树冠，框以对岸景点。如颐和园昆明湖边利用侧柏林的透景线，框万寿山佛香阁这组景观。英国谢菲尔德公园第一个湖面，也利用湖边片林中留出的透景线及倾向湖面的地形，引导游客很自然地步向水边欣赏对岸的红枫、卫矛及北美紫树的秋叶。一些姿态优美的树种，其倾向水面的枝、干可被用作框架，以远处的景色为画，构成一幅自然的画面，如南宁南湖公园水边植有很多枝、干斜向水面，弯曲有致的台湾相思，透过其枝、干，正好框住远处的多孔桥，画面优美而自然（图 22–6）。

图 22–4　英国勃兰哈姆公园湖边配植钻天杨、杂种柳、欧洲七叶树及北非雪松

图 22-5　水边种植落羽杉、池杉、水杉及具有下垂气生根的小叶榕

图 22-6　水边植物配置

案例8　花港观鱼——红鱼池植物景观分析

花、港、鱼为特色的风景点。西湖十景之一。地处苏堤南段西侧。1964 年二期扩建工程告竣后，占地面积达 20 hm^2。全园分为红鱼池、牡丹园、花港、大草坪、密林地五个景区。与雷峰塔、净慈寺隔苏堤相望。红鱼池位于园中部偏南处，是全园游赏的中心区域。池岸曲折自然，池中堆土成岛，池上架设曲桥，倚桥栏俯看，数千尾金鳞红鱼结队往来，泼刺戏水。

一、花港观鱼水边植物群落平面图

植物群落一：该群落面积大约 170 m^2，三面环水，为人造土石小岛上的植物景观。为了突出古朴优雅，主要选择重姿态、重风骨的自然植物，突出四季变化，春有红枫、紫藤，夏有黄菖蒲、石蒜，秋有鸡爪槭，冬有梅花、枸骨，再加上四季可观的青松，使其景观富于变化，又不缺乏统一（图案例 8-1）。

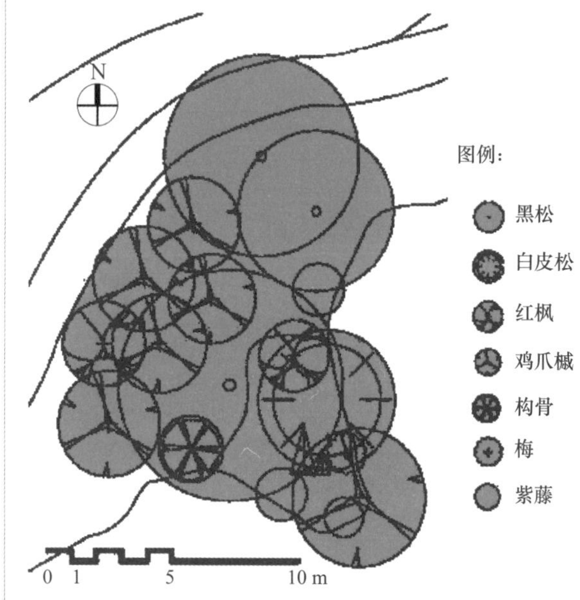

图案例 8-1　花港观鱼水边植物群落一平面图

植物群落二：该群落面积大约 336 m^2，该景观以营造和谐愉悦的植物景观为目的，选择了水松、池杉、落羽杉、水杉、柳杉等乔木；在视觉上即富有变化又和谐统一。在树形上都是高耸的圆锥形，外轮廓线非常协调统一；在色彩上夏季绿色度各异，而秋色更为迥异，棕褐色的水松、棕红色的落羽松、黄褐色的水杉带、四季常绿的

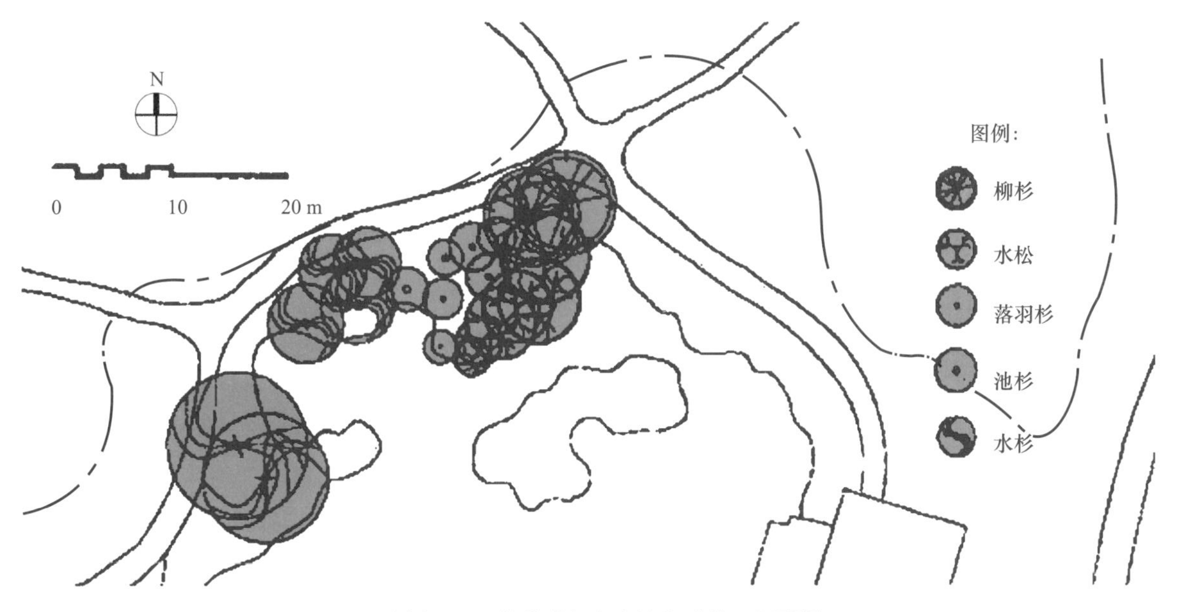

图案例 8-2　花港观鱼水边植物群落二平面图

柳杉，使得秋色分外迷人。

二、花港观鱼水边植物群落图片赏析

花港观鱼水边植物群落春、夏、秋、冬赏析见图案例 8-3 至图案例 8-6。

图案例 8-3　春色

图案例 8-4　夏色

图案例 8-5　秋色

图案例 8-6　冬色

任务23　堤、岸、桥、岛的植物配置与造景

知识目标

◆ 1. 熟练堤、岸、桥、岛植物配置艺术。

◆ 2. 掌握堤、岸、桥、岛植物生态群落营造方法。

能力要求

◆ 1. 具备堤、岸、桥、岛植物配置与造景的基本能力。

◆ 2. 能够进行堤、岸、桥、岛植物配置与造景。

本章导读

驳岸分土岸、石岸、混凝土岸等，其植物配置原则是既能使山和水融成一体，又对水面的空间景观起到主导作用。土岸边的植物配置，应结合地形、道路、岸线布局，有近有远，有疏有密，有断有续；曲曲弯弯，自然有趣。石岸线条生硬、枯燥，植物配置原则是露美、遮丑，使之柔软多变，一般配置岸边垂柳和迎春，让细长柔和的枝条下垂至水面，遮挡石岸，同时，配以花灌木和藤本植物，如变色鸢尾、黄菖蒲、燕子花、地锦等来局部遮挡（忌全覆盖、不分美、丑），增加活泼气氛。

1　驳岸植物配置

曲折优美的驳岸线是水景重要的景点，驳岸植物配植很重要，既能使陆地和水体融成一体，又对水面空间的景观起主导作用。利用花草镶边或湖石结合配植花木可以打破驳岸相对僵硬的质感，丰富驳岸的层次，柔化驳岸的线条，增加水边的趣味，丰富水边的色彩。自然式的驳岸，无论是土岸、石岸还是混凝土岸等，其植物配置原则是既能使山和水融成一体，常常选用耐水湿的植物，但植物配置有各自的特点。

1.1　石驳岸

石岸线条生硬、枯燥，植物配置原则是露美、遮丑，使之柔软多变，一般配置岸边垂柳和迎春，让细长柔和的枝条下垂至水面，遮挡石岸，同时配以花灌木和藤本植物，如变色鸢尾、黄菖蒲、燕子花、地锦等来局部遮挡（忌全覆盖、不分美、丑），增加活泼气氛；球根类植物，如天南星科的菖蒲、石菖蒲，鸢尾科的黄菖蒲、燕子花，毛茛科的马蹄草等植物，这类植物还可起到加固驳岸的作用（图 23-1）。

1.2　土驳岸

土岸边的植物配置，应结合地形、道路、岸线布局，有近有远，有疏有密，有断有续，曲曲弯弯，自然有趣（图 23-2）。

2　堤、岛的植物配置

水体中设置堤、岛，是划分水面空间的主要手段，堤、岛的植物配置，不仅增添了水面空间的层次，而且丰富了水面空间的色彩，倒影成为主要景观。堤常与桥相连，故也是重要的游览路线之一。岛的类型很多，大小各异。有可游的半岛及湖中岛，也有仅供远眺、观赏的湖中岛。前者在植物配植时还要考虑导游路线，不能有碍交通，后者不考虑导游，植物配植密度较大，要求四面皆有景可赏。环岛以柳为主，间植侧柏、合欢、紫藤、紫薇等乔灌木，疏密有致，高低有序，增加层次，具有良好的引导功能（图 23-3）。

图 23-1　石驳岸

图 23-2　土驳岸

图 23-3　堤、岛的植物配置

案例9　西湖

西湖的水面面积约 4.37 km^2（包括湖中岛屿为 6.3 km^2），湖岸周长 15 km。水的平均深度在 2.27 m，最深处在 5 m 左右，最浅处不到 1 m。湖南北长 3.3 km，东西宽 2.8 km。苏堤和白堤将湖面分成里湖、外湖、岳湖、西里湖和小南湖五个部分。

“欲把西湖比西子，淡妆浓抹总相宜。”唐代诗人苏东坡的绝句，一向被认为是闻名天下的杭州西湖的最恰当的写照。西湖之美，固然在于自然的山水，但西湖沿岸植物在形态和色彩上的四季变化，却把西湖装点得更加有生气，增加了赏景的意味。

早春，孤山的梅花，成片开放，白堤、苏堤和柳浪闻莺沿岸的“一株杨柳一株桃”，体现了历史上西湖植物配置传统的意境；特别是垂柳、水杉和悬铃木的叶色，被春风吹绿了西湖沿岸，使西湖显得更加生气勃勃，春意盎然，图案例 9-1“层林尽染，漫江碧透”植物配置。图案例 9-2 水边配置垂柳及春季花卉，发挥其“六桥烟柳”，“苏堤春晓”的特色。

图案例 9-1　西湖景观

图案例 9-2　水边配置垂柳及春季花卉

“柳港”：花港观鱼南部有一条港叉，宽约 3 m，两岸临水际全部种植大叶柳，枝干倾向水面，近水树根常暴露在水面，港面平静，柳影倒曳，水质清澈如镜，扩大了小港的空间，增加了小港的透视景深，因而构成了小中见大的“柳港”，图案例 9-3 水边以“树树桃花间柳花”的桃柳为主景。

图案例 9-3　水边桃柳为主景

三潭印月是西湖偏南面的一个岛屿，总面积约 7 hm^2，以围堤构成具有内湖的园林空间，又以不同高低的乔灌木分隔内外湖，内湖中有东西、南北两条主路（堤）成十字相交，将岛屿划成“田”字形的水面空间，东西堤上种有大叶柳、木芙蓉、紫薇等乔灌木，有疏有密，高下有序，犹如帘幕般地把内湖分隔成角北两个部分（图案例 9-4），由于树带的存在，增加了整个园林的层次和景深，产生了重堤复水的风景效果。如果没有这条树带的漏与隔，则内、外湖之间，将是一览无余，毫无含蓄的大片水面而已。

图案例 9-4　西湖岛屿

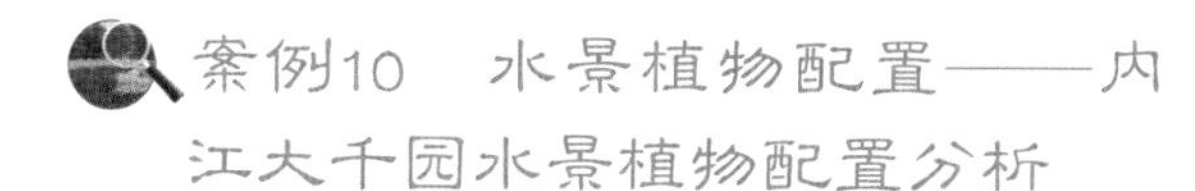

案例10　水景植物配置——内江大千园水景植物配置分析

一、配置原则

1. 因地制宜，以乡土植物为主，最大限度发挥生态景观作用

内江大千园植物配置以乡土植物品种配置为主。植物品种的多样化，但不滥用。该项目乔木主要以四川乡土植物品为基调，同时少量运用外来品种，以增加植物的多样性。

本项目配置的主要乔木：水杉、落羽杉、五针松、小叶榕、朴树、桃、老人葵（引进品种）、加拿利海枣、柳树、梅花、海棠等。

本项目配置的主要灌木：水生植物、藤本植物：红花檵木、女贞、月季、醉浆草、迎春、美人蕉、西伯利亚鸢尾、芦苇、荷花、水草等。

2. 重视植物生态习性，形成当地植物群落体系

水景植物种类在选择和搭配上的适宜。在选择水生植物时充分考虑各种水生植物的生长习性，注重大小、色彩与植物姿态的协调，以及与周边环境的相互融洽。在景观层次上有主次之分，形成独特的特色水生植物景观。

在水景方面可以通过植物的色彩搭配上表达出不同的情绪。如不同花色的荷花与睡莲在河中争艳，给人以时而宁静时而热烈的情绪。

在线条上方面水边种植落羽杉、池杉、水杉及具有下垂气根的小叶榕均能起到线条构图的作用。

3. 重视水景植物空间层次布局

不同的生长类型的植物有不同的适宜生长的水深范围。

4. 四季有景的原则

在植物配置的选择上根据不同的植物类型，不同的花期等来营造自然群落，使得在季相上形成三季有花，四季有绿的景观。

在总体的水景植物配置上达到发挥生态景观效益，造景的同时与生态相结合，为鸟类、两栖动物建造优良的栖息环境。

二、水景植物配置群落分析

植物配置平面图见图案例 10-1。

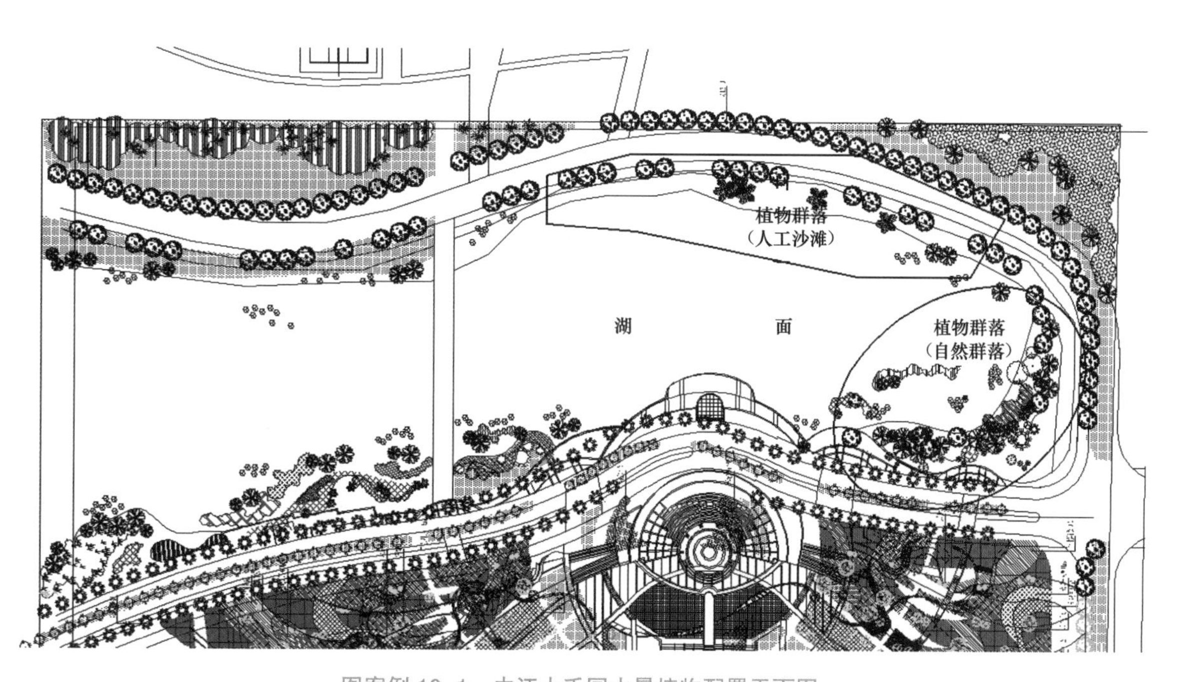

图案例 10-1　内江大千园水景植物配置平面图

群落一　水景植物配置——自然生态群落

1. 群落构成

自然生态群落见表案例 10–1。

表案例 10–1　自然生态群落

名称	科	属	特征	类型	形态	胸径 /cm	冠幅 /m	高度 /m
水杉	杉科	水杉属	大乔木	单杆	落叶	20	5～8	12 以上
小叶榕	桑科	榕属	大乔木	单杆	常绿	15	5～8	6 以上
碧桃	蔷薇科	桃属	小乔木	单杆	落叶	10	2～3	2～3
羽毛枫	槭树科	槭属	小乔木	单杆	常绿	8	1～2	1.5～2
海桐球	海桐科	海桐花	球灌木	丛生	常绿	—	—	—
红花檵木球	金缕梅科	檵木属	球灌木	丛生	常绿	—	—	—
迎春	木樨科	素馨属	藤本	丛生	多年生	—	—	—
麦冬	百合科	沿阶草属	草本		多年生	—	—	—
吉祥草	百合科	吉祥草属	草本		多年生	—	—	—
美人蕉	美人蕉科	美人蕉属	灌木	丛生	一年生	—	—	—
芦苇	禾本科	芦苇属	水生	丛生	多年生	—	—	—
西伯利亚鸢尾	鸢尾科	鸢尾属	水生	丛生	多年生	—	—	—
扶桑	锦葵科	木槿属	灌木	丛生	落叶	—	—	—
水草	莎草科	飘拂草属	水生	丛生	多年生	—	—	—
荷花	睡莲科	莲属	水生	丛生	一年生	—	—	—

2. 分析

（1）色彩构成　绿透明的水色，是调和各种园林景物色彩的底色，如水边碧草、绿叶，水中蓝天、白云。但对绚丽的开花乔灌木及草本花卉，或秋色却具衬托的作用。内江大千园水景植物配置的色彩构成：

春季：淡绿色（刚发芽水杉、落羽杉等落叶树种）+ 红色（羽毛枫、红花檵木等）+ 绿色（小叶榕、海桐等）+ 春季开花植物（美人蕉、红花檵木、杂酱草等）共同构成春机盎然的春色景观。

夏季：各种绿色（水杉、落羽杉、小叶榕、海桐等）+ 红色（羽毛枫、红花檵木等），夏季开花植物（荷花等）共同构成朴实生动的夏色景观。

秋季：黄色（秋季的水杉、落羽杉等）+ 红色（羽毛枫、红花檵木等）+ 绿色（小叶榕、海桐等）构成色彩艳丽的秋色景观。

冬季：落叶植物（水杉、落羽杉等落叶树种）+ 常绿树种（小叶榕、海桐等）+ 色彩树种（羽毛枫、红花檵木等）+ 开花植物（梅花等）共同构成季相分明又不失生机的冬色景观。

（2）线条构成　线条构图平直的水面通过配置具有各种树形及线条的植物，可丰富线条构图。高大呈圆锥状的水杉、落羽杉与低垂水面的柳条与平直的水面形成强烈的对比，而水中浑圆的欧洲七叶树树冠倒影及北非雪松圆锥形树冠轮廓线的对比也非常鲜明。我国园林中水边主张植以垂柳，造成柔条拂水，湖上新春的景色。此外，在水边种植落羽杉、池杉、水杉及具有下垂气生根的小叶榕均能起到线条构图的作用。另外，水边植物栽植的方式，探向水面的枝条，或平伸，或斜展，或拱曲，在水面上都可形成优美的线。

（3）透景与借景　透景与借景水边植物配置切忌等距种植及整形式修剪，以免失去画意。栽植片林时，留出透景线，利用树干、树冠，框以对岸景点。

3. 照片赏析

群落二　水景植物配置（艺术群落）——沙滩植物配置群落

1. 群落构成

沙滩植物配置群落见表案例 10-2。

表案例 10-2　沙滩植物配置群落

名称	科	属	特征	类型	形态	胸径 /cm	冠幅 /m	高度 /m
老人葵	棕榈科	丝葵属	棕榈	单杆	常绿	—	—	5～6
加拿利海枣	棕榈科	刺葵属	棕榈	单杆	常绿	—	—	3～4
铁树	苏铁科	苏铁属	棕榈	多杆	常绿	—	—	0.5～1
芦苇	禾本科	芦苇属	草本	丛生	多年生	—	—	—
菊花	菊科	菊属	草本	丛生	多年生	—	—	—
红花酢浆草	酢浆草科	酢浆草属	草本	丛生	多年生	—	—	—
水草	莎草科	飘拂草属	草本	丛生	多年生	—	—	—

2. 分析

沙滩植物配置群落配置原则：

（1）根据沙滩植物习性和自然界植物群落形成的规律，仿照自然界植物群落的结构形式，经艺术提炼而就。师法自然，虽由人做，宛自天开。沙滩植物群落简单潇洒，故人工沙滩植物配置时应简单点缀热带植物和星点小花，营造出沙滩植物群落的特征及性格。

（2）适地适树，不要盲目地选择热带植物，要做到尽可能多用本地成熟品种，保证效果的稳定性。

（3）虚实结合用，少量的植物追求特有的空间效果。沙滩植物群落种类简单，应该用虚实结合的方式去营造无限的意境。

3. 照片赏析

练习题及实训

选择题：

1. 下列哪种植物属于挺水性植物（　　）

A. 荷花　B. 睡莲

C. 王莲　D. 凤眼莲

情境教学 8　参考答案

2. 下列哪种植物属于漂浮性植物（　　）

A. 菖蒲　B. 水葱　C. 椒草　D. 浮萍

问答题：

1. 浅谈水面植物配置艺术。
2. 浅谈驳岸植物配置的要点。
3. 浅谈水边植物配置线条构图的要点。

实训项目　水体植物配置与造景

一、实训目的

通过水体植物的设计与施工，掌握水体植物配置特点及技巧以及施工要领。

1. 掌握水生植物的种类及生态习性；
2. 掌握水生植物的形态特征、生态习性及配置特点及技巧；
3. 掌握常用水生植物栽培及养护技术。

二、实训要求

1. 用文字或用现状图的方式，描述和分析所考察水体的自然环境条件（光照、地形、土壤、风等）、服务对象以及所达到的各种经济技术指标；
2. 分组对庭园水景进行植物配置，完成植物配置图；
3. 利用校内实习场，根据图纸，完成施工；
4. 最后总结各组水体植物景观设计的特点和不足，并提出意见或建议。

三、评分标准

序号	项目	配分	评分标准	得分
1	实训要求 1	20	能详细、完整地描述环境条件等所要求的内容，并有适当的分析	
2	实训要求 2	45	制图完整、清晰，能够满足水体植物施工的需要	
3	实训要求 3	20	能够准确地对植物进行定点放线，完成施工	
4	实训要求 4	15	能够写出特点和不足，提出独特的见解	
总分		100		

情境教学 9 山体的植物配置与造景

任务 24 土山植物配置与造景

知识目标

◆ 1. 了解土山植物配置与造景设计的基本知识。

◆ 2. 掌握土山植物配置与造景设计的原则和方法。

能力要求

◆ 1. 具备土山植物配置与造景的基本能力。

◆ 2. 能够进行土山植物配置与造景。

本任务导读

园林中的土山就是主要用土堆筑的山。人工堆筑的土山，山越高需要占地面积越大，小面积土山只能作微地形处理。土山上配置植物既表现自然山体的植被面貌，具有造景功能，又可以固定土壤。

土山植物配置要根据山体面积大小来确定。

面积大者，乔木、灌木、草本和竹类均可配置，可以配置单纯树种，也可以多种树种混合配置。为了衬托山体的高大，可以在山体上由山脚至山顶选择由低到高的植物以此配置。如山体最下部配置草坪或在草坪上配置各种宿根、球根花卉；中部配置灌木或竹林；上部配置乔木或密植成林，或疏植成疏林草地，或乔木、灌木、藤本、草本相结合形成疏密相间、高低起伏的植被景观。

面积小者，植物配置与造景要以小见大，旨在自然，要有天然巧夺之趣而不露人工堆砌之痕。为了体现以小见大的艺术效果，常常配置以低矮的花卉、灌木、竹类、藤本植物和草皮为主，以少量的乔木攒三聚五的点缀其间，以山石半埋半露散点于土山之上，或土山局部以山石护坡，山石之上堆土植草或以藤本植物或灌木掩映，甚至乔木枝干上藤蔓缠绕。为减少水土流失，应在土面上配置草坪、铺地植物和耐阴的林下地被植物，尽量不要有黄土裸露在外。

在进行植物配置时应注重保护原有的天然植被，体现浓郁的地方特色。

1 山顶植物配置

山脊土壤较贫瘠，植物选择通常为一些耐贫瘠，生长迅速、抗风力强的树种。山脊是山体的天际轮廓线，具有重要的景观作用，在植物配置上应通过季相、色彩等形成标识性。人工山体的山峰与山麓高差不大，为突出其山体高度及造型，山脊线附近应植以相应高大的乔木，山坡、山沟、山麓则应选用相应较为低矮的植物；山顶植以大片花木或色叶树，可形成较好的远视效果；山顶筑有亭、阁，其周围可配以花木丛或色叶树，烘托景物并形成坐观之近景。山顶植物配置的适宜树种有白皮松、油松、黑松、马尾松、侧柏、圆柏、毛白杨、青杨、榆杨、刺槐、臭椿、栾树、火炬树等（图 24–1）。

2 山坡、山谷植物配置

山坡位于山体的中部，空间开放，视野深远，排水良好，对植物生长有利，植物配置应强

图 24-1　山顶亭周围的植物配置

调山体的整体性及成片效果。可配色叶林，花木林，常绿林，常绿、落叶混交林。景观以春季山花烂漫，夏季郁郁葱葱，秋季漫山红叶，冬季苍绿雄浑为好。

山谷地势较低，地形曲折幽深，环境阴湿，土壤层较厚，水分充足，土层松软，养分充足，适于植物生长，植物配置应与山坡浑然一体，强调整体效果。如配置成松云峡、梨花峪、樱桃沟等，风景价值都很好。树种应选择耐湿者，如侧柏、黄檗、天目琼花、胡枝子、麻叶绣球等（图 24-2、图 24-3）。

图 24-2　山坡周围的植物配置

图 24-3　山谷及山涧周围的植物配置

3 山麓植物配置

园林中山麓外往往是游人汇集的园路和广场，应用植物将山体与园路分开，一般可以低矮小灌木、蔓木、地被、山石作为山体到平地的过渡，并与山坡乔木连接，使游人经山麓上山，犹如步入幽静的山林。如以枝叶繁茂、四季常青的油松林为主，其下配以黄荆等花木，易形成山野情趣（图 24-4）。

图 24-4 山麓周围的植物配置（深圳仙湖）

任务 25 石山植物配置与造景

知识目标

◆ 1. 了解石山植物配置与造景设计的基本知识。

◆ 2. 掌握石山植物配置与造景设计的原则和方法。

能力要求

◆ 1. 具备石山植物配置与造景的基本能力。

◆ 2. 能够进行石山植物配置与造景。

本任务导读

这里所指的石山主要是指人工堆砌的假石山，其中也包括置石。山上石多土少，植物疏密不均，岩石多数裸露。由于山石容易靠合压叠固定，所以人工石假山往往占地面积不大，却能做得很高，如同自然石山一般体形峻拔，山势峥嵘，悬崖绝壁，危岩耸立，从而体现出以小见大的艺术效果。

1 石山植物配置

在石山的植物配置中，山石是空间的主体，植物是从属于主体的宾客，故石山的植物配置应以山石为主，植物为辅助点缀。

低山不宜栽高树，小山不宜配大木，要模仿天然石山的植物生长状况，低矮的花、草、灌木和藤本植物可以较好地衬托山之峭拔，部分藤本植物选择具有吸盘或气生根的，让其自身攀岩附壁。配置的乔木要求既要数量疏少，又要形体低矮，姿态虬曲，像悬崖绝壁中或树桩盆景中的小老树那样，或悬挂飘垂，或贴壁而立。山体庇荫处，植以苔藓和蕨类、络石等喜阴湿的植物，这主要是适应天然石山少土、也少植被的规律，重在表现岩石的美（图 25-1）。

图 25-1 假山植物配置（源自绿人园林景观）

植物侧重于姿态和色彩等观赏价值较高的种类。在山岗、山顶、峭壁、悬崖的石缝、石洞等浅土层中，模仿在自然界高山劲风作用下，于石罅间生长的条件，常点缀屈曲斜倚的树木、宿根花卉、一二年生草花及灌木、草皮、藤本植物。乔木栽植在山坳、山脚、山沟等深土层中。

2　特置石与石假山

园林中的峰石当作主景处理时，植物作背景或配景。峰石前可植低矮灌木及各色草花，后面可用树木作背景，旁边可植各种花叶扶疏、姿态娟秀的植物作陪衬。如果峰石是四面观的，则可在周围用低矮灌木及各色花卉作陪衬，以衬托峰石的高耸奇特、玲珑清秀（图 25–2）。

图 25–2　特置石的植物配置

散点的山石与各色花草巧妙搭配，植物疏密有致的栽植在石头周围，精巧而耐人寻味，良好的植物景观也恰当的辅助了石头的点景功能。植物作配景，取得了构图的平衡；对于用作护坡、挡土、护岸的山石，一般均属次要部位，应予适当遮蔽以突出主景；作石级、坐石等用的山石，一般可配置遮阳树木，并在不妨碍功能的前提下配以矮小灌木或草本植物（图 25–3）。

图 25–3　散点石及周围的植物配置（源自上海森肯园林建设有限公司）

任务26 土石混合山植物配置与造景

知识目标

◆ 1. 了解土石混合山植物配置与造景设计的基本知识。

◆ 2. 掌握土石混合山植物配置与造景设计的原则和方法。

能力要求

◆ 1. 具备土石混合山植物配置与造景的基本能力。

◆ 2. 能够进行土石混合山植物配置与造景。

本任务导读

人工堆筑土石混合山，因土石参半容易堆筑，可随意作形，还容易栽培植物，最省人工，也最容易体现自然山林野趣。土石混合山有三种类型：大散点、石包土、土包石。

1 大散点类

此类山体山石散乱分布，半埋半露于土中，植物与山石的配置因地制宜、相映成趣。

一般多采用低矮的花、草、灌木和藤本植物在接近地表处进行覆盖，适当配置小乔木，目的在于遮挡平视观赏线，着重表现游者脚下隆起的山势。用植物衬托点石、盘道，使人看不到山岗的全体，这可造成幽深莫测的蜿蜒山径。山腰除间植高大乔木外，其余处理如山麓。山顶则多植乔木，适当搭配灌木，目的在于平视可以看到层层树干，形成有一定景深的山林；仰视则枝丫相交，浓荫蔽日；俯视则石骨嶙峋、虬根盘礴，四周山坡的树冠低临脚下，以便衬托出山巅、山岭之上林海莽原的景象。

树种搭配常绿与落叶保持有一定的比例关系。由于突出季相特征的需要，落叶树的比值稍大。

2 石包土类

此类山体山石突兀，沟壑纵横，植物穿插于山石之间的土层中。土层深厚之处，乔木为主，林木繁茂；土层稀薄之处，植物以低矮的灌木、草皮和藤本植物为主，甚至仅为草皮和藤本地被植物；无土之处，岩石裸露，成为不毛之地。适当配以亭台，造成峰峦叠嶂，林木苍翠，亭台相映的真山效果。

3 土包石类

此类山体既可以将山石筑成洞府，洞府外表覆土，又可全部堆土垒石，以石为地基。上面全部覆土，做成土包石型的山体，植物配置如土山一样，还可以四周山坡围土。中央山顶垒石，植物配置山坡上如同土山，但由下至上，逐渐由密到稀，由高大到矮小。山顶植物配置如同石山。

案例11 山体植物景观优秀设计——西湖花港观鱼中牡丹园景区植物配置分析

牡丹园景区是花港观鱼的主景之一，也是整个公园立面构图中心。牡丹园的构图，借鉴中国画的立意和意境，以牡丹为主题，配置山石和花木；高低错落，疏密得体。牡丹园总面积约为 1.28 hm^2，其中栽植牡丹的假山区面积约为 0.7 hm^2。牡丹园的种植结合土山地形，将全园用迂回的园路划分为尺度合宜的小群落（图案例 11-1）。牡丹亭的园路和花台利用天然的湖石，并用沿阶草作为边缘的镶嵌，自然而富有韵味。游人徜徉其中，既可以俯视牡丹的雍容华贵，又犹如置身于一幅立体的国画之中（图案例 11-2）。

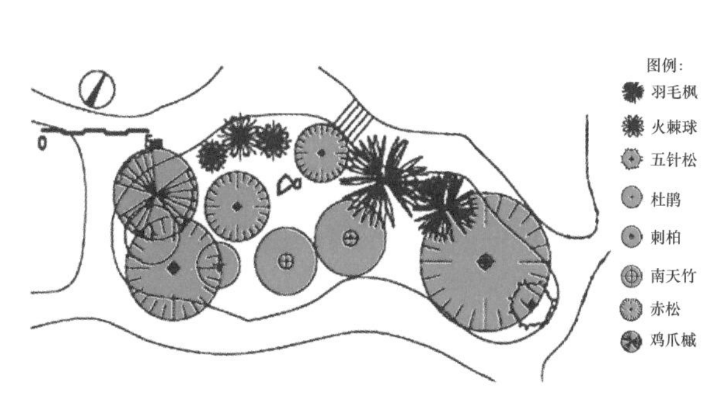

图案例 11-1　牡丹园——典型群落植物配置平面图

图案例 11-2　牡丹亭立面

牡丹园以牡丹为主题，充分运用了生态学的思想和原则。在选址的时候，充分考虑到牡丹要求排水较好，地下水位较低，而公园的整体地下水位都较高，不适合栽植牡丹。于是结合原有现状环境，在土山上栽植牡丹。牡丹喜半阴，夏季怕晒，因此在植物配置的时候又种植了一些遮阳的树种，西北部种植很多高大乔木，如玉兰、石楠、香樟、木荷等作为背景，避免了夏日强烈的太阳西晒。牡丹园的内部稀疏种植了白皮松、鸡爪槭等疏枝树种，部分遮挡了直射阳光。同时考虑到避免牡丹凋零后萧条的景象，也需要配置一些常绿树种。于是牡丹园打破了传统的牡丹种植方式，结合自然山水，尺度合宜的小乔木，常绿树种，林下灌木、地被等营造出来的生态植物群落。

牡丹园主题突出，但不单一，在植物的配置上为组合式的植物群落景观。除了在牡丹园的西北部种植了玉兰、石楠等大乔木作为背景外，牡丹园的正立面没有运用高大的乔木，主要运用的小乔木有鸡爪槭、羽毛枫、白皮松、梅，以及修剪的造型树，如构骨球、黄杨球、蜀桧球、刺柏球等。花灌木有牡丹、杜鹃、芍药、迎春、南天竹，地被植物有沿阶草、中华常春藤等。牡丹园为土石山，高度为 5 m 左右，是自然山体缩景的应用。因此，植物的选择以开阔舒张的树型、耐修剪的松柏类植物为主，没有高耸尖塔形的树型和大的乔木，这在形状上和尺度上都与整个牡丹园相协调，与整体环境相统一。

在植物配置时为了突出景观的古朴、优雅，主要材料的选择重姿态，重风骨。如羽毛枫、鸡爪槭树形优美飘逸，松柏类植物突显古拙，这与整个牡丹园的构图和国画的意境相协调，与周围点缀的山石也相呼应（图案例 11-3）。牡丹园的开花灌木以牡丹为主，栽植了品种丰富的牡丹，但除了牡丹外，还栽植了芍药、杜鹃等，这样很好地延长了牡丹园的可观赏花期，色彩绚丽丰富。同时牡丹园季相变化丰富多样，春有牡丹、杜鹃，夏有芍药，秋有鸡爪槭、羽毛枫等色叶植物，加上一年四季都可观赏的松柏类植物，整个景观变化中有统一。

图案例 11-3　赤松风姿

练习题及实训

单选题：

1. 在石山的植物配置中，植物是（　　），山石是空间的（　　）。

A 主体、主体　B 主体、客体

C 客体、主题　D 客体、客体

2. 下列植物种类喜光的植物是（　　）。

A 酢浆草属　B 百合属

C 铃兰植物　D 蕨类

3. 山体植物景观有哪些种类（　　）。

A 土山　B 石山

C 土石混合山　D 以上都有

名词解释：

石山

问答题：

1. 浅谈园林中置石与石假山的植物配置造景。

2. 谈谈自然风景区中山体的植物配置造景。

情境教学9　参考答案

实训项目　山体植物配置与造景

一、实训目的

拟定学校所在城市中的一座山体，对其进行植物配置与造景设计。了解掌握并当地的自然植被规律和假山的环境特点，并选择适宜的植物；能够把生态学、园林美学的基本原理运用到山体植物配置中；能够根据不同类型假山的植物造景特点进行相应的植物配置与造景设计。

二、实训要求

1. 山体所处环境的生态调查，包括地形与土壤调查和小气候调查；

2. 实地测量。通过考查与测量（主要内容有山体类型、地形、面积、高度、土质或石质特点、原有植物和山石种类等），绘出现状图；

3. 根据以上资料选择适宜的植物种类，完成山体植物配置与造景设计总平面图；

4. 编写设计说明书，主要包括山体植物配置与造景设计原则，表现意境和风格特点等。

三、评分标准

序号	项目	配分	评分标准	得分
1	实训要求1	20	能详细、完整地调查环境条件等所要求的内容，并有适当的分析	
2	实训要求2	20	制图完整、清晰，能够准确表达现状情况	
3	实训要求3	45	能够准确选择适宜的植物种类，提出较为适宜的配置与设计方案	
4	实训要求4	15	能够写出特点和不足，提出独特的见解	
总分		100		

模块3

项目综合实训

情境教学10　居住小区植物配置与造景

情境教学 10 居住小区植物配置与造景

任务 27 居住小区植物配置与造景

案例12 信阳凤凰牡丹园居住小区植物景观设计

一、凤凰牡丹园整体布局

本景观设计方案是信阳市一高档住宅小区植物景观设计。景观主轴设计为“风之舞”，形势上体现一种灵妙舞动的韵律。整个小区景观秉承了“时尚、园林、休闲”的设计理念，迎合现代人时尚心理。以跌泉水景轴及中心入口大景观轴构成整个小区的环境主框架。依循着“自由，流畅，轻盈”的设计思路，以丰富的空间形态构成清新、明快的现代居住小区形成包括商业、休闲、运动、居住为一体的生态、健康、阳光、知性的时尚园林社区（图案例 12-1）。

景观主轴空间手法上，运用了动与静，开放与私密，简约现代与自然生态的对比。打造一幅花团锦簇，凤舞九天之景。总体来看小区整个景观在平面上通过运用圆弧曲线的形式，使空间流线活泼，富有动感。以恬静舒适为主题，附以硬质铺地和绿地植物的穿插组织，来创造丰富的

图案例 12-1 凤凰牡丹园住宅区景观总规划平面图（信阳腾信绿化公司 杨涛设计）

空间层次和通透的景观视角，达到空间上自然灵动、和谐均衡的统一，惬意的环境在促进邻里之间交流同时又达到提升视觉美感的效果。使整个空间成为一种流动的旋律，一个引领时尚的花木之都，满足小区业主的需求。

二、凤凰牡丹园植物景观介绍

结合小区主题，重视花木的融入，景区内配置多种特色花木，构成既可闻、可观、可感，又变化丰富的四季之景。通过对花木以及铺装具有趣味性的设计规划来完善各组团景观空间的链接，减轻建筑的体量对环境造成的压迫感。

整个小区的植物配置与造景始终以倡导新的生活概念、新的生活方式为主题，将这种思想融入景观设计中，择位而居，择邻而住，修身、养性、赢天下，营造了一种远离城市喧嚣的自然舒适的健康自然景观社区；以可持续发展的社区的理念作为设计的基础，设计构筑维系业主生活及自然生态能够紧密关系的场所，使业主之间、业主与大自然之间都能有一个相互自由交流的空间环境，使天、地、人达到和谐、持续发展。

基于这种理念和设计思路，将凤凰牡丹住宅小区打造成了独具风格的人文景观体系，创造人与建筑场的终极和谐。通过艺术细节、景观与环境的相辅相成，色彩有机结合以夸张、对比、反复的方式综合运用，形成浑然一体的质感空间，营造出了富有现代气息的生态景观环境住宅区的艺术氛围，体现了现代人对原生态景观的追求与渴望，全面提升了该住宅区的品位与档次。主要体现在“十景”中，即繁花似锦、花韵闲庭、水逸叠泉、丹月蓝湾、绿屿柯荫、香林曲径、康乐臻园、枫香蝶影、闻木樨香和落英缤纷十景。

1. 繁花似锦景点

“繁花似锦”景点位于住宅区的主入口，以中轴对称式的水景为主题，辅以暖色调的地面铺装，以整齐对植树列凸显牡丹住宅区尊贵与典雅的特质（图案例 12-2 至图案例 12-5）。

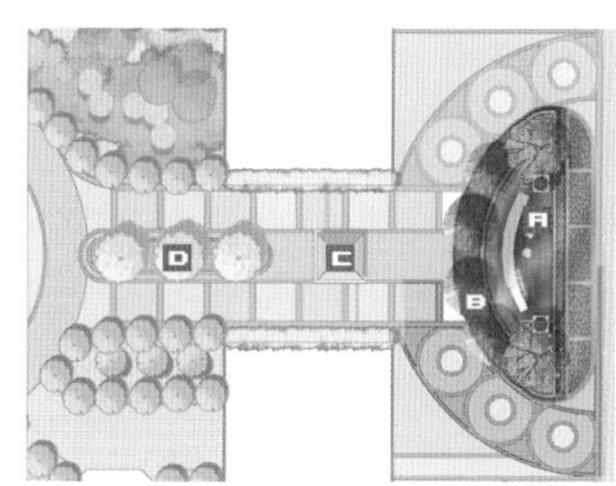

图案例 12-2 凤凰牡丹园住宅区繁花似锦景区平面图

图案例 12-3 入口区的立、剖面图

图案例 12-4 入口区的效果图

图案例 12-5　入口区的一期实景（孙耀清　摄）

“繁花似锦”景点植物配置与造景是规则式配置方式，采用种植方式列植、对植，充分利用了夹景、借景、透景展现植被的灵透；用香樟、桂花、日本晚樱、棕榈等植被，完成景点交通流线和视觉向导的功能要求；利用棕榈与香樟的树形、桂花与日本晚樱的色彩对比，来凸显景点的典雅的主题意境。

2. 花韵闲庭

“花韵闲庭”作为入口景观轴线的视觉末端水景，同时也是整个中心景观轴水景的始端。花韵闲庭在景观设计上既形成了视觉焦点又对其背后的水场起到视线的屏导作用。即丰富该区景观艺术元素，又丰富了景观空间的形式。整个景点由四个部分构成，即：A 景观叠水、B 特色种植、C 景观亭和 D 台阶（图案例 12-6、图案例 12-7）。

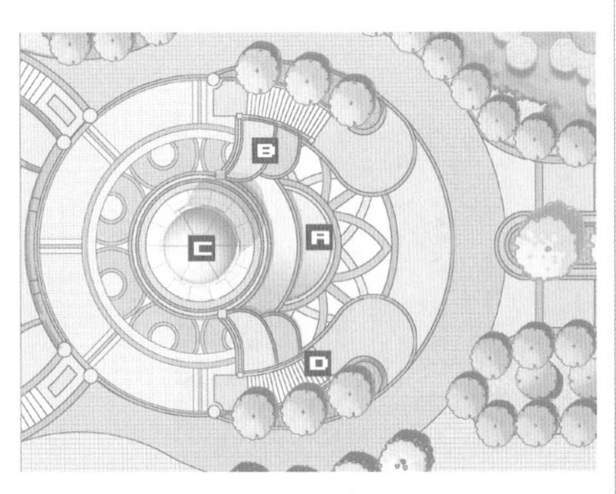

图案例 12-6　花韵闲庭景点的平面图

图案例 12-7　花韵闲庭景点的预期效果

3. 水逸叠泉

“水逸叠泉”以富有层次的叠水形势营造“自由、流畅、轻盈”为主题的自然灵动、和谐均衡的景观空间。整个景点由五个部分构成，即：A 景观叠水、B 台地种植、C 景观亭、D 台阶和 E 特色铺装（图案例 12-8、图案例 12-9）。

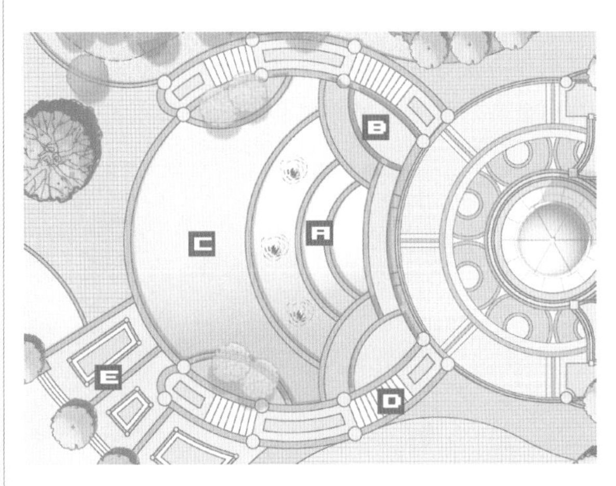

图案例 12-8　水逸叠泉景点的平面图

图案例 12-9　水逸叠泉水景（孙耀清　摄）

4. 丹月蓝湾

“丹月蓝湾”景观步道结合亲水广场的设计使功能和空间形态更加灵活多变，通过亭廊及小品打造人文景观。环湖的景观步道可提供晨跑，周围的小空间可供休息。整个景点由四个部分构成，即：A主题树池、B休息亭台、C景观桥和D水岸汀步（图案例12-10、图案例12-11）。

图案例12-10 丹月蓝湾景点的平面图

图案例12-11 丹月蓝湾景点的效果图

5. 绿屿柯荫

“绿屿柯荫”穿梭于湖畔林间，园路旁点缀几处景石，用简单的处理手法营造出艺术的空间效果。景观湖与微起地形的草坪结合，使景观空间更加丰富，体现了小区的生态原生性。整个景点由五个部分构成，即：A休闲景观亭、B亲水平台、C羽毛球场、D水岸休息区和E景观园路（图案例12-12、图案例12-13）。

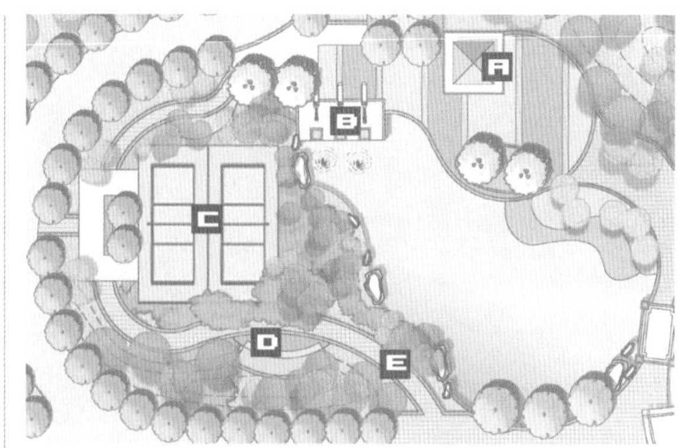

图案例12-12 绿屿柯荫景点的平面图

图案例12-13 绿屿柯荫景点幽林小径（孙耀清 摄）

6. 香林曲径

“香林曲径”景观步道蜿蜒于阳光草坪上，穿梭于景观树间。丰富了景观空间的层次，同时在视觉上扩大了景观空间。整个景点由四个部分构成，即：A休闲广场、B绿岛特色种植、C香林曲径和D特色地形种植区（图案例12-14、图案例12-15）。

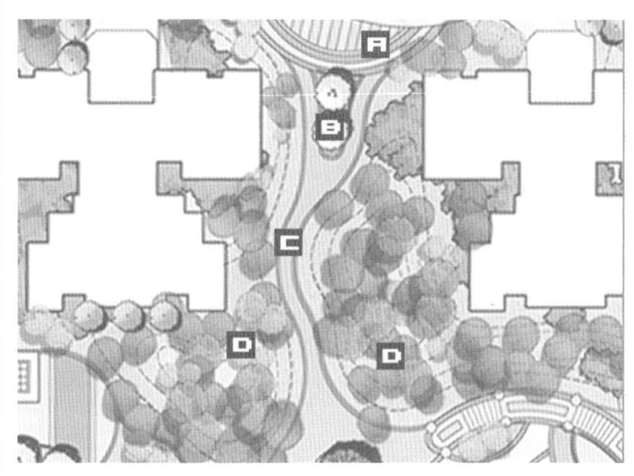

图案例12-14 香林曲径景点的平面图

图案例 12-15　香林曲径景点的预期效果

7. 康乐臻园

“康乐臻园”景点临近建筑处设计户外儿童游乐场，成为香林曲径休闲平台的延伸，增加儿童与成人活动的联系。儿童游乐设施及铺装活跃色彩成为景观中的点缀。整个景点由五个部分构成，即：A 游戏沙坑、B 游乐设施、C 休闲座椅、D 特色种植池和 E 台阶（图案例 12-16、图案例 12-17）。

图案例 12-16　康乐臻园景点的平面图

图案例 12-17　“康乐臻园”景点的实景
（孙耀清　摄）

8. 枫香蝶影

“枫香蝶影”景点以宅间对景水池为主景，周围以绿植为背景，人们在此休息玩耍，享受阳光自然生态。整个景点由四个部分构成，即：A台阶、B水景、C种植池和D特色地形种植区（图案例12-18、图案例12-19）。

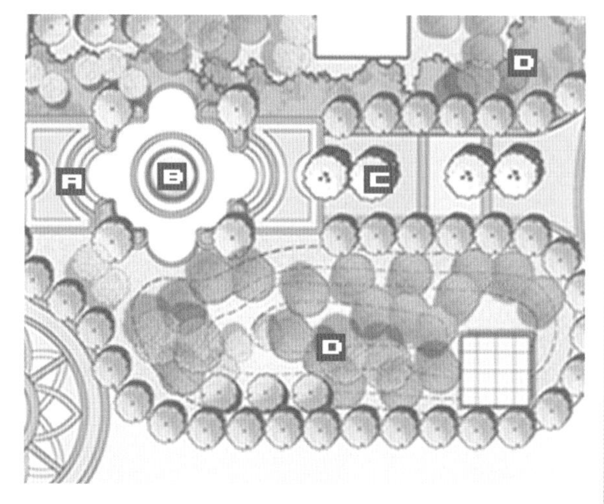

图案例12-18 枫香蝶影景点的平面图

图案例12-19 枫香蝶影景点的水景（孙耀清 摄）

9. 闻木樨香

“闻木樨香”景点此处选择梅花为主景树，体现冬季景观，四周以桂花为主要种植，其香味别具神韵、清逸幽雅，身在其中却又时时沁人肺腑、催人欲醉。结合栽植常绿树避免了梅花落叶时产生的萧瑟景观。整个景点由四个部分构成，即：A主题树、B休息平台、C景观花廊和D景观园路（图案例12-20至图案例12-22）。

10. 落英缤纷

“落英缤纷”景点共有两处休闲小空间，空间相对较开敞，同时又具有一定的私密性，蜿蜒的步道穿行于林下，形成多样的休闲散步系统。休闲平台点缀其中，并设置休息坐凳，体现以人为本的设计原则。整个景点由四个部分构成，即：A特色地形樱花种植、B休闲广场、C特色绿岛植栽和D景观园路（图案例12-23、图案例12-24）。

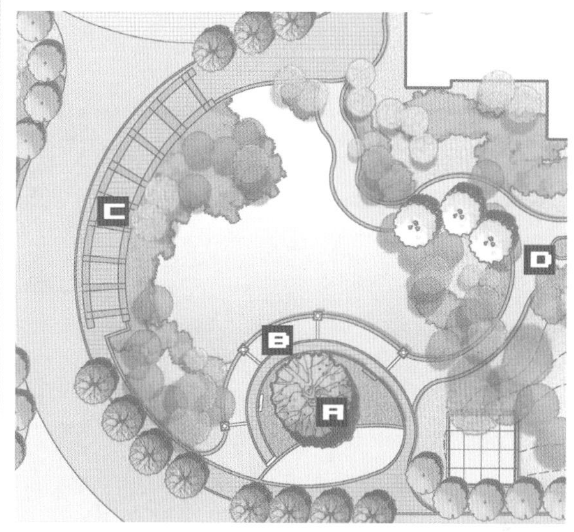

图案例12-20 闻木樨香景点的平面图

图案例12-21 闻木樨香景点的预期效果图

图案例 12-22 闻木樨香景点的主题树柿树（孙耀清 摄）

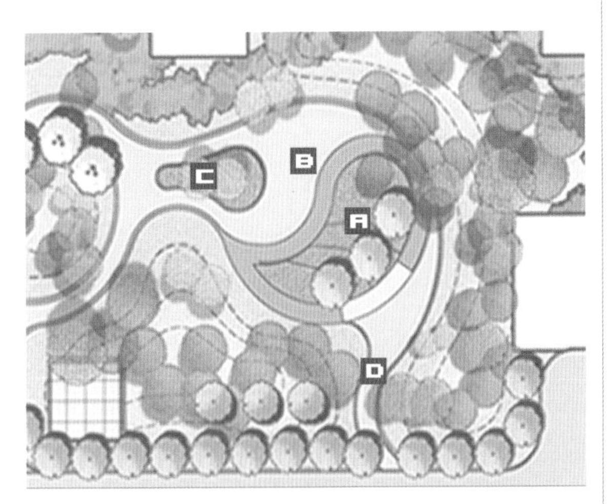

图案例 12-23 落英缤纷景点平面图

图案例 12-24 落英缤纷绿岛种植（孙耀清 摄）

三、凤凰牡丹园植物选择分析

信阳市有着悠久的历史和文化底蕴。大山有别，水佳为淮，人言皆信，日升日阳。信阳位于河南省南部，东与安徽为邻，南与湖北接壤，左扼两淮，右控江汉，承东启西，屏蔽中原，素有“三省通衢”之称，大别长淮，豫风楚韵，鱼米之乡，闽台祖地，革命圣地，中国茶都。从古至今，是江淮河汉之间的战略要地，又是南北经济文化交流的重要通道。信阳资源丰富，山水秀美，气候宜人，植被茂密，素有“江南北国、北国江南”之美誉。是中国最显著的南北分界的标志地，是华夏文明的发祥地之一。

凤凰牡丹园居住小区位于信阳市新六大街与新七大街交汇处。凤凰牡丹园本着“择位而居，择邻而住”的设计理念，坚守营造远离城市喧嚣的、自然舒缓的、可持续发展的社区初衷，运用“江南北国、北国江南”的独特地理优势，丰富的植被资源，营造出春花烂漫、夏荫浓郁、秋色斑斓、冬景苍翠的一年四季之景，春可踏雪，夏可临水，秋可品桂，冬可思竹的四季之行。

凤凰牡丹园的植物选择以营造一年四季之景的为目标，用繁花似锦的牡丹、洁白芳香的白玉兰、花繁色艳的榆叶梅、满枝金黄的连翘、碧树成妆的碧桃来营造“春之烂漫”；以雪白的绣线菊、圣洁的荷花、花色艳丽的紫薇、花色红鲜的锦带花、色彩娇艳的睡莲来营造“夏之浓郁”；以秋叶红艳的鸡爪槭、树姿优美的银杏、霜叶红艳的黄栌、叶形秀丽的元宝枫、秋叶亮黄色的五角枫来营造“秋之多彩”；以清香四溢的蜡梅、青翠葱郁的白皮松、树姿优美叶色独特的青杄、苍劲古朴的油松、姿态优美的雪松来营造“冬之苍翠”。

四、凤凰牡丹园植物配置分析

凤凰牡丹园植物配置与造景直接将植物作为整体景观空间的一种设计元素，把绿色植被设计带到景观方案的设计中来，让它们参与整个小区的空间组合和规划。追求植物所形成的自然空间形态，体现植物群体的整体景观效果，在本小区中植物的作用及种植方式，主要体现在以下几个方面：

1. 参与空间的组织——骨架构成

凤凰牡丹园的景观规划中，由第一部分介绍可以看出，平面上有各种硬质铺地、道路、广场、水面等，立面上有景墙、台阶、亭、廊架、树池、跌水以及各类乔灌木构成空间的各种元素。从立面上看人工建筑的质感显得十分生硬，让人倍感压力，居住小区内充斥着大量住宅建筑群体，而随着环保意识逐渐深入人心，人们越来越注重居住环境的舒适度与清新度。新落成的凤凰牡丹园居住小区环境景观除了具备良好的实用性外，还注重其舒适性和生态性，整个小区不仅有一个完美的景观布局，还具有绿化层次丰富、色彩多样、“绿量”适宜的生活空间，给人一种心旷神怡的家的温暖（图案例12-25）。

图案例 12-25 “落英缤纷”景点的游步道

图案例12-25中“落英缤纷”景点的植物配置与造景在充分考虑绿化植被占景观空间体量比的基础上，重视人本文化的融入，成分考虑居民对森林、对自然的心理需求。尺度适宜的红色休息座椅与绿化层次丰富、色彩多样的植物群落相映成趣，居民乐在其中。

居住区植物空间的创作还根据各个功能区的地形特点，有目的地利用绿色植物对创作空间进行合理的划分，创造出连续变化景观的特殊环境气氛，完成其营造可持续发展的设计理念。具体表现在以下三点：

（1）作为空间的主要构筑体。如“繁花似锦”、“花韵闲庭”的树阵广场，几何式或规律式的排列来表现植物群体几何空间的美感（图案例12-26）。这种种植方式常用于空间面积较大，硬地面积较大，建筑密集的地区，此类植物造景手法一方面利用植被“软”的质感来调和硬质空间；另一方面可将几何状的形态与硬质铺地及周边建筑协调起来。这种设计手法对树种的形态要求较高，要求树型应挺拔、规整、高大，各树木规格体量应一致，来满足视觉上的美感。小区常选用有棕榈、榉树、银杏、桂花、香樟、合欢、朴树等。

图案例 12-26 入口区的香樟树列

（2）作为硬质景观小品的次要构筑体。在小区中“花韵闲庭”、“丹月蓝湾”、“枫香蝶影”等景点有景墙，跌水或在泳池边出现水中树池此类景观，在这种情况下，植物居于次要地位，对整个空间起到软化和补充的作用。如在景墙跌水池，景墙背面种植一排棕榈作为景墙背景，在跌水池两侧种植棕榈、桂花，可形成立面上的高低变化，在狭小的空间内，充分利用各种软、硬质景观元素，采用几何布局加减法、体块组合等手法，将平面的水池、木平台、铺地与竖向的树池、矮墙、台阶景墙及休息亭等硬质小品巧妙结合起来，形成一个立体的空间。图案例12-27所

图案例 12-27 入口区的邻水桂花种植穴
（孙耀清 摄）

图案例 12-29 牡丹园广场外围植物配置
（孙耀清 摄）

示，八月桂花飘香，水中落花荡漾，衣服繁花似锦的欣欣向荣的景象，再现凤凰牡丹园凤舞灵动，典雅华贵的主题。

（3）完成空间的围合。植物造景可以通过人们的视线、视点、视境的改变而产生步移景异的空间景观变化。用球形植物造型或绿篱形成相对模糊的空间界限，通过清晰的植物景观意象完成空间的界定作用。图案例 12-28 所示，凤凰牡丹园小广场的植物配置，用黄色豆瓣黄杨构成的绿篱，结合彩砖铺装来分割绿化空间，形成能供等候、驻足的居民提供一个遮阳、安全的场所，同时能完成小区人流分流功能。图案例 12-29 所示的就是采用大叶黄杨组成的绿篱，结合规则式种植的棕榈与红叶石楠交替韵律列植的树阵完成广场边界的围合。充分利用植物配置的色彩、树形等观赏特性，运用对比、韵律、节奏、均衡等造景艺术原理，又通过植被的暗示作用，融合了人类心理学原则，构建了实用性、宜人性的空间围合方式。总之，既做到空间的围合任务，又不隔断居民与自然的亲近。

图案例 12-28 牡丹园小广场绿地（孙耀清 摄）

2. 作为空间主要组成部分——肌体组成

居住小区由于功能和布局的要求，景观平面可相应分为主次入口区、中庭主景区、组团休闲区及楼间绿地等。这些区域中人流活动较多的地方，如入口处或公共中庭区，设计师常根据地形的要求和功能要求设计一些景观点来吸引人们的注意力，这类节点景观的组成往往是硬质景观或硬质小品结合植被，借以表现人工造景的主题文化和艺术的美感。如入口区的“繁花似锦”以叠水景观辅以树阵来凸显牡丹园的典雅与华贵。如图案例 12-30 所示，凤凰牡丹园的入口水景，采用列植的海棠临水种植穴和对植的桂花，再选择金边大叶黄杨、红叶石楠、毛杜鹃、小叶栀子花和金森女贞等彩色叶植被，种植于轮廓与水景池线性互补的特殊的种植池内，凸显水景的灵透和生机。图案例 12-31 以规整的球形大叶黄杨辅以对比色的红花檵木花带重组水景的平面几何图案，同时丰富其立面竖向的结构层次。

而在大片空间和次要的区域，尤其是与住宅建筑较近绿地中，还是通过大量的植被来创造

图案例 12-30 入口区水景全景（孙耀清 摄）

图案例 12-31 入口区水景列植景观（孙耀清 摄）

艺术上的美感。如“绿屿柯荫”、“香林曲径”和“落英缤纷”景点，这几处的植物景观不仅在造景手法上有主次之分、起落的变化，而且大量的植被混植又软化住宅建筑冰冷的人工味，丰富植被景观的同时，又拉近人与自然的关系。

图案例 12-32 为凤凰牡丹园楼间组团绿地的树群造景，阔叶树种选择符合当地生态的乡土树种国槐、椿树，作为上层树种，中层选择春花类植物碧桃、夏花类植物的木槿、秋花类的桂花和冬花类的蜡梅，下层选择低矮的毛杜鹃和豆瓣黄杨，辅以观赏性草坪，做到四季有花，季相明显的树群景观。

图案例 12-32 凤凰牡丹园楼间组团（孙耀清 摄）

图案例 12-33 为居住楼的基础栽植，选择枇杷为主景树，绿篱洒金珊瑚树为基色、自然配置的迎春和球状的大叶黄杨为配景，装饰了建筑基部的坚硬生冷的线条，稍显美中不足的是，夏季会影响了室内的采光。

图案例 12-33 凤凰牡丹园楼间小景（孙耀清 摄）

图案例 12-34 为住宅建筑较近楼间树林草地，以观赏性草坪为基调，辅以观叶类枇杷、杜英和银杏植物、观花类桂花和石榴、流线型大叶黄杨绿篱组成多层次、竖向丰富的植物群，软化坚硬的建筑线性，同时，让居于建筑内的居民有回归自然的享受。

图案例 12-34 凤凰牡丹园楼间小景

3. 承担空间的主线——标示导向

凤凰牡丹园小区的植物造景采用绿地沟通的手法，用绿地、道路和各景点的主题景观元素很自然地完成导向作用。如入口区的利用规则式种植的大叶黄杨球和红花檵木球，利用节奏与韵律形成引导视线，由植被的色彩和树形的强烈对比来凸显其功能性；由阔叶麦冬和红花檵木球组成的弧线花坛为分流界限，完成入口区的交通流线和视觉向导功能（图案例 12-35）。

图案例 12-35 凤凰牡丹园入口导向绿地
（孙耀清 摄）

4. 作为空间的陪衬——画龙点睛

大都市中人们都有一种亲近自然，回归自然的愿望，而且这种愿望从来没有像今天这样变得那么迫切与强烈。如今，人们在充分享受现代化的城市物质文化的同时，拥挤、喧嚣的生存空间却令人郁闷、疲惫与烦躁；鳞次栉比的高层建筑阻隔了人与自然的联系；随之而来的大量自然景观被移植闹市中，尤其是山石水体的引入更是一种潮流，常常成为造景的主题。而山石水体缺少植物的陪衬，就显得突兀、呆板，没有那种灵透、那种深远。植物的多彩多姿充满生机的神态与水面、裸石、堆砌的假山、僵硬的建筑几何线条形成强烈的对比，柔化了由山石、水体、建筑等组成的空间。凤凰牡丹园住宅区的绿化景观设计运用多种造景的手法，根据各功能区和造景特色将庭园化整为零，形成丰富多彩的景区，点缀园林空间和陪衬建筑植物景观。图案例 12-36（上）为牡丹园中心水景一角，平静的水面远借白色的高楼，近借桂花、柿树、白玉兰、红花檵木、木槿、紫薇、木瓜等多植被组成的群落林冠线，丰富空间的景观元素。既美化水景驳岸线，又凸显水景的灵动，一幅水中影、影中水、虚与实的画面嵌入小区的空间。

图案例 12-36（下）中的微风吹拂的水面上，几丛撑开的张张绿伞的荷花，亭立在碧波之上，阳光沐浴下的水面显得更加妩媚、清秀和灵透。

图案例 12-36 牡丹园中心水景（孙耀清 摄）

图案例 12-37 中几丛绿竹掩映下的墙隅，古朴的园灯更显得沉静与安宁。

图案例 12-37　牡丹园小景（孙耀清　摄）

五、小结

好的居住区植物景观不一定要有大量资金的投入，合理利用较小规格的速生乡土树种，在植物的配置方式上多花功夫，充分发挥每一种植物的造景特点，低造价的绿化也一样能有较好的景观和生态效应。该设计充分应用了不同植物季相景观搭配，配合灵活多样的植物造景手法，用较少的投入和维护成本为小区的居民创造了一个良好的绿色室外空间。

案例13　颐和家园植物配置与造景分析

（由南京中电置业有限公司提供）

一、项目概况

颐和家园位于××市华电路1号，占地 67 442.9 m^2，建筑面积约为15万 m^2，16栋住宅楼，限高35 m，基地由城市道路分为东西两片区。东区为小高层住宅和部分商业配套设施，由十里长沟自然分为南北两部分，西区主要为电梯花园洋房。本楼盘定位为××市中高档住宅区，致力打造城北区集生态、人文、文化于一体的特色居住社区。

二、基地分析

本案所在的地块自然景观资源丰富，基地内既有茂盛的山体植被，又有蜿蜒的景观河道，同时还保留许多原生态的参天大树，地势东低西高呈平缓坡地状。西片区东西贯穿的十里长沟，两侧有丰富的生态资源，仅具泄洪功能的河道将成为居住区生态景观系统的重要景观要素。如何将河道最大限度地在小区内部实现景观资源的整合和共享成为改造和利用的重点。东片区的自然山体更是区域内得天独厚的自然生态资源，为打造高端物业提供了资源保障，如能将山体林园融为一体，本案将成为回归自然，极具特色的城市生态居住社区。

三、设计依据（该方案设计来自东南大学建筑设计研究院）

① 颐和家园绿化景观规划设计招标文件。②《××市规划局建设项目规划设计要点》。③ 国家及××省相关技术规范、法规。

四、指导思想

居住区的景观设计旨在创造一个符合现代人生活需要的“诗意的栖息地和精神家园”，营造出自然舒适、积极健康、幽静典雅而艺术的崭新生活氛围，把现代都市生活闲情文化与后现代园林风格相融合，使人回到自然、简单、平静、引发思绪的情境中，释放长久生活在都市中日益浮躁的心情。

颐和家园居住区景观设计构思将围绕以下定位：

（1）紧扣“颐和”主题，打造独特品牌，体现传统文化内涵和特色的人文社区。

（2）营造环境优美、生态和谐的生态型居住环境和居住氛围。

（3）体现以人为本，资源共享的和谐主题，满足居民身体、心理及社区交往等各种功能性要求的居住社区。

五、设计原则

1. 整体性原则

遵循城市规划和小区既有规划设计的原则，从本小区整体定位和整合生态景观资源的角度出发进行景观设计，要充分考虑与周边地块的衔接，合理利用现有资源，以人为本，进行景观环境设计。

2. 生态保护原则

保护水体、天然植被、生态驳岸等自然生态是项目开发的前提，也是保证项目具有个性和特色的基础。注重景观的生态效益，强调群落层次与物种的多样性，形成生态型景观与人文景观和谐共生。

3. 经济性原则

从经济的角度出发，减少不必要的大面积硬质景观（如大型广场、构筑物等）的建设。充分利用现状地形地貌，不做不必要的挖方填方，人工与自然有机结合。分步骤、有秩序地进行分期建设。

六、设计手法

1. 整体风格：硬质与软质景观相协调

小区内景观设计呼应居民区设计整体风格主题，硬质景观同绿化等软质景观相协调。

本小区建筑为现代风格住宅，景观手法亦以现代景观造园手法为主，用新材料、新手法表现传统的形式，融入古典元素和古典意境。

2. 点线面相结合

环境景观中的点，是整个环境设计中的精彩所在。这些点元素经过相互交织的道路、河道等线性元素贯穿起来，使得居住空间变得有序。在现代居住区规划中，传统空间布局手法以很难形成创意的景观空间，必须将人与景观有机融合，从而构筑全新的空间网络：

亲地空间：增加居民接触地面的机会，创造适合各类人群活动的室外场所。

亲水空间：居住区硬质景观要充分挖掘水的内涵，体现东方理水文化，营造出人民亲水、观水、听水、戏水的场所。

亲绿空间：硬质景观应有机结合，充分利用车库、台地、坡地、宅前屋后构造充满活力和自然情调的绿色空间环境。

亲子空间：居住区中要充分考虑儿童活动的场地和设施，培养儿童友好、合作、冒险的精神。

3. 一河一山三园：设计构思和景观布局

本案中整布局主要由一河、一山、三园构成。

颐和园是我国最著名的皇家园林，主要有万寿山和昆明湖构成基本框架，水面占了全园的3/4，颐和园集传统造园之大成，借景周围的山水环境，既饱含中国皇家园林的恢宏富丽气势，又充满自然之趣，高度体现了“虽由人作，宛自天开”的造园准则，其中佛香阁、长廊、石舫、苏州街、十七拱桥、谐趣园、大戏台等都已经成为家喻户晓的代表性建筑。本案取意颐和园景点，三园命名为：谐趣园、文昌园、德和园。

（1）谐趣园。“谐趣园”为颐和园中的一处园中园，乾隆《惠山园八景诗序》曾曰：“一亭一径足谐奇趣”。本案中的“谐趣园”借此为初旨，并将“一亭一径”之奇趣延续，以荷趣、竹趣、水趣等众趣融于其中，尽显趣意，主要景点包括莲花轩、湛清亭、竹园等景点。

莲花轩：位于谐趣园西端，利用景墙、莲花池等元素以一定的连续和重复性设计手段形成一个充满序列感的小景园，让信步于其中的人充分体会到“绕切苔痕初染碧，隔帘花气静闻香”之趣意。

湛清亭：于谐趣园中部，利用中国古代园林借景手法，以曲径使其西接莲花轩，东连竹园，周围花木繁盛，位亭中之人放眼望去，大有山水树木清湛宜人之感。

竹园：主要以曲径、成片的竹林结合创造出竹林幽静的景观气氛，体现竹趣。“绿竹成阴环曲径、朱澜倒影入清池”便是本案谐趣园主要表达的意境显照。

（2）文昌园。文昌园坐落于颐和园内，位于文昌阁、知春亭以东，是我国古典园林中规模最大，设备最先进，藏品最丰富的文物陈列馆之一。整个院子优雅、静谧。本案中的A区为花园洋房，西边靠近山体，品质高雅、环境优美，是珍藏之品，故取名为文昌园。设计采用现代和古典手法相结合，把颐和园的部分元素和手法运用其中，充分体现中国古典的人文精神，使得此园具有比较强古典文化气息，成为难得的珍品。主要包括以下几个方面：

① 澄波叠翠：为入口组团景点，主要包括以下几个方面：

A. 入口广场：以入口水景墙为入口主要对景，水景墙设置喷水口，水口采用古典图案，意境生远。入口广场采用特色铺地，强化人口的视觉图案形象。

B. 草丘和挡墙：以弧形草丘形成一种特色的景观效果，同时和后面的山体相呼应，在草丘中央穿插景墙，创造一种纵深的感觉。

C. 花圃和烟波亭：在路的尽端设置一个圆形的花圃，中间种满名贵的花草，例如牡丹等，在中间设置烟波亭，可以欣赏花圃的花卉，也可以作为入口的远景，使人感觉里面内容更加丰富。

② 其他组团：主要包括以下几个方面：

A. 道路：采用现代手法，提炼颐和园道路精华，两侧以鹅卵石拼花案为主，中间以青石铺地，使人感觉既现代，又有传统韵味。

B. 入户口：采用广场节点的处理手法，利用两个小空间的连接，大一点的利用现代式铺地为主，四周和中间嵌以古典卵石拼花图案，在靠经入口的铺地上，设置两个古典的石墩，强化入口，使入口显得古典、优雅。

C. 小广场：在道路的尽端设置小型广场，为居民提供休息娱乐的场所，也强调纵深感。

D. 种植：花园洋房为高档居住组团。所以种植也精挑细选，大量运用开花植物，使得每个组团前面都有不一样的植物景观。

（3）德和园。本案中的“德和园”位于本案B块地，由三个楼间绿地组成，旨在表现德和园中的“戏”的典雅和其乐融融的内涵。主要包括以下几个方面。

① 中心组团：子曰：玉之美，犹如君子之德。本处方案立意来源于此，以环形规模纹隐喻玉璧图案。以同心圆形式环套，完善平面构图，圆心以卵石通道相连，通道内布置雾森喷头，开启时雾岚笼罩，强化意境。中心组团节点位于入口轴线，总体构思以独特的构图激发强烈的视觉冲击，给观者留下深刻映像，并在图案中抽象出主题思想。

A. 西侧正对大门处设置景石，最为入口景观轴线序列的开端。喷泉由电脑控制，布设环形雾森喷头，可随音乐节奏变换，为园内主要的动景。

B. 北侧沿路布置16个生态停车场，满足功能需求，楼南绿地两侧以微地形处理，植物配置讲究疏密有致、层次自然。

② 组团节点：分为南北两部分，通过曲形主题的运用遥相呼应。

A. 北组团：以环形不规则的曲线铺地连接两个休息空间。同时利用曲线和两个休息空间把绿地分割优美的造型，在其中设置为地形，创造多样的自由的空间。有曲径通幽之感。在整个场地之中，在适当的位置布置景石，融合古典园林手法在其中，休息空间的处理上，一个采用抬高式处理，一个采用下沉式处理手法，使得居民各得其乐。

B. 南组团：以曲线联系3个几何图形，利用曲线把绿地营造出多个自由式的空间，在其中设置微地形，使得整个空间浑然一体，自然优雅。大圆形活动场地为居民提供大的活动场所，在周边设置廊架，为居民提供休息场所。两个特色小空间丰富了空间的多样性，椭圆形小空间和大的椭圆形形成对比，在椭圆形背后设置成片的观赏林带，使得整个场所自然一体。

（4）玉带河。西片区由“十里长沟”自然分为南北两部分，如何将河道景观最大限度的实现小区内部的景观资源共享，同时将南北两部分结合成一个完整不可分割的整体，是这一部分的设计重点。

众所周知，颐和园集中了全国园林艺术的精华，构思最巧妙的最有特色的地方是长达728 m的长廊，长廊和廊中的绘画本身就有很高的艺术价值，另外还起到了将园内各个景点有机地联系起来的作用，烘托出园林整体的美。因此我们在南北两片的结合处设计了椭圆环形的“廊”将河道、休闲广场和景观平台巧妙有机地结合在一起，从而使南北两片区谐和园与德和园结合得更加紧密，河道不再是分隔两岸的屏障，而是成为了南北两片区域之间的中心景观，廊道内部布置了“颐水广场”，以传统九宫格形式，结合了树池、文化雕塑、座凳、景墙等形成具有标志性特色的沿河景观中心，在此处观赏山林、亲近河道是吸引居民进行交往，休息的最佳区域。

七、颐和家园附图

1. 总平面图（图案例13-1）

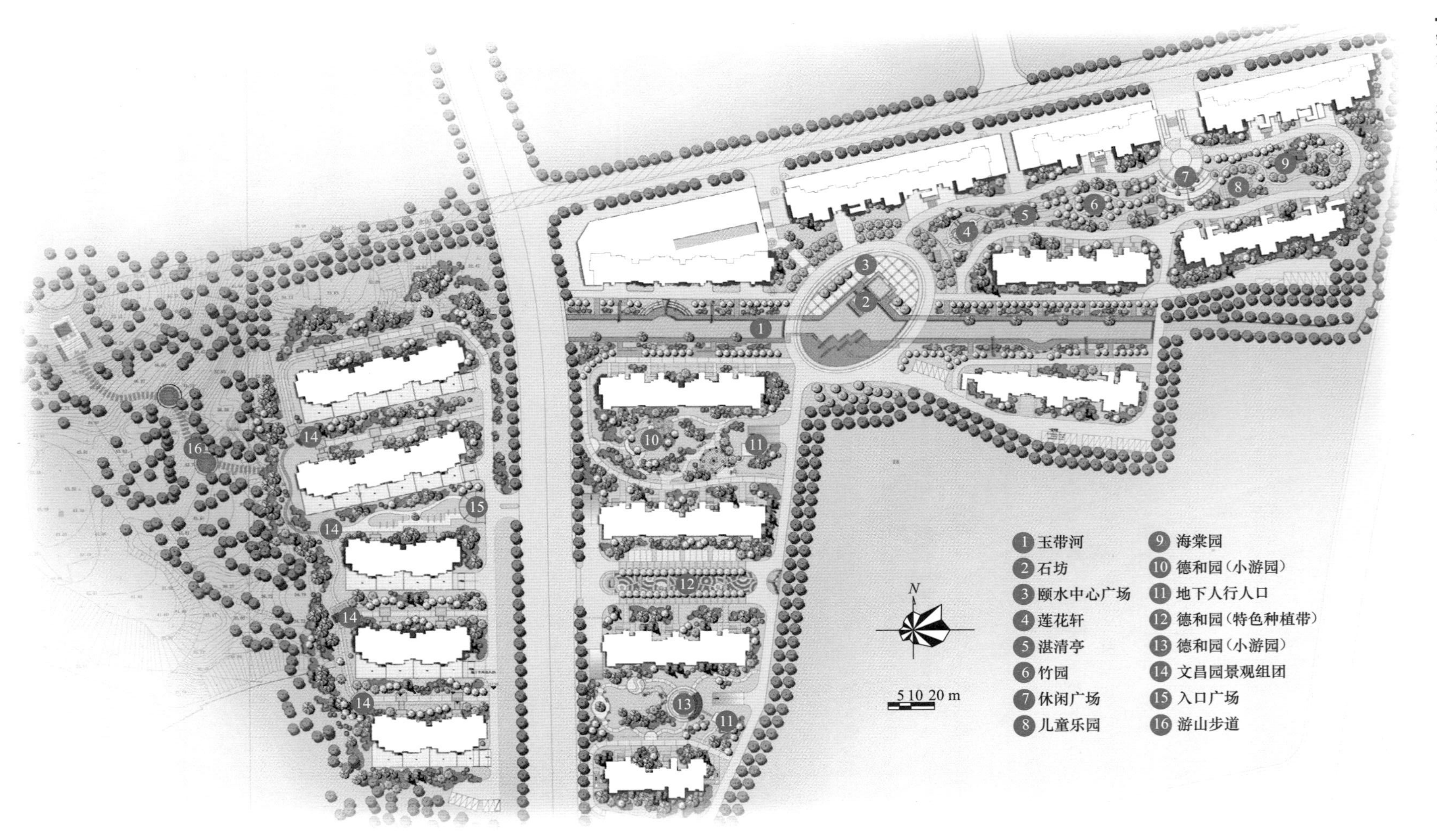

图案例13-1　颐和家园总平面图

2. 局部节点透视图

（1）颐水广场效果图见图案例 13-2。

图案例 13-2　颐水广场效果图

（2）谐趣园效果图见图案例 13-3。

图案例 13-3　谐趣园效果图

（3）主入口透视效果图见图案例 13-4。

图案例 13–4 主入口透视效果图

（4）德和园南组团效果图见图案例 13-5。

图案例 13–5 德和园南组团效果图

3. 分析图

（1）功能分区图见图案例 13-6。

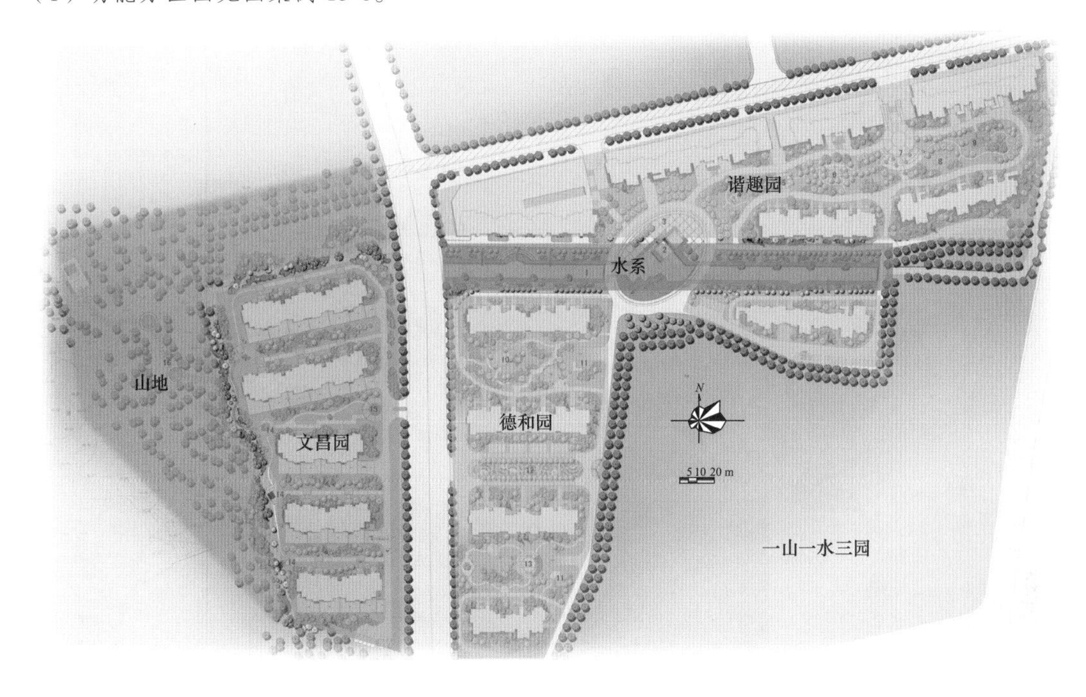

图案例 13-6　功能分区图

（2）交通分析图见图案例 13-7。

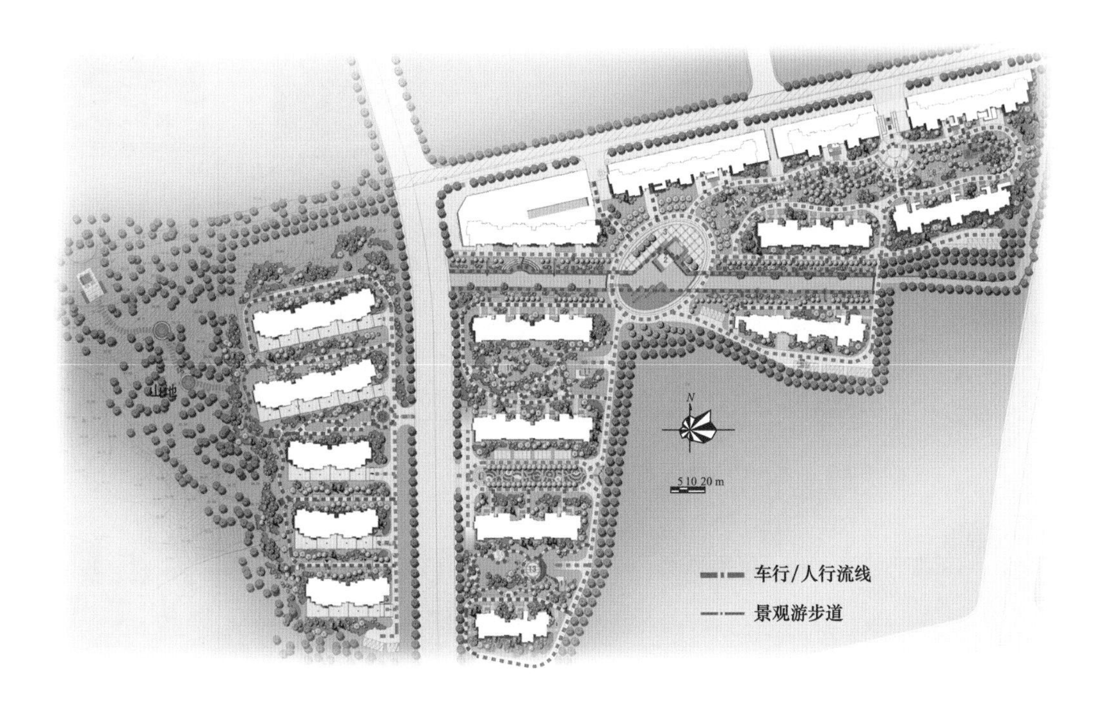

图案例 13-7　交通分析图

4. 局部详图

（1）谐趣园节点见图案例 13-8。

图案例 13-8　谐趣园节点

（2）玉带河节点见图案例 13-9、图案例 13-10。

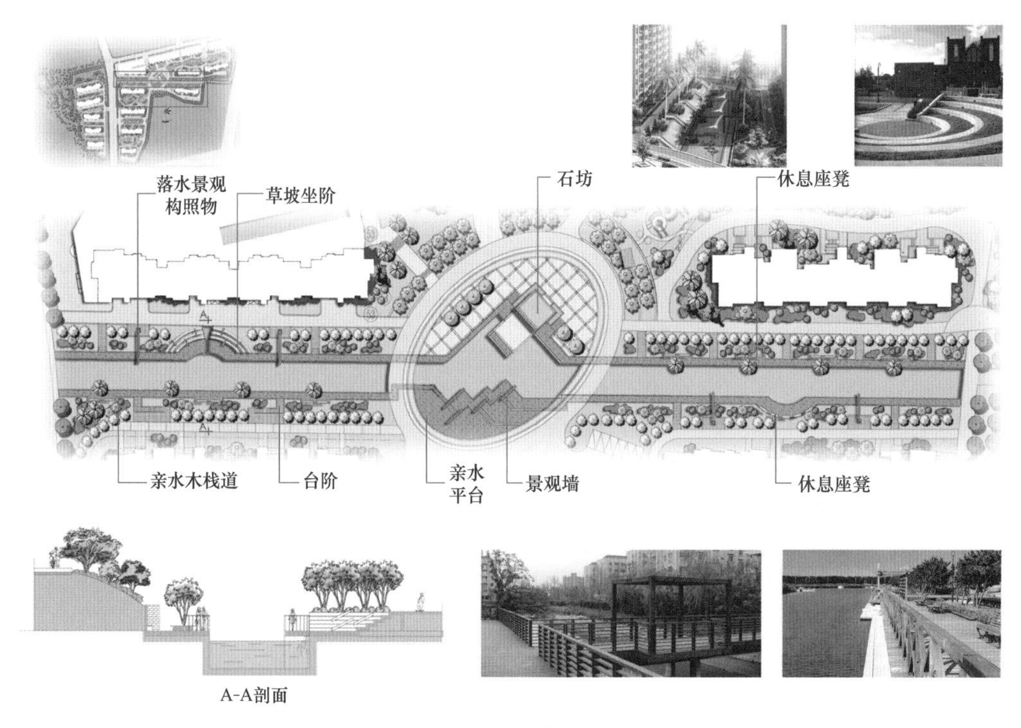

图案例 13-9　玉带河节点 ①

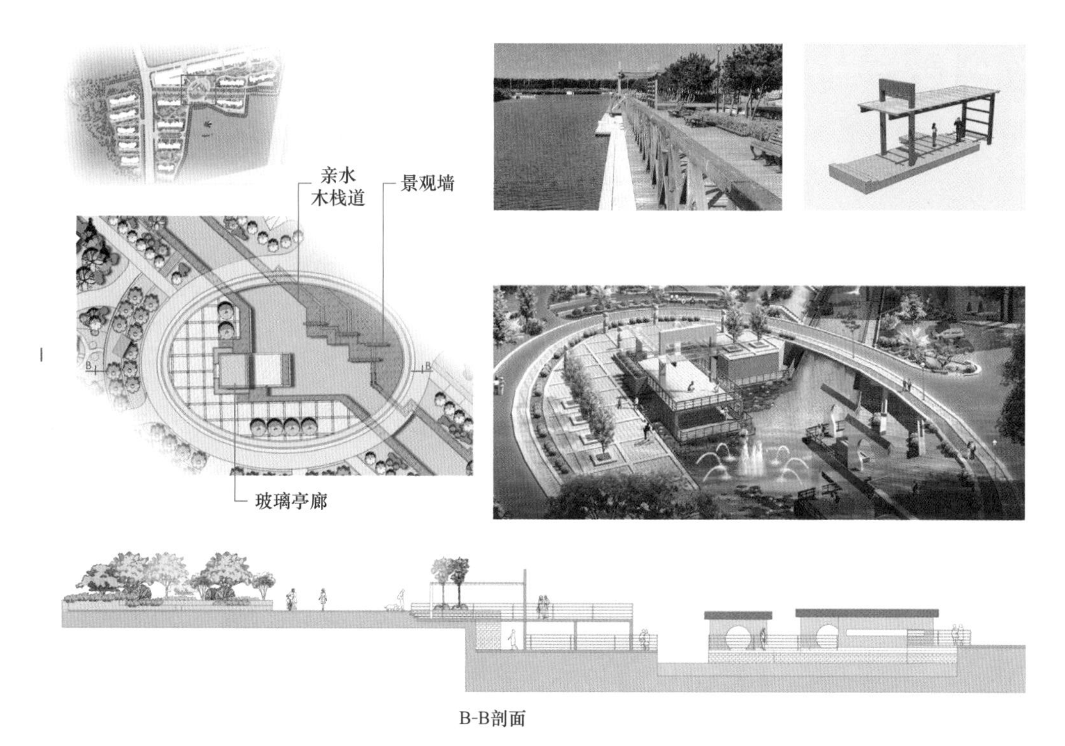

图案例 13-10　玉带河节点②

（3）德和园节点见图案例 13-11 至图案例 13-13。

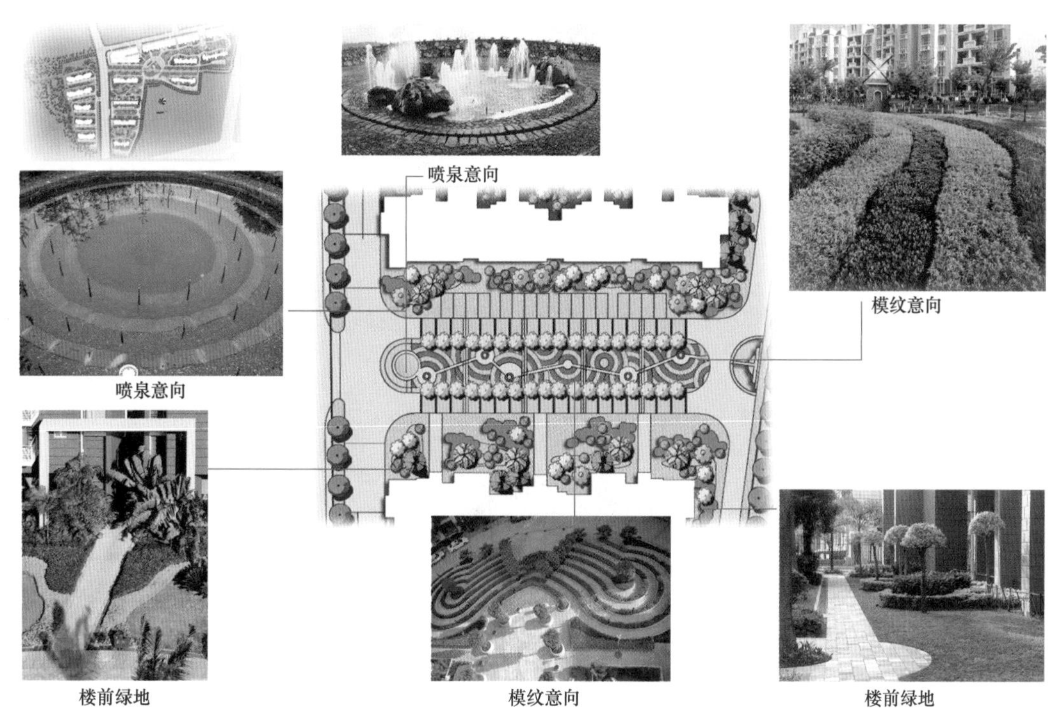

图案例 13-11　德和园中心组团节点

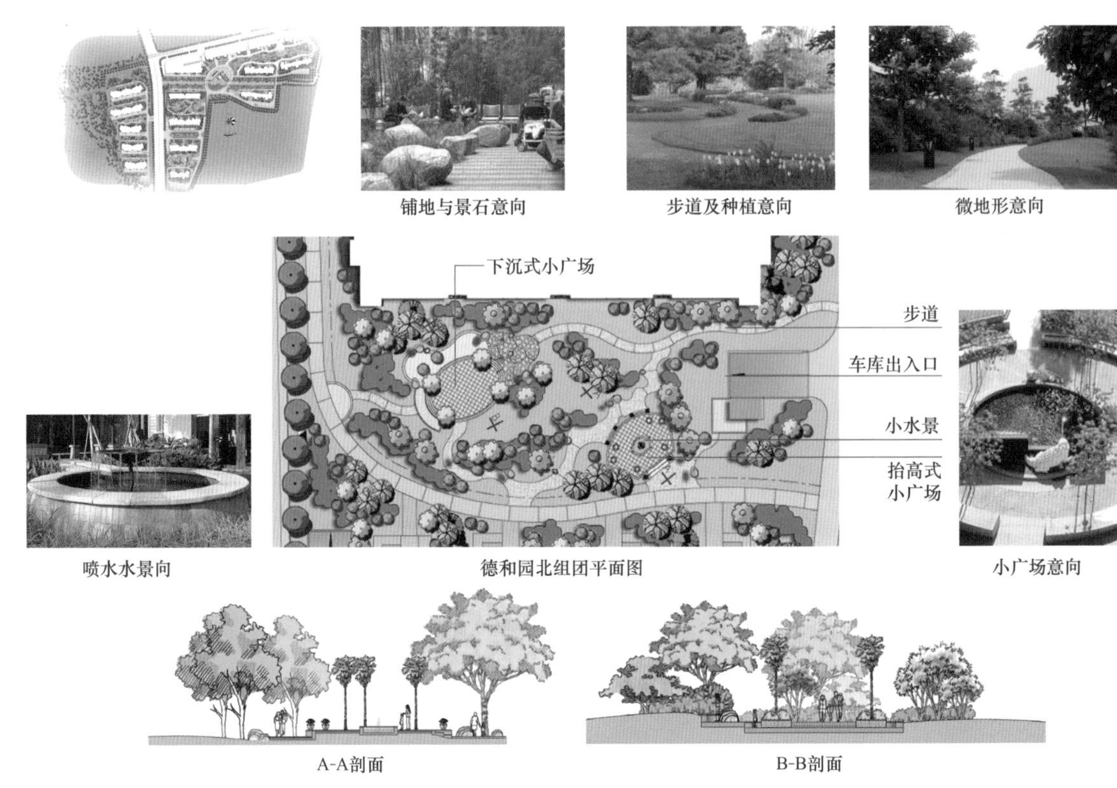

图案例 13-12 德和园北组团节点

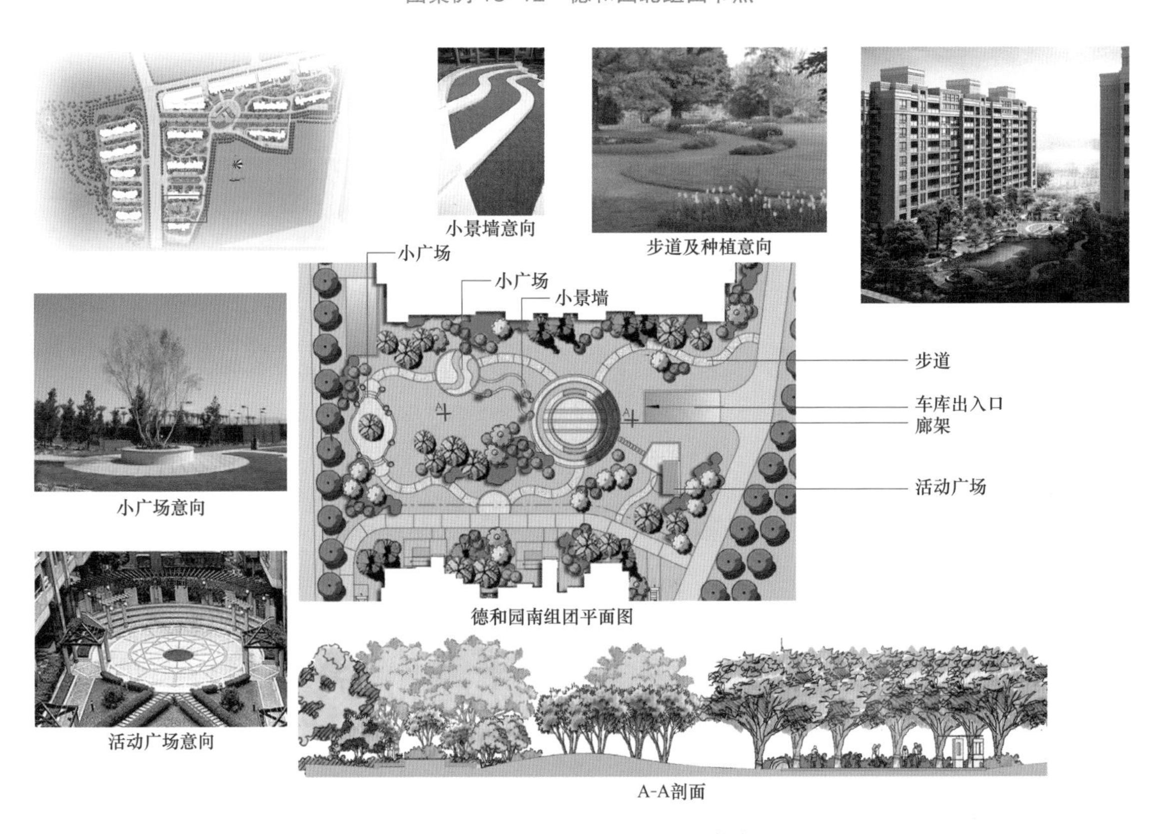

图案例 13-13 德和园南组团节点

（4）文昌园节点见图案例 13-14。

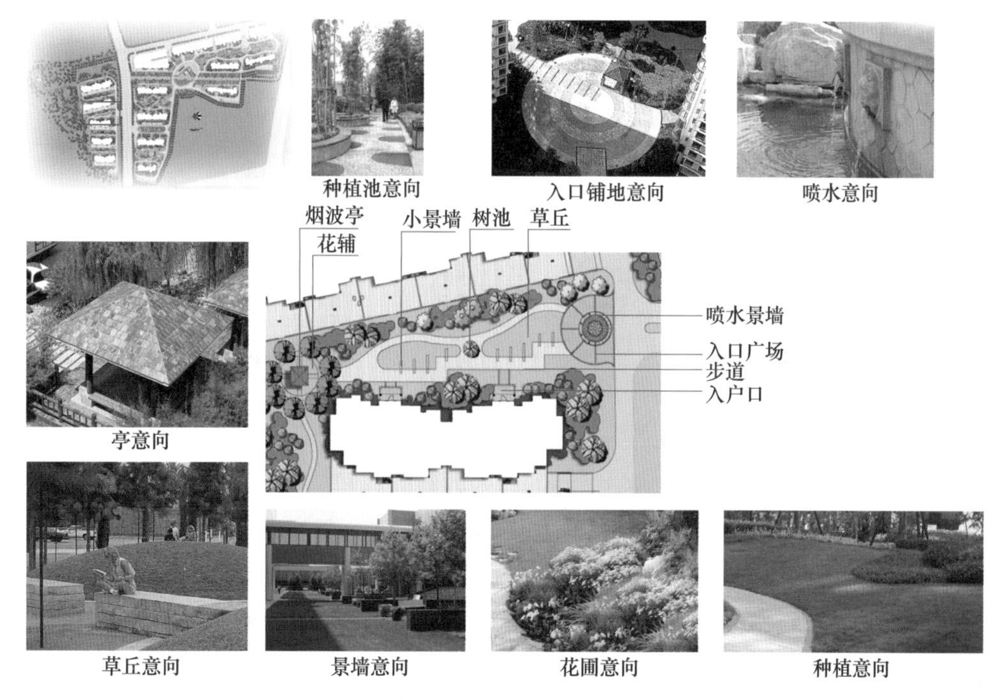

图案例 13-14　文昌园节点

5. 景观小品示意图（图案例 13-15）

图案例 13-15　景观小品示意图

6. 植物示意图

谐趣园、德和园、文昌园及颐水广场上层植物图（扫一扫二维码）。

（1）谐趣园上层种植示意图见图案例13-16。

上层种植图

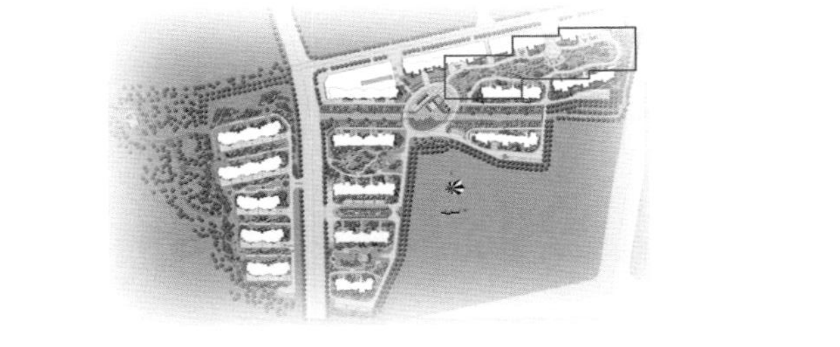

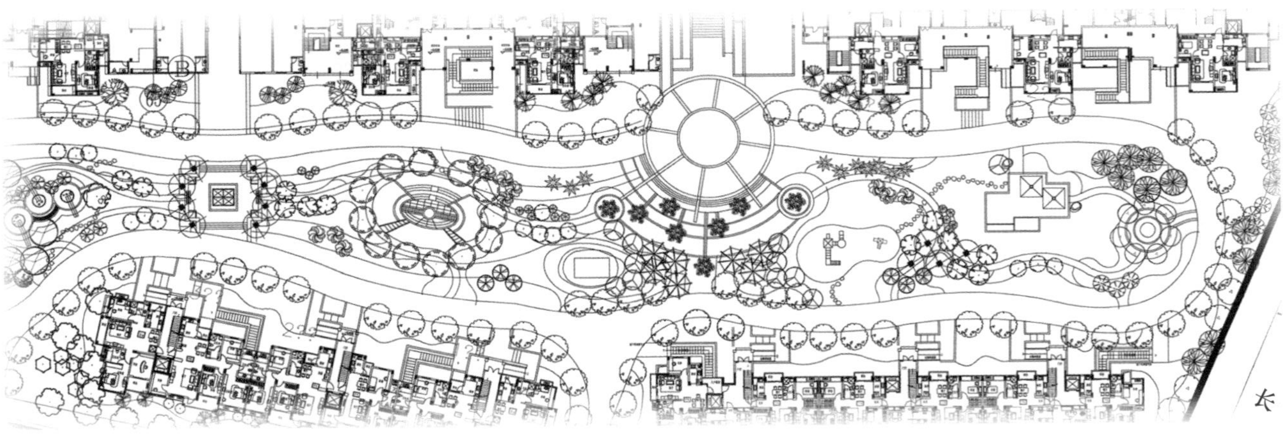

雪松	澳洲金合欢	杨梅	榉树	日本樱花	碧桃	海桐	红枫
海枣	杜英	银杏	金丝垂柳	梅花	柴玉兰	含笑	柴丁香
棕榈	高杆女贞	乌柏	黄山栾树	鸡瓜槭	白玉兰	桂花	石榴
香樟	乐昌含笑	枫香	合欢	红叶李	龟甲冬青球	茶花	木芙蓉
广玉兰	枇芭	七叶树	杂交马褂木	西府海棠	红花檵木球	琼花	

图案例 13-16 谐趣园上层种植示意图

（2）颐水广场上层种植示意图见图案例 13-17。

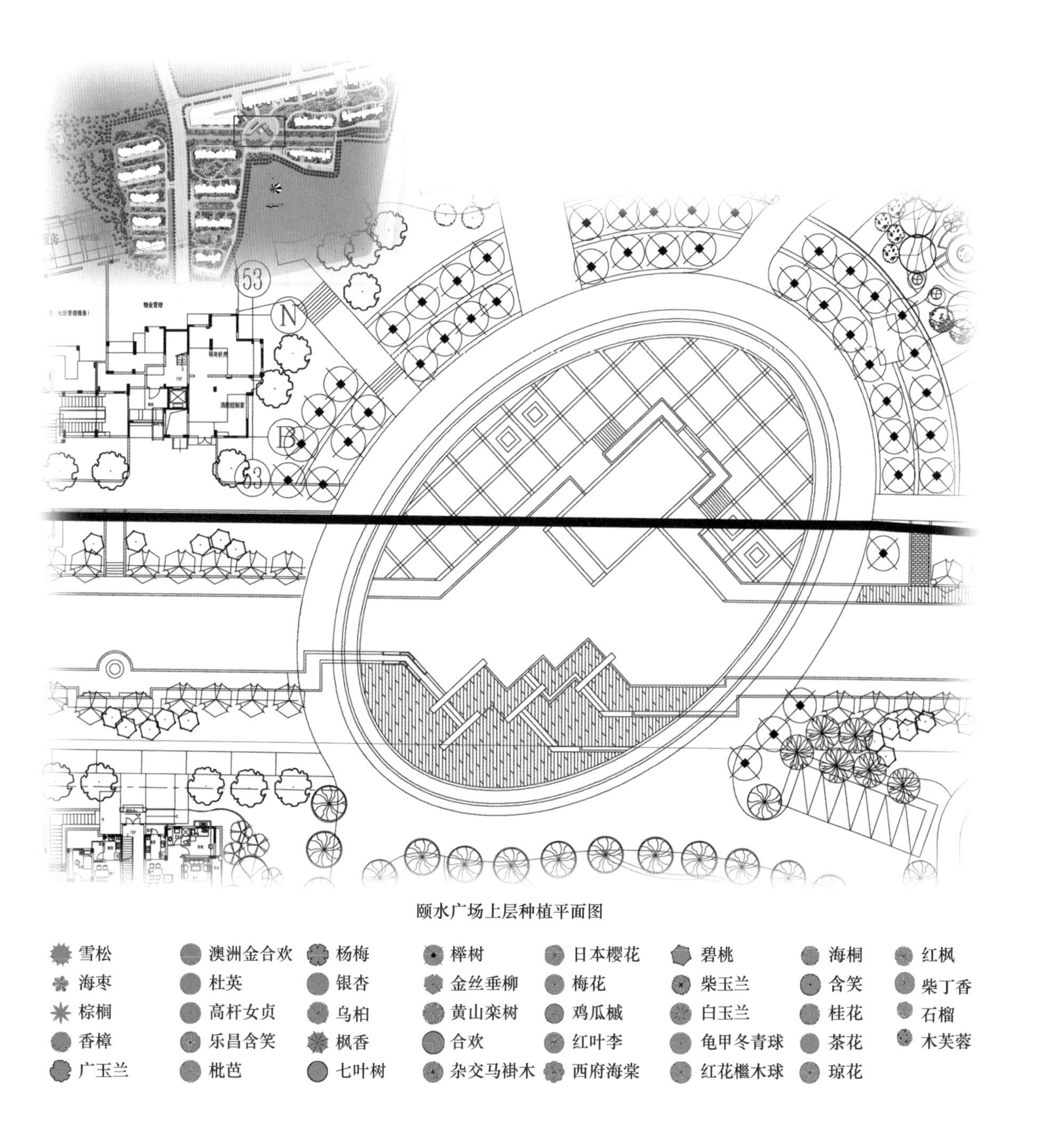

图案例 13-17　颐水广场上层种植示意图

（3）德和园中心组团上层种植示意图见图案例 13-18。

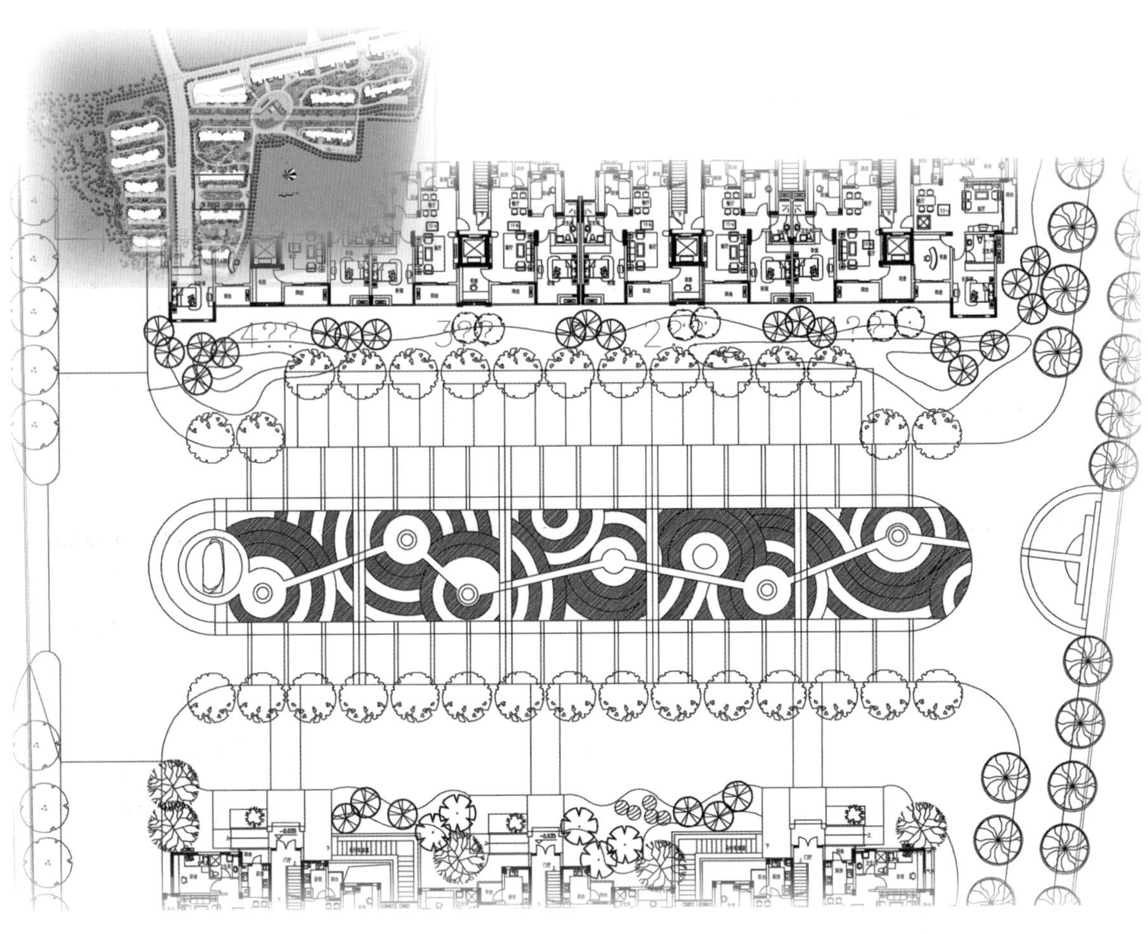

德和园中心组团上层种植平面图

雪松　澳洲金合欢　杨梅　榉树　日本樱花　碧桃　海桐　红枫
海枣　杜英　银杏　金丝垂柳　梅花　柴玉兰　含笑　柴丁香
棕榈　高杆女贞　乌柏　黄山栾树　鸡瓜槭　白玉兰　桂花　石榴
香樟　乐昌含笑　枫香　合欢　红叶李　龟甲冬青球　茶花　木芙蓉
广玉兰　枇芭　七叶树　杂交马褂木　西府海棠　红花檵木球　琼花

图案例 13-18　德和园中心组团上层种植示意图

（4）德和园北组团上层种植示意图见图案例 13-19。

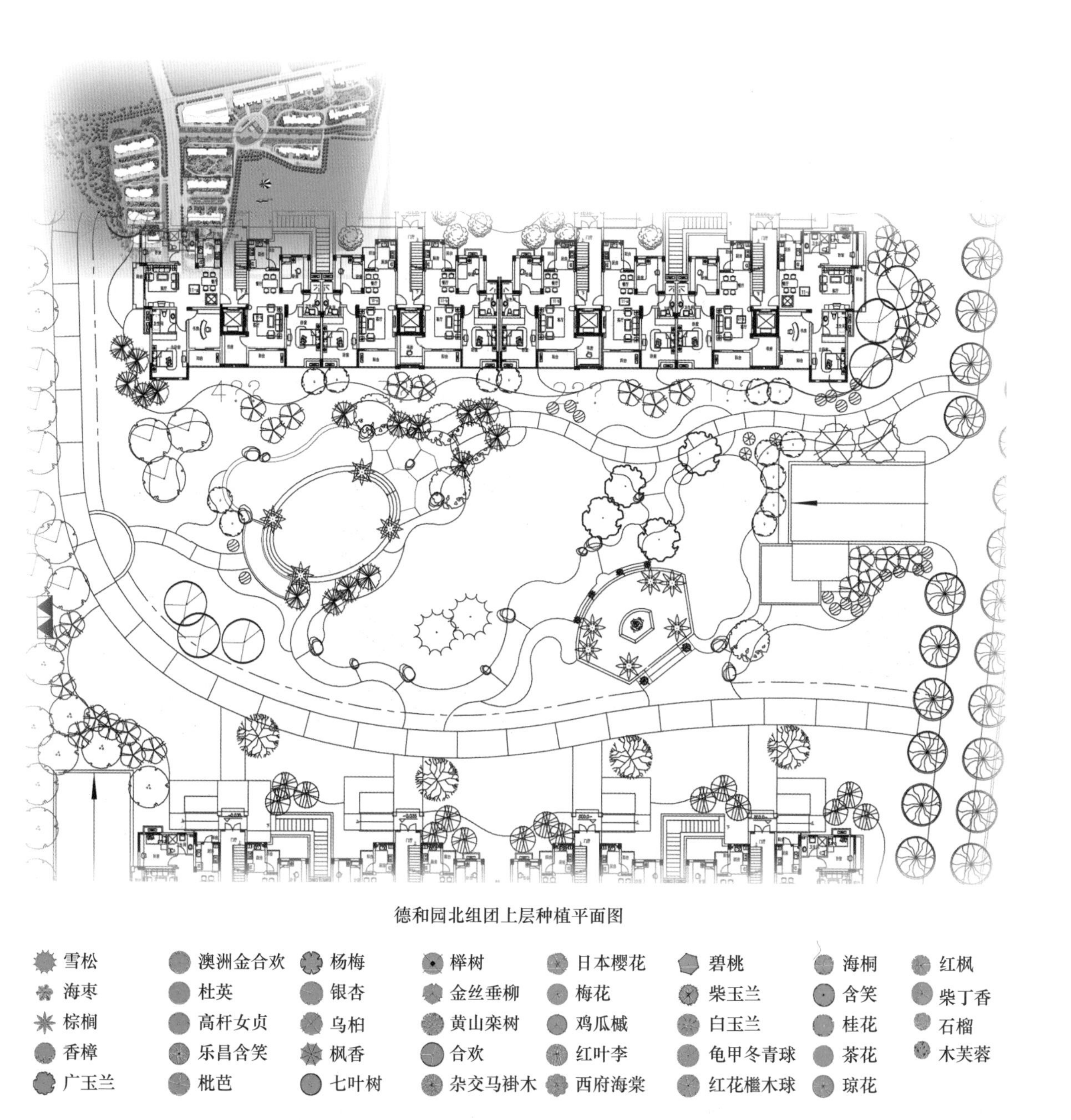

图案例 13-19　德和园北组团上层种植示意图

（5）德和园南组团上层种植示意图见图案例 13-20。

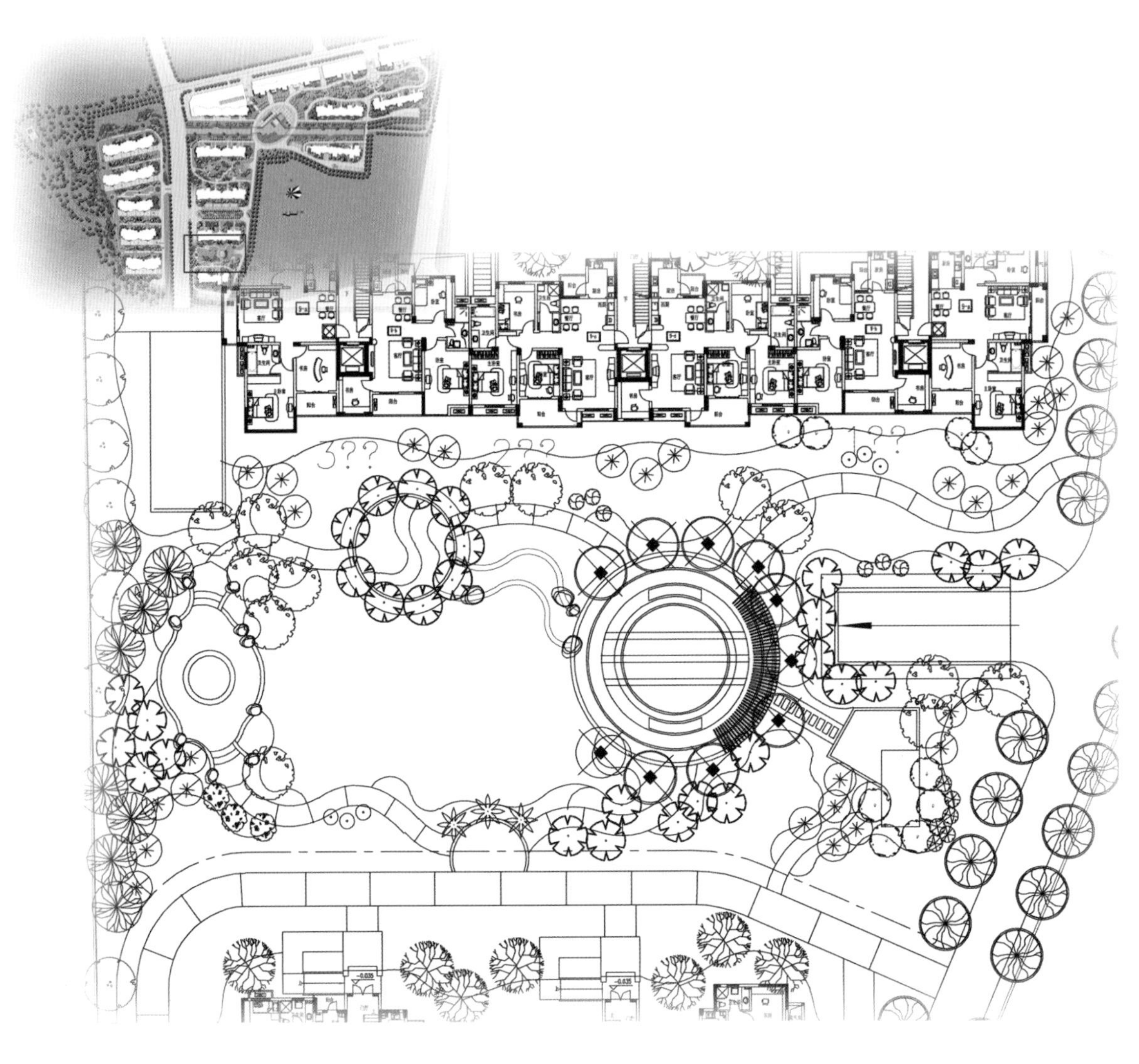

德和园南组团上层种植平面图

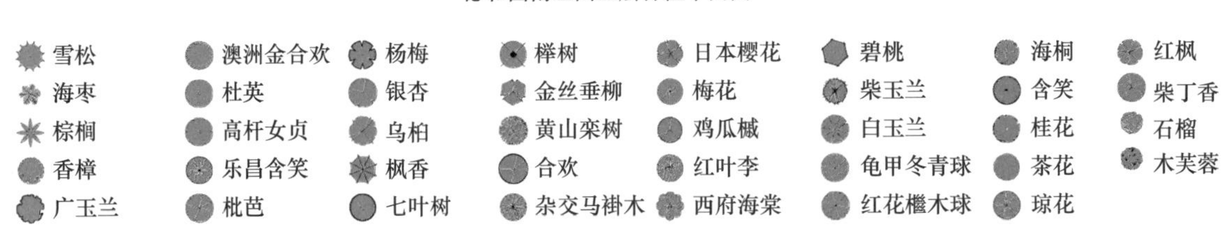

图案例 13-20　德和园南组团上层种植示意图

（6）文昌园澄波叠翠上层种植示意图见图案例 13-21。

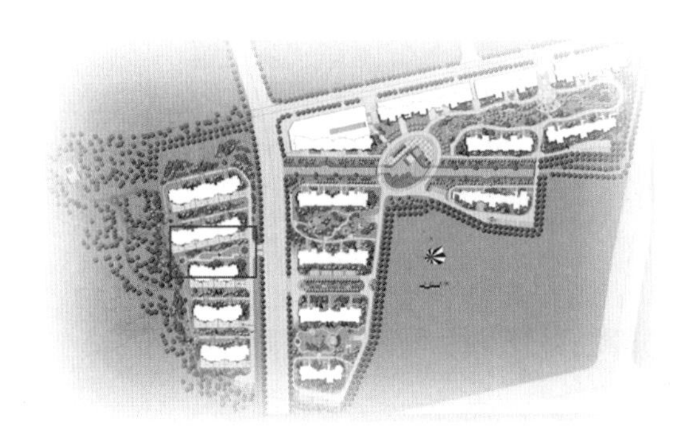

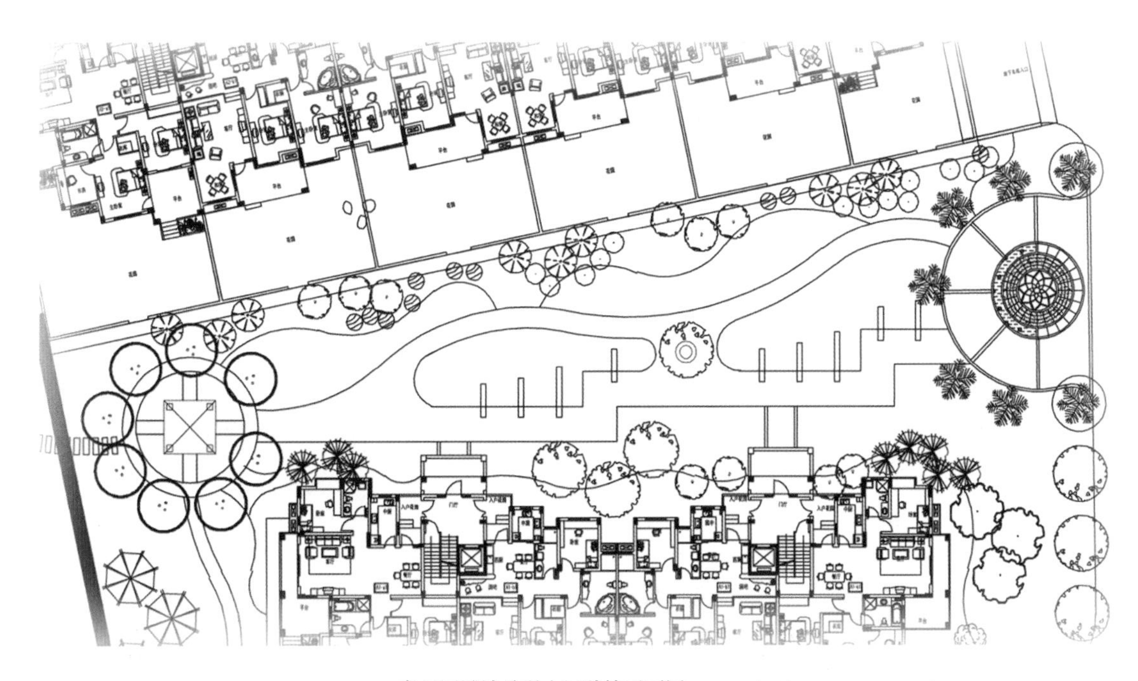

文昌园澄波叠翠上层种植平面图

雪松	澳洲金合欢	杨梅	榉树	日本樱花	碧桃	海桐	红枫
海枣	杜英	银杏	金丝垂柳	梅花	柴玉兰	含笑	柴丁香
棕榈	高杆女贞	乌柏	黄山栾树	鸡瓜槭	白玉兰	桂花	石榴
香樟	乐昌含笑	枫香	合欢	红叶李	龟甲冬青球	茶花	木芙蓉
广玉兰	枇芭	七叶树	杂交马褂木	西府海棠	红花檵木球	琼花	

图案例 13-21 文昌园澄叠翠上层种植示意图

（7）下层种植意向示意图见图案例 13-22。

图案例 13-22　下层种植意向示意图

7. 铺装意向图（图案例 13-23）

图案例 13-23　铺装意向图

8. 灯光示意图（图案例 13-24）

图案例 13-24　灯光示意图

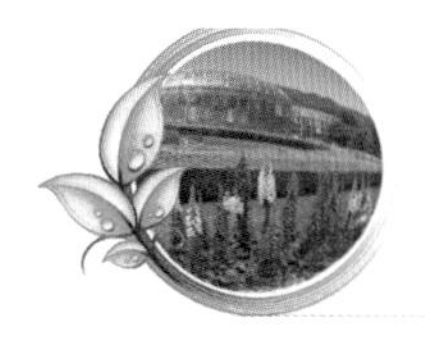

任务 28　居住小区植物配置与造景模拟实训

技能点

◆ 1. 综合运用居住小区植物配置与造景的理论知识，完成本次实训任务。

◆ 2. 掌握居住小区植物配置与造景方法与程序。

知识点

◆ 居住小区植物配置与造景。

一、任务提出

在学习了居住区绿地规划设计的相关知识后，为了进一步提高学生的实践技能，培养学生的规划设计能力、艺术创新能力和理论知识的综合运用能力，可选择让学生完成当地某居住区的绿地进行规划设计，根据居住区的规模，可作局部绿地设计或整体设计。

二、任务要求

1. 立意新颖，构思巧妙，格调高雅，具有时代气息，能够很好地表现居住区的文化内涵。

2. 因地制宜地确定居住区不同绿地组成部分的形式和内容设施，体现多种功能并突出主要功能。

3. 以植物造景为主、突出居住区的生态效应，并可适当布置其他造景要素。

4. 植物选择配置应乔灌花草结合、常绿落叶结合，以乡土树种为主。植物种类数量适当。能正确运用种植类型，符合构图规律，造景手法丰富，注意色彩、层次变化，能与道路、建筑相谐调，空间效果较好。

5. 图面表现能力：按要求完成设计图纸，能满足施工要求；图面构图合理，清洁美观；线条流畅，墨色均匀；图例、比例、指北针、设计说明、文字和尺寸标注、图幅等要素齐全，且符合制图规范。

三、任务实施

（一）任务布置

该居住小区植物配置是属于旧城改造。

1. 项目概况

原有规划设计方案已不能很好满足人们日益提高的生活水平需要，底层多为小商铺，配套设施不够完善，缺乏大型购物中心和休闲场所，不利于提升共和街的改造品质。对该县唯一的景观自然条件利用不充分。原设计1号楼为三单元9+1层板式住宅，主楼面宽过大且封闭，共和街内尤感压抑，且共和街西北侧住宅日照条件差，不利于改善沿河景观和共和街内日照条件，滨河路建筑天际轮廓线死板，缺少丰富的变化，如能对沿河建筑立面进行修改，可极大丰富沿河景观，尽可能满足西北侧住宅的日照要求，提高整个楼盘乃至整个共和街的品质。

2. 景观改造目的

提升该县旅游县城形象和项目景观形象，使项目设置更趋合理，丰富沿江的建筑景观，使之成为滨河路的亮点，建设成为地标式建筑；改善原有规划设计方案对沿河景观的不利影响，改善沿河景观，完善配套设施。丰富滨河路天际轮廓线（1号楼高度需重点进行调整），所设置的各项配套设施整个小区可共享，有利于小区的品质提升并使人员能更通畅疏散。沿河高层之间分断设置，既满足消防要求又使其富有变化，沿河建筑立面更显通透，对北面（后面）的住宅日照影响更小。

3. 规划指标情况

容积率由原规划的2.41调整为3.964；绿地率由原规划的25.1%调为28%；户数由原规划的306户调为526户；停车位由0个增至56个。

4. 建筑风格及景观评价

根据人们审美观念的不断成熟和地区气候及周边建筑特征，本小区建筑以现代风格为主，浅色调，两段式。为丰富立面光影变化，建筑顶部辅以局部构架，使整个建筑群显得精致、典雅。1号楼建筑风格与周边建筑相协调，三层裙房颜色偏重，使整栋建筑踏实、稳重。

整个天和明珠小区位于长宁河西侧，共和街自北向南穿小区而过，属旧城改造项目，地域狭小，且周边环境略显杂乱，景观不理想。沿长宁河成为唯一可利用的景观资源。本次设计充分利用一切可延用的条件，力求做到有建筑，有环境且尺度宜人。化不利为有利。沿长宁河布置沿河景观带及亲水平台，小区内部布置街心小花园，西侧边坡绿化。力求在有限的空间里争取更多的绿色，让人们居住其间不显生硬和压抑。总平面图见图实训1-1。

（二）植物配置工作步骤

（1）现场踏查，了解情况。该设计是到设计现场实地踏查，熟悉设计环境，了解居住区绿地的性质、功能、规模及其对规划设计的要求等情况，作为绿化设计的指导和依据。

（2）搜集基础图纸资料。搜集居住区总体布局平面图、管道图等基础图纸资料。若居住区没有图纸资料，可实地测量，室内绘制。

（3）描绘、放大基础图纸。若建设单位提供的基础图纸比例太小，可按1∶（300～500）的比例放大、分幅，或将实测的草图按此比例绘制，作为绿化设计的底图。

（4）总体规划设计，绘出设计草图，送建

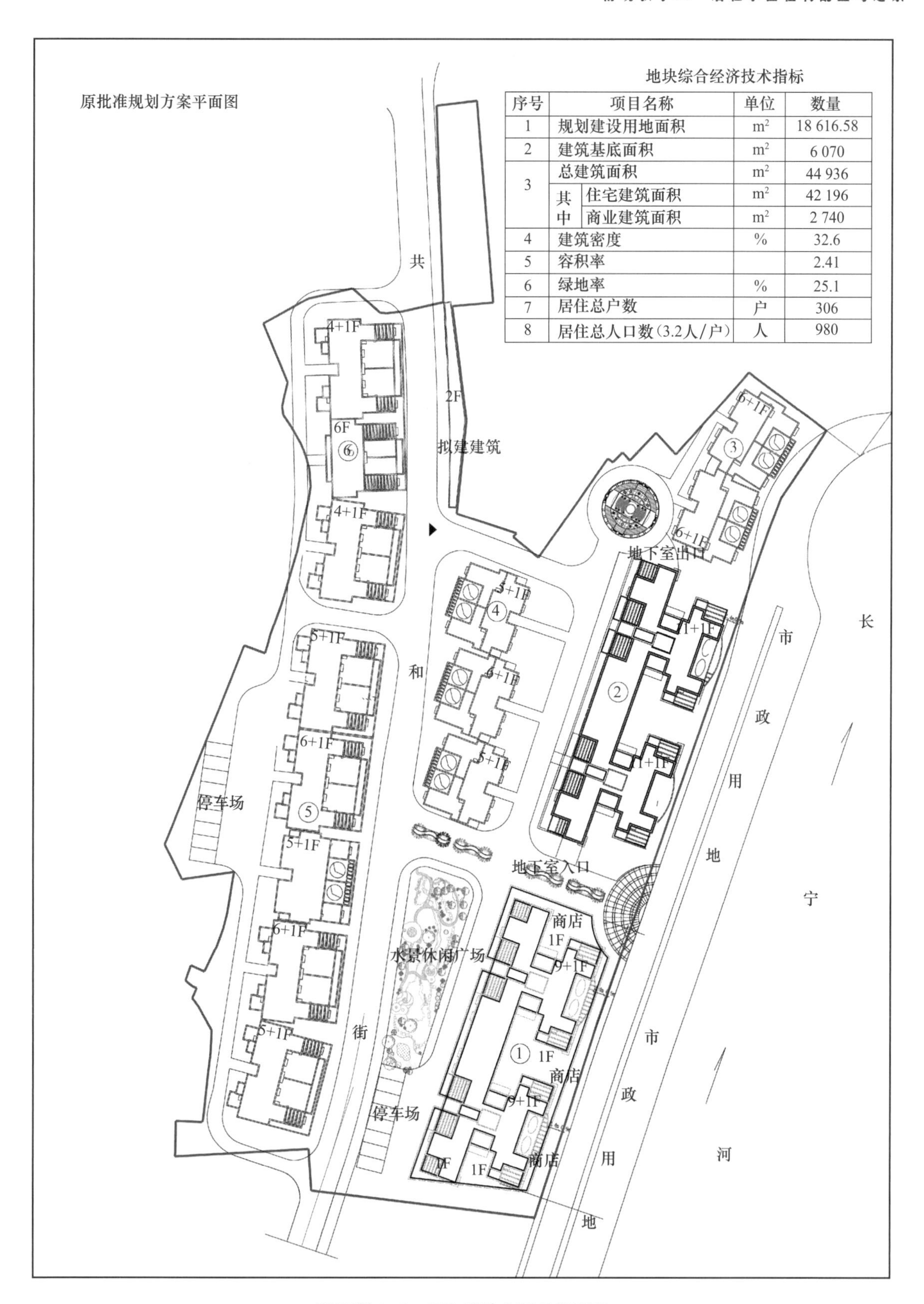

地块综合经济技术指标

序号	项目名称		单位	数量
1	规划建设用地面积		m^2	18 616.58
2	建筑基底面积		m^2	6 070
3	总建筑面积		m^2	44 936
	其中	住宅建筑面积	m^2	42 196
		商业建筑面积	m^2	2 740
4	建筑密度		%	32.6
5	容积率			2.41
6	绿地率		%	25.1
7	居住总户数		户	306
8	居住总人口数(3.2人/户)		人	980

图实训 1-1　天和明珠小区总平面图

设单位审定，征求意见，修改定稿。

（5）按制图规范，完成墨线图，晒兰或复印，做苗木统计和预算方案。作为设计成果，评定成绩，或交建设单位施工。

天和明珠小区总平面图

（三）设计成果

（1）总体规划图：比例 1 :（200～300），1、2 号图（图中进行道路、广场、园林建筑 小品等规划布局，并标注尺寸）。

（2）绿化设计图（含彩色平面图）：比例、图幅同总体规划图（1、2 项可提供 CAD 设计图）。

（3）单位整体或局部的效果图（彩色图）。

（4）设计说明书，包括居住区小游园园名、景名、分区功能及种植设计景观特征描述。

（5）植物名录及其他材料统计表。

（6）绿化工程预算方案。

四、居住小区植物配置设计说明编写模式

1. 项目概况

（视项目的具体情况而定）

2. 设计依据

（1）业主单位提供的相关图纸。

（2）业主单位的设计要求。

（3）国家及地方的相关规范、标准。

3. 设计指导思想

（1）坚持以人为本、使用为本原则。用可持续性发展的眼光，营造能够满足人舒适、亲切、愉悦、安全、轻松、自由及充满活力等体验和感觉的空间。在空间景观规划中贯彻“以人为本”的原则创造最符合人们需求的，充满人情味的空间。

（2）坚持生态学原理。

① 以城市生态系统为基础，注重生态效益；以提高居民小区的环境质量，维护和保持城市的生态平衡为前提。

② 根据植物共生、循环、竞争、生态位、植物种群生态学、植物他感作用等生态学原理，因地制宜地将乔木、灌木、藤本、草本植物进行空间艺术处理，合理配置在一个群落中，有层次、厚度、色彩，使具有不同生物特性的植物各得其所，从而充分利用阳光、空气、土地、肥力，实行集约经营，构成一个和谐、有序、稳定、壮观而能长期共存的复层混交的立体植物群落，使居住区绿化发挥更好的生态效益。

（3）注重动态的景观效果。在静态构图上，景观设计要求讲求图案的构成和悦目的视觉感染力，但景观设计更为重视造景要素的流线组织，以线状景观路线串起一系列的景观节点，形成居民区景观轴线，造成有序的、富于变化的景观序列。这种流动的空间产生丰富多变的景观效应，使人获得丰富的空间体验与情趣体验，对构筑居住区的文化氛围和增强可识别性起到积极作用。

（4）开放的、系统的设计观念。景观设计不再强调居住区空间环境绿地设置的分级，不拘于各级绿地相应的配置要求，而是强调居住区为全体居民所共有，居住区景观为全体住户所共享。开放性的设计思想力求分级配置绿地的界限，使整个居住区的绿地配置、景观组织通过流动空间形成网络型的绿地生态系统。

4. 设计原则

在布局上全力满足使用、卫生、美观、安全、经济等要求。坚持以人为本，以人与自然和谐统一为前提；以满足居民的休息娱乐和日常活动为根本，符合居民游憩心理和行为规律要求；以住户的精神生活需求为设计重点，创造优美舒适的居住环境。

（1）人性化设计原则。住宅小区的园林绿化是为了休闲、运动和交流，因此，园林绿化所创造的环境氛围要充满生活气息，做到景为人用，富有人情味。人们能在树荫下乘凉、聊天、散步，在绿色土地中健身、博弈、陶冶情操；天真活泼的孩子们能在泥土和石缝中寻找小动物，在成长中感受童年美好的环境；老人们散步时能有个歇脚的地方，空闲时谈笑风生、回味往事当

年、与自然同在。因此，从住宅入口，直到分户入口，都要进行绿化，使人们尽量多接触绿色，多看到园林景观，可以随时随地地享受到新鲜空气、阳光雨露、鸟语花香以及和谐的人际关系。

（2）安全便捷性原则。景观设计的便捷性主要体现在居住区环境的内外交通、公共设施配套与服务方式等方面。从居住区内外交通系统来看，不仅要满足居住区居民出行的需要，还必须为居住区内部交通提供安全便捷。居住区内的公共服务设施，依据居住区内居民的生活习惯和活动特点，采取合理的分级结构、宜人的尺度与良好的服务方式，从而为住区居民提供便利的生活服务。此外，在安全感方面，设计通过植物空间自身所形成的高低宽窄的形象、色彩和质感、林木郁闭度以及植物空间中光线的明暗等，给社会中最弱小的成员，如老人、儿童和残疾人以关注。在景观小品及水体的设计上也充分考虑居民的安全需要，以合理的尺度确保居民的使用安全。

（3）可参与性原则。居住区环境设计，不仅仅是为了营造人的视觉景观效果，其目的最终还是为了居者的使用。居住区环境是人们接触自然、亲近自然的场所，居住的参与使居住区环境成为人与自然交融的空间。例如，成都一些居住区通过各种喷泉、流水、泳池等水环境，营造可观、可游、可戏的亲水空间，受到人们的喜爱。

（4）舒适感原则。在当今居住区的发展中，人们已经逐渐意识到了对于“人居环境”的要求，本项目在景观设计上反映了当今居住区发展的方向——以人为本：尊重居住者的切身需求、注重邻里间的交往、人与自然的亲和力等。具体设计时追求至真、至纯的生活，力求用设计的点点滴滴体现出对人的关爱，旨在营造一个个性鲜明的融情于景、触景生情的时尚生活空间。通过植物空间的连续性、和谐性及明显的序列性，给人以明确的空间感受，并使空间具有整体感，产生情趣变化和丰富变幻的景象。

5. 设计内容

（1）设计构思。视项目具体情况而定。

（2）设计内容。该项目绿地系统根据居住区不同的结构类型进行合理规划，设置相应的公共绿地、宅旁绿地及道路广场绿地。

① 区内公共绿地：视项目具体情况而定。

② 宅旁绿地：园内布局有一定的功能划分，主要设置花木、草坪、健身休息设施和铺装地面等。A. 为合理利用绿色资源，宅旁行列式绿地在设计思想上以居民参与其中为目的，布置大量的休闲步道。B. 设置适当的健身器材，使人们停留于绿色，既健身又赏景，陶冶情操。C. 以铺装地的色彩、质感来渲染气氛，设置休息座凳于其中，尽收使用功能。

③ 道路绿地：主要设置花灌木、高大乔木、草坪等。A. 在布局上采用乔灌木相结合的手法，富有变化而又整齐统一。B. 行道树结合绿带、花灌木合理配置。

6. 植物配置设计分析

本项目的植物配置是构成居住区绿化景观的主题，它不仅起到保持、改善环境，满足居住功能等要求，而且还起到美化环境，满足人们游憩的要求。该居住区绿化时植物配置以生态园林的理论为依据，模拟自然生态环境，利用植物生理、生态指标及园林美学原理，进行植物配置，创造复层结构，保持植物群落在空间、时间上的稳定与持久。

（1）景观植物配置的多样性。植物配置应向生态化、乡土化、景观化、功能化方向发展，植物材料既是生态造景的素材，也是观赏的要素。科学地配置各种植物有利于发挥植物的特性，构成生态美景。首先要注意乔灌草合理结合，将植物配成高中低各层次，既丰富植物品种，又能使三维绿量达到最大化。使放出的氧气和有机物更多，有益于人类的健康，总体上体现植物配置的层次性、多样性，小区植物配置的功能性；其次，配置大乔木时，选择树种要有乡土性、针对性，种植树种应考虑植物生态群落，景观的稳定性、长远性和美观性，树种选择在生态原则的基础上，力求变化、创造优美的林冠线和林缘线；

配置大乔木时，要有足够的株行距，为求得相对稳定的植物群落结构打下基础，也是可持续发展的需要。最后，植物配置应充分运用形态树种、观花树种、季相叶树种、管理粗放且观赏期长的宿根的地被花卉、招引昆虫的芳香植物，达到人与自然的和谐统一，形成生物多样性。

（2）植物在景观中的功能。植物依据其在景观中的功能可分为遮挡类，利于其低分枝，多干小乔木可将其种植于建筑物周围，以降低噪声，隔离视线干扰；遮阳类，可植于路旁或种成疏林，增加景观层次，同时，将人视角收小，减轻建筑物间的围和带来的压抑感；限定类，如铺地柏、黄杨或球形点植或成片修剪，构成图案，加强方向感和规定行为。

（3）营造植物与人的交流。首先，植物的气味对人有相当大的影响，人在植物挥发气味的绿色环境中，不仅记忆力可增强，而且情绪可变好。花的色彩，也可影响人的情绪，在心理生理活动中，能发挥良好作用，对人的健康有益，如蓝色花朵令人感到心胸开阔，对病菌起抑制作用；白色花朵给人优雅安静清爽的感觉；紫色花朵使人精神平静；红色花可刺激兴奋神经，产生兴奋情绪。所以在花色、花味等的选择上要适当，最好选择具有保健作用的花木。其次，要根据住区环境面积大、人口多少，建设绿色走廊。为了方便残疾人行走和通行，设计无障碍道路，绿色走廊一边可设置栏杆，便于盲人有扶手保证安全。另外，还可为盲人设计一些既有香味又能听声的保健植物，如含笑、栀子、桂花等。最后，绿化面积和空间大小要控制，实践证明，尺度过大的绿化空间，不但实用性降低，居民领域感随之减弱，很少有人在其中活动，人们更喜爱贴近宅前的绿化景观，属于自己的园区，所以绿化中应以组团为中心，营造亲切怡人的绿化空间；另一方面，应注意人的可进入性，把绿化与铺地、小路相结合，使人即可游览，也可随时坐下休息，成片绿化要应用不怕踩的草种，让人们享受自然。

（4）植物的竖向布置要注意形成丰富的林冠线，采用不同高度的树木进行配置，并用具有不同风格树冠的树种进行配置，以形成变化的天际线，从而形成立面丰富的景色。居住区绿化要点、线、面结合，保持绿化空间的连续性。使人进入居住区后，随处见绿，心旷神怡，亲切怡人。植物的开花是四季变化中最受人关注的观赏内容，所以在绿化设计中应充分应用各种植物的不同花期进行配置，使绿化区域内四季有花。要重视植物的景观层次。设计时可用不同高度的乔木、灌木和草本植物进行逐层配置。不同层次的植物最好能具有不同的叶色与花色，即使在无花时，也能采用绿色中具有明显不同色差度的植物，形成色彩丰富多变的层次景观，同时尽可能，使视觉空间与绿化空间保持一致。绿地内植物的配置可视布局的需要，采用孤植、对植、行列栽植、丛植、群植、绿篱、垂直绿化、花坛、花带、花境、草坪、水生花卉等形式。面积较大的绿地，在设计中可考虑适当布置水体假山、小径与广场等。树木得水而茂，亭榭得水而媚，空间得水而宽阔，所以水是较大绿地中不可缺少的组成部分；园林小品建筑在绿化中有画龙点睛之效，所以轻快、素雅、明朗、大方为好。为了能与周围的环境取得统一，小品建筑可采用竹、木等材料或仿木、仿竹等手法。

7. 投资匡算

视项目具体情况而定。

参考文献

［1］ 曹林娣. 中国园林艺术论［M］. 太原：山西教育出版社，2001.

［2］ 金煜. 园林植物景观设计［M］. 沈阳：辽宁科学技术出版社，2008.

［2］ 王淑芬，苏雪痕. 质感与植物景观设计［J］. 北京工业大学学报，2005（02）.

［3］ 陈晓娟，范美珍. 居住小区宅旁绿地植物景观设计研究［J］. 安徽农业科学，2010，38（2）.

［4］ 侯越，何广龙. 居住区宅旁绿地种植规划设计［J］. 绿色科技，2010（5）.

［5］ 王丽芳. 浅谈现代居住区植物配置的原则［J］. 科技情报开发与经济，2011，21（35）.

［6］ 陈鹭. 城市居住区园林环境研究［M］. 北京：中国林业出版社，2007.

［7］ 孙靖，夏宜平. 多层住宅区宅间宅旁绿地的植物景观营造——以杭州市优秀多层住宅区为例［J］. 华中建筑，2011（6）.

［8］ 李艳霞. 广州市现代居住区植物景观配置研究［D］. 华南理工大学，2011.

［9］ 冀玮，车代弟，肖楠. 办公建筑外环境植物景观风格塑造——以沈溪新城行政中心广场植物景观设计为例［J］. 现代园林，2011（5）.

［10］ 张娜. 现代公共建筑室内花园景观营造初探［D］. 河北工业大学，2011.

［11］ 潘磊. 城市商业综合体景观设计研究［D］. 湖北科技大学，2012.

［12］ 卢崇望. 公共建筑边缘空间景观研究［D］. 中南林业科技大学，2008.

［13］ 刘卫国. 医院环境景观设计研究［J］. 黑龙江农业科学，2011（9）.

［14］ 罗斯玛丽·亚历山大著. 庭院景观设计［M］. 徐振，韩凌云译. 沈阳：辽宁科学技术出版社，2009.

［15］ 徐峰，刘盈，牛泽慧. 小庭院设计与施工［M］. 北京：化学工业出版社，2005.

［16］ 陈祺. 庭院设计图典.［M］北京：化学工业出版社，2009.

［17］ 臧德奎. 园林植物造景［M］. 北京：中国林业出版社，2008.

［18］ 杨丽琼，肖雍琴. 园林植物景观营造与维护［M］. 成都：西南交通大学出版社，2013.

［19］ 卢圣，侯芳梅. 植物造景. 北京：气象出版社，2004.

［20］ 刘建英. 杭州花港观鱼公园植物造景分析. 林业科技开发，2012，26（1）.

［21］ 苏雪痕. 植物景观规划与设计. 北京：北京林业出版社，2012.

［22］ 汪新娥. 植物配置与造景. 北京：中国农业大学出版社，2008.

［23］ 董晓华. 园林植物配置与造景. 北京：中国建材工业出版社，2013.

《城市广场的分类》来自百度文库。

《城市道路的植物造景》来自百度文库。

《城市广场绿地种植设计的基本形式》来自百度文库。

《广场的植物景观设计》来自百度文库。

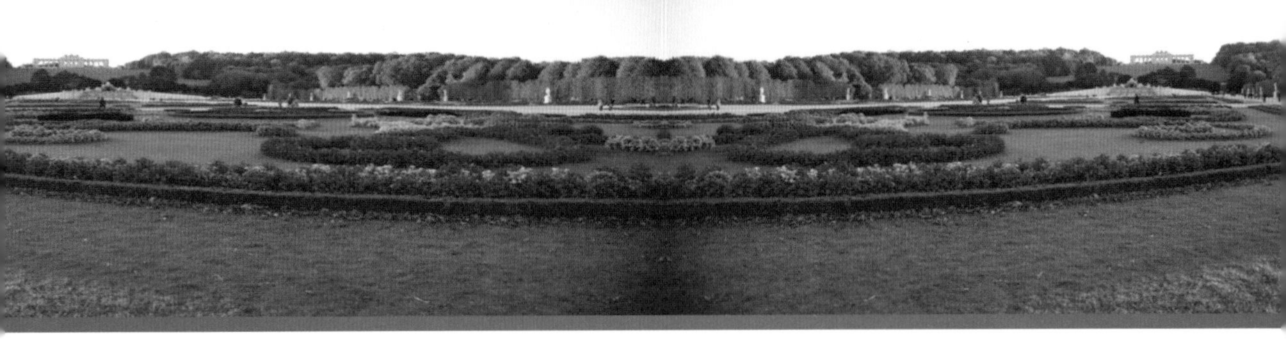

二维码索引